遥感数字图像处理

（第二版）

章孝灿　黄智才　戴企成　赵元洪　编著

浙江大學出版社

前　言

近年来随着遥感技术的迅速发展，遥感图像越来越丰富，高空间分辨率、高光谱分辨率和高时间分辨率的特征，使其应用领域不断拓宽，产生了巨大的经济和社会效益，同时，与上述特征相适应的遥感数字图像处理技术也取得了长足的进步。为此，在1997年第一版《遥感数字图像处理》基础上，结合这些年的科研、教学及国内外研究成果修订编写了本教材，以此来满足当前教学、科研的需要。

本书介绍了有关遥感数字图像处理的基本概念，并从实际应用的角度出发，阐明遥感数字图像处理的数学和物理基础、具体算法、应用条件以及效果等，以求为读者在该领域的深入学习和研究打下良好的基础。同时本书的内容对从事遥感技术应用以及数字图像处理研究的科研人员和工程技术人员来说，也具有一定的参考价值。

在编写本书时，认为读者已经具备了线性代数、概率论、统计分析、计算机技术基础以及算法语言等预备知识。

在本书的编写过程中，得到了苏程、步永伟、虞勤国的大力帮助和浙江大学出版社的鼎立协助。编著者在此表示衷心的感谢。

感谢本书参考文献的作者们，他们的研究成果给予作者很多灵感和启迪。

感谢第一版的广大读者。

编著者

2008年8月10日于求是园

目　录

第一章　遥感信息获取

遥感(Remote Sensing)是通过某种传感器装置,在不直接接触研究对象的情况下来测量、分析并判定目标性质的一门科学和技术,也有人将遥感称为“遥远的感知”,其具有视域广阔、信息丰富和可定时定位观测的特点。遥感产品分模拟和数字两种形式,模拟产品主要指经过加工处理的各种比例尺照片及底片,而数字产品通常是指记录在计算机兼容磁带(Computer Compatible Tape,CCT)或 CD、DVD 等介质上的遥感图像数据。遥感数字图像处理研究的对象主要为记录在 CCT 或 CD、DVD 等介质中的遥感图像数据。

遥感图像数据反映的是成像区域内地物的电磁波辐射能量,有明确的物理意义,而地物反射和发射电磁波能量的能力又直接与地物本身的属性和状态有关,因此遥感图像数据值的大小及其变化主要是由地物的类型及变化所引起的。遥感的基本原理就是通过对遥感图像数据的大小和变化规律的分析处理,来有效地识别和研究地物类型。遥感数字图像处理作为遥感图像处理的一种重要手段,是利用计算机通过数字处埋的方法来增强和提取遥感图像中的专题信息。为了取得良好的处理分析效果,进行遥感数字图像处理时,必须掌握遥感图像的形成原理与物理基础。

本章将介绍遥感图像的获取过程。

第一节　电磁波谱与大气窗口

一、电磁波谱

电磁波是在空间传播的交变电磁场。自然界的各种地物，如土地、河流、森林、道路、建筑物等等，在温度不等于绝对零度的情况下，都能反射、辐射和吸收电磁波。遥感信息就是通过远距离探测而记录的地球表面、大气层以及其他星球表面等地物，在不同的电磁波段所反射或发射的电磁波信息。

无线电波、微波、红外线、可见光、紫外光、X 射线、γ 射线都是电磁波，不过它们产生的方式不同，波长也不同，其变化范围很大。将各种电磁波按其波长(或频率)的大小依次排列所构成的图谱(见图 1.1.1)叫电磁波谱。

在电磁波谱中，各个波段的划分是相对的，它们之间并没有明显的界限。实际上，从宇宙射线到工业波谱，整个电磁波都是连续的。各波谱段的电磁波，由于其波长不同，性质就不同，探测记录它们的方法也不同。目前遥感技术应用的波谱段，其范围主要是从紫外线到微波。一般地，各波段波长范围的划分如下：

紫外波段　　0.01～0.38μm

可见光波段　　0.38～0.76μm

　　紫色光　　0.38～0.43μm

　　蓝色光　　0.43～0.47μm

　　青色光　　0.47～0.50μm

　　绿色光　　0.50～0.56μm

　　黄色光　　0.56～0.59μm

　　橙色光　　0.59～0.62μm

　　红色光　　0.62～0.76μm

波长(cm)
频率(Hz)
波数(cm⁻¹)
光子能量
(eV)
(erg)
原子核跃迁
原子内层电子跃迁
原子外层或分子电子跃迁
分子转动与振动
分子转动
电磁振荡
X单位
A
nm
μm
mm
cm
m
km
宇宙射线
γ射线
硬
X射线
软
紫外线
可见光
红外线
赫兹波
毫米
厘米
分米
微波
超短波
短波
中波
长波
无线电波
工业用电
摄影
扫描影像
雷达全息
探测天然放射性场
利用目标对太阳辐射的反射研究化学场与地形
紫外
红外
可见光
热辐射
微波
利用目标自身发射研究温度场与辐射率
利用目标对人工发射的反散射研究介电性
利用目标介电常数探测浅层地质(20～30M)
利用目标导性探测地质(30～30M)
甚高频
低频

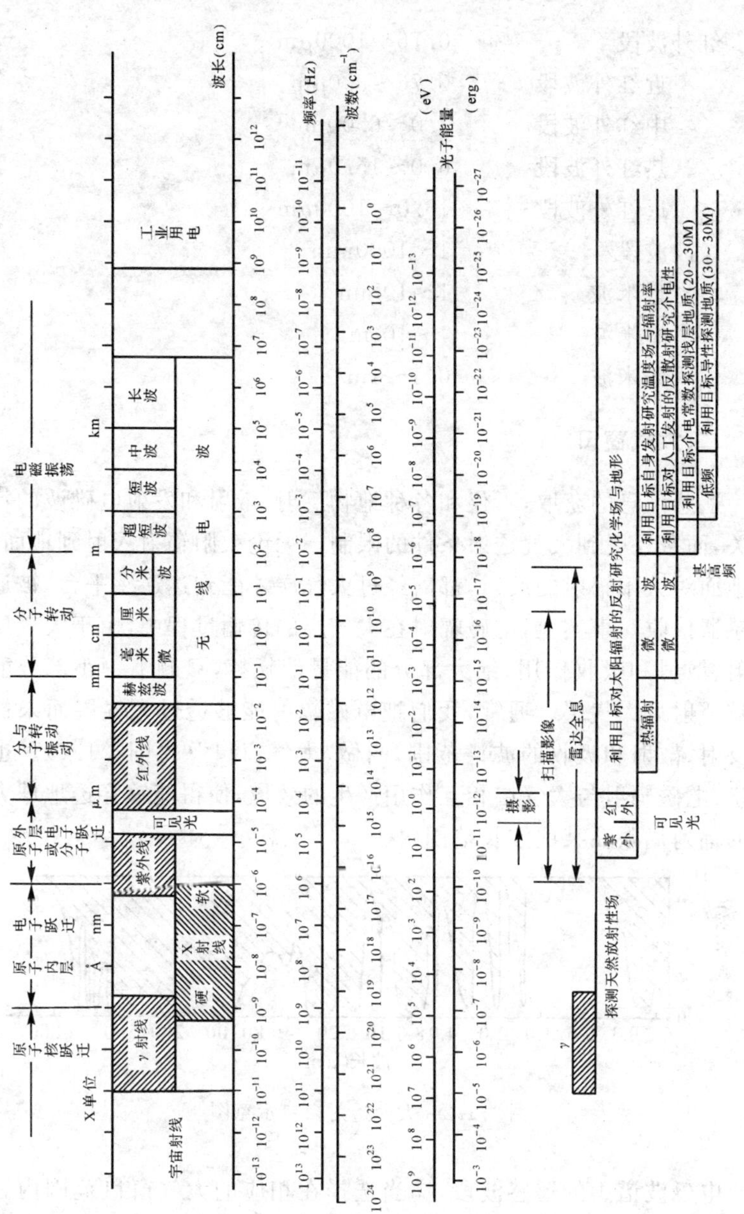

图 1.1.1　电磁波谱

红外波段	0.76～1000μm
近红外波段	0.76～3.0μm
中红外波段	3.0～6.0μm
热红外波段	6.0～15.0μm
远红外波段	15.0～1000μm
微波波段	1～1000mm
毫米波	1～10mm
厘米波	1～10cm
分米波	0.1～1m

二、大气窗口

遥感信息的获取，不仅和各种地物反射、散射和发射电磁波的特性有关，而且还受到大气透射条件的限制。无论太阳辐射入射到地面，还是地面对太阳辐射的反射，都需经过大气层才能到达遥感平台，被遥感传感器接收。事实上，电磁辐射在大气层的传输过程中，由于大气层的反射、散射和吸收作用，绝大部分的能量消耗掉，只剩下一小部分能量能够透射过大气层。通常，我们把电磁辐射能够透过大气层而未被完全反射、散射和吸收的波谱范围，叫做“大气窗口”（见图1.1.2）。也就是说，电磁辐射与大气层相互作用产生的效应，使得能够穿透地球大气层的辐射局限在某些波长范围内。

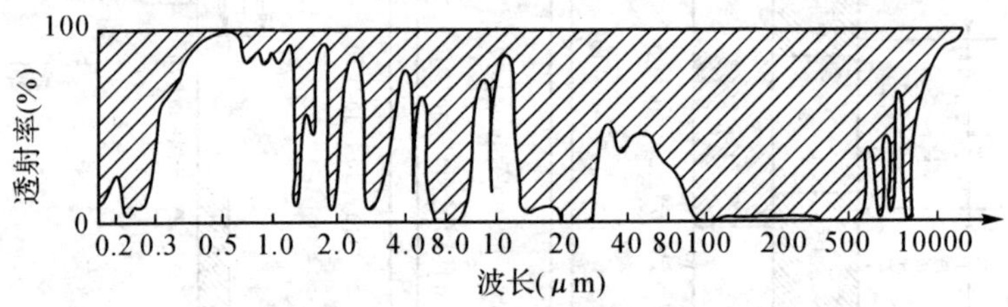

图 1.1.2　大气透射窗口示意图

电磁波谱中的遥感波段，应当选择在相应的大气窗口范围内。例如美国陆地卫星上 TM(Thematic Mapper)的七个波段，大部分选择在常用的 0.3～1.3μm 的大气窗口之内。0.8～25cm 的大气窗口属于发射光谱的范围。大气透射窗口不仅与光谱特性、工作波段有关，而且与应用条件、成像方式及选用的遥感传感器等因素有关，它们之间的相互关系见表 1.1.1。

表 1.1.1　常用大气透射窗口与遥感仪器

大气透射窗口	光谱特性	常用工作波段	应用条件	成像方式	遥感仪器	成果资料	用途
0.3～1.3μm	反射光谱	可见光～近红外波段：0.4～1.1μm	只能白天成像，要求日照条件良好	摄影或扫描	航空摄影机多光谱摄影机，多光谱扫描仪	黑白、彩色像片，黑白红外像片，多光谱扫描像片等	地质填图，构造分析
2.0～2.5μm		近红外波段：2.0～2.5μm	只能白天成像，要求口照条件良好	扫描	多光谱扫描仪，红外扫描仪，红外辐射温度计	多光谱扫描像片，红外扫描像片，红外辐射测温曲线	岩性识别，寻找古河道，识别热液蚀变带
3.5～5.5μm	混合光谱	中红外波段：3.5～4.2μm，4.5～5.5μm	可昼夜成像	扫描	红外扫描仪	红外扫描像片	预报火山喷发或火山研究
8～14μm	发射光谱	热红外波段：8～14μm	可昼夜成像，尤以夜间成像为好	扫描	红外扫描仪，红外辐射温度计	红外扫描像片，红外辐射测温曲线	构造填图，地热调查，地下水勘探，岩性识别
0.8～2.5cm		微波波段：0.8cm，3cm，5cm，10cm，25cm	全天候工作	扫描	侧视雷达，微波辐射计	雷达像片，辉度温度曲线	构造分析，终年云雾弥漫地区地质填图、地貌填图和岩性识别

表1.1.1中的光谱特性是指:自然界中的任何物体经受太阳光辐射之后,都能对与其本身吸收波长一致的入射光具有吸收作用,而对与其本身反射波长一致的入射光具有反射作用。不同的地物,由于其结构和成分的千差万别,其波长与反射率之间的关系不同,这种关系称为物体的光谱特性(波谱特征)。如反射率大的物体反射入射光的能力强,所记录的图像亮度值高,影像的色调浅;相反,反射率小的物体,反射入射光的能力弱,所记录的亮度低,影像的色调深。

水、岩石、土壤、植被等几种常见地物的反射光谱特性分别如图1.1.3(a),(b),(c),(d)所示。图中横坐标为反射光谱,纵坐标为反射率的百分比。

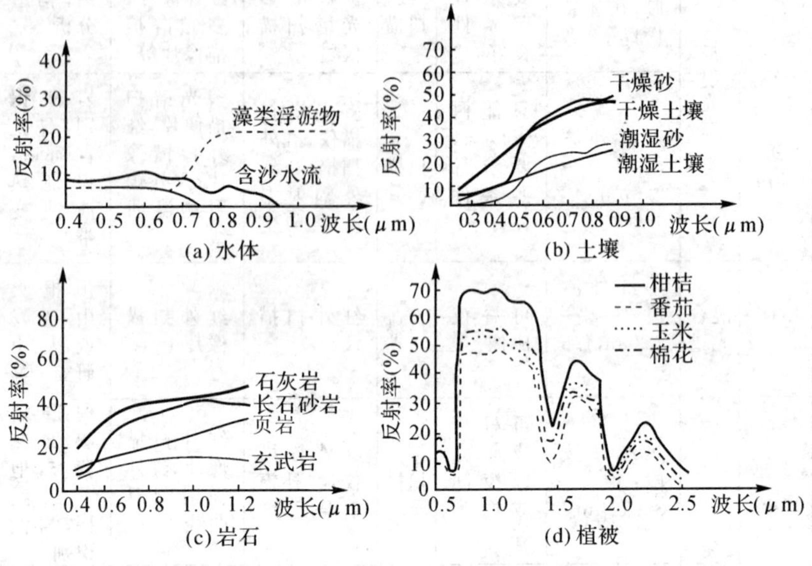

图1.1.3　几类常见地物的光谱特征曲线

地物光谱特性的测定是发展遥感技术的一项基础性工作。地物光谱特性数据是利用专用的光谱仪,经过野外或室内的测定分析而获取的。不同的地物都有它特定的光谱特性,以水体光谱特性来说,因为不同的江、河、湖、海的组成成分和所含杂质情况及状态不同，它们的光谱特征是不同的。只有充分掌握遥感对象的光谱特性，才能为传感器设计提供最佳波段选择；同时，也能为遥感图像解译和计算机自动识别分类提供依据。所谓最佳波段，就是最能识别（或区分）所感兴趣地物的波长范围。

地物光谱特性的测定并不是一劳永逸的工作，它将随周围环境条件的变化而变化，主要表现在时间和空间上的波动，即时间效应和空间效应。

时间效应是指同一地点的相同地物，其光谱特征会随时间而产生一定的变化，这种由于时间推移而导致的地物电磁波谱特征的变化，称为地物波谱的时间效应。例如：植被在不同季节，其光谱特征是不同的，如图1.1.4所示（光谱特征曲线①②③④分别表示植物从生长到衰老的过程）。实际上，由于各种因素的影响，几乎所有地面上的物体都会产生时间效应。

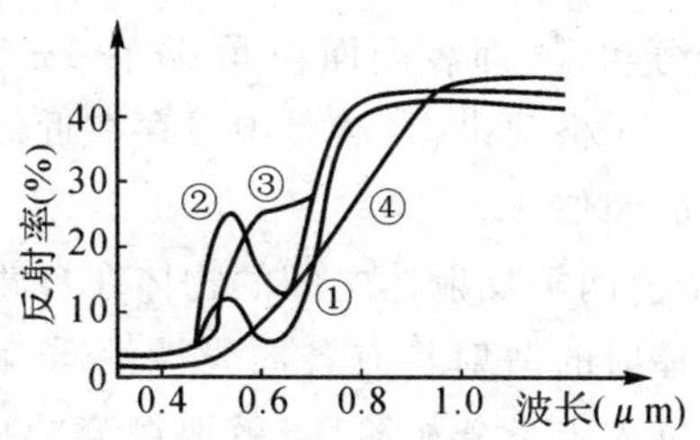

图 1.1.4　不同季节对植被光谱特性的影响

空间效应是指在同一时刻，同一类地物由于其所处的地理位置不同，其光谱特征可能存在一定的差异，这种由于空间位置不同而导致同类地物之间波谱特征的变化，叫做地物光谱特征的空间效应。例如生长在不同地点的同一植物，由于生长条件不同，长势也不同，其波谱特征也就不同；即使同一种岩石（如碳酸盐岩），由于在不同气候下，其风化特征、风化类型不同，其相应的波谱特征也会有一定差别。

第二节　一些重要的物理名词

遥感图像数据反映的是成像区域内地物的电磁波辐射能量，而地物反射和发射电磁波能量的能力又直接与地物本身的属性和状态有关。按照电磁波与地物相互作用的性质上的差别，地物大体上可以分为以下三种类型：

镜面反射体：当地物的表面粗糙尺度远低于电磁波的波长时，地物对电磁波的反射作用可由斯涅耳反射和折射定理所描述，称该类地物为镜面反射体。可以说镜面反射和折射定律是麦克斯韦定律在光滑边界条件下的表现。

漫反射体：当地物的表面足够粗糙，以至于它对太阳短波辐射的散射辐射亮度在以地物为中心的 2π 空间中呈常数，即散射辐射亮度不随观测角度而变，称该类地物为漫反射体，亦称朗伯体。这种漫反射特性出自于地物表面十分粗糙，即表面面积元 $d\sigma$ 在 2π 空间中的取向是具有统计随机性质的。严格地讲，自然界中只存在近似意义下的朗伯体，只有黑体才是真正的朗伯体。

非朗伯体：介于前两类反射体之间的物体在自然界中占绝大多数，即它们对太阳短波辐射的散射具有各向异性性质，称该类地物为非朗伯体。当遥感应用进入定量分析阶段，就要抛弃“目标是朗伯体”的假设，对目标的非朗伯体特性的研究构成定量遥感研究的主要内容之一。

遥感图像的像元灰度值是对应的地面目标单元内的电磁波反射(辐射)能量的反映，关于电磁波能量的有关物理量如下：

辐射能量 Q：电磁波是物质存在的一种形式，因此与其他物质存在形式一样，电磁场亦具有能量、动量等性质，电磁场所具有的能量，我们称之为辐射能量，它可用焦耳(J)、尔格(erg)、卡(cal)等单位度量。

辐射通量 Φ：是单位时间内穿过某一面积的电磁辐射能量。

$$\Phi=\frac{dQ}{dt} \tag{1.2.1}$$

辐射通量密度 *E*：是单位时间内穿过单位面积的电磁辐射能量。

$$E=\frac{\mathrm{d}\Phi}{\mathrm{d}A} \tag{1.2.2}$$

(1.2.1)式和(1.2.2)式中的符号 t 与 A 分别代表时间和面积。称电磁波由体外穿入体内的辐射通量密度为入射度，用 E 表示；称电磁波由体内穿出体外的辐射通量密度为出射度，一般用 M 表示。

辐射强度 *I*：辐射通量在 2π 空间中的变化情况称为辐射强度，它是用来描述点辐射源强度的物理量。即：

$$I=\frac{\mathrm{d}\Phi}{\mathrm{d}\omega} \tag{1.2.3}$$

其中，ω 为立体角（$\omega=\frac{S}{r^2}$，S 是球面面积，r 是球半径；如果是各向同性辐射源，则 $I=\frac{\Phi}{4\pi}$）。

辐射亮度 *L*：它是用来描述面光源强弱的物理量。即：

$$L(\theta)=\frac{\mathrm{d}^2\Phi}{\mathrm{d}\omega\mathrm{d}(A\cos\theta)}=\frac{\mathrm{d}I}{\mathrm{d}(A\cos\theta)} \tag{1.2.4}$$

其中，θ 为辐射方向与面法线方向间的夹角。

那么 L 与 I ，M 有什么样的关系呢？由(1.2.4)式有：

$$\mathrm{d}I=L(\theta)\cos\theta\mathrm{d}A \tag{1.2.5}$$

$$\frac{\mathrm{d}I}{\mathrm{d}A}=L(\theta)\cos\theta \tag{1.2.6}$$

根据 I 的定义，单位面积的辐射强度仍叫辐射强度，由(1.2.5)式有：

$$I=L(\theta)\cos\theta \tag{1.2.7}$$

如果 L 在 2π 空间中取值恒定不变，则 I 在 2π 空间中的变化如图1.2.1所示。其中 Ox 代表物体水平面，On 为其法线方向，Oa 的长度代表对应 θ 方向的 I 值，Ob 的长度代表 L 值。

由(1.2.4)式有：

$$L(\theta)=\frac{\mathrm{d}}{\mathrm{d}\omega}\left(\frac{\mathrm{d}\Phi}{\mathrm{d}A}\right)\cdot\frac{1}{\cos\theta}=\frac{\mathrm{d}M}{\mathrm{d}\omega}\cdot\frac{1}{\cos\theta} \tag{1.2.8}$$

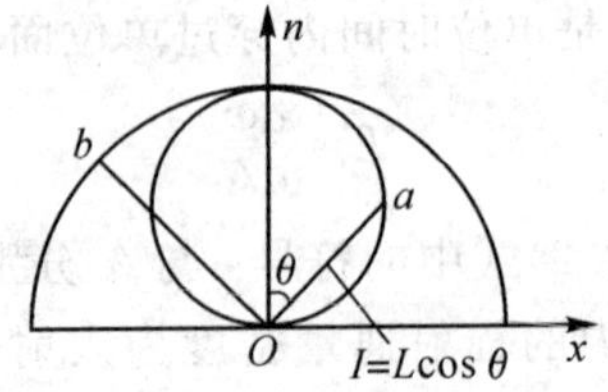

图 1.2.1　朗伯体的辐射强度与辐射亮度的关系示意图

则
$$\frac{\mathrm{d}M}{\mathrm{d}\omega}=L(\theta)\cdot\cos\theta \tag{1.2.9}$$

进而
$$M=\int_{2\pi}\mathrm{d}M=\int_{2\pi}L(\theta)\cos\theta\mathrm{d}\omega \tag{1.2.10}$$

对于朗伯体，因为 $L(\theta)$ 具有各向同性性质，所以：

$$M=L\int_{2\pi}\cos\theta\mathrm{d}\omega=\pi L \tag{1.2.11}$$

因此，对于朗伯体，其出射度为辐射亮度值的 π 倍。

第三节　遥感成像过程和遥感传感器

一、成像过程

遥感技术实际上包含两个方面的内容：一是对目标地物的观测记录过程，即图像的成像过程；二是对遥感信息的处理、分析及解译过程，即图像处理与解译过程。遥感图像处理的方法、步骤、方案的选择以及程序设计都要从遥感图像的特征和处理目的出发，而遥感图像的特征又很大程度上取决于成像系统的性能和成像过程。所以有必要介绍一下遥感成像过程。

从把遥感平台送到远离观测对象的位置(例如用火箭把卫星送到预定轨道)开始，到由专用处理系统生产出遥感产品(包括数字产品、模拟产品)的全过程和全部设备称为遥感系统。我们所取得和使用的遥感图像数据或像片是地物的电磁辐射信息经过遥感系统的记录、传送、加工及转化后的产品，图1.3.1是卫星遥感系统的工作示意图。

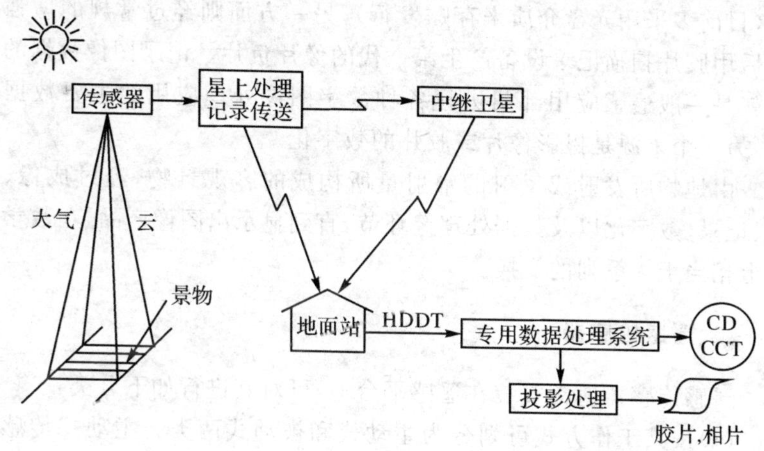

图 1.3.1 卫星遥感系统示意图

遥感系统主要由遥感平台、遥感传感器以及遥感地面站组成。携带遥感传感器(遥感器)的运载工具称之为遥感平台，按高度可分为地面、航空和航天平台。在不同高度进行多平台遥感，可获得不同比例尺、分辨率和地面覆盖面积的遥感图像。常用的航天遥感平台有陆地卫星、SPOT 卫星、NOAA 卫星和 Seasat 卫星等。监控卫星运行、接收遥感和遥测数据以及对信息进行数据处理和存储的地面设施称之为遥感地面接收站。远距离感测地物环境辐射或反射电磁波的仪器称为遥感传感器。决定遥感图像的信息内容和质量的最主要因素是所用电磁波段及相应的传感器的性能，另外轨道高度和瞬时视场(或地面分辨率)的大小也直接影响图像内容的详细程度和精度。

由卫星将图像数据传送到地面站后，首先在专用的图像处理设备中把数据整理为一个个像幅，若原来是以压缩方式传送的，则还要进行解压，然后根据成像时的卫星姿态、天气状况、太阳高度角等一系列参数进行辐射校正和初始几何校正，再记录在高密度数字磁带(High-Density Digital Tape，HDDT)上。高密度数字磁带上的图像数据，一般再经过专用的数据处理系统,一方面按不同规格生产出数字图像产品(目前多采用光盘介质来存贮发行);另一方面则经过常规的增强处理后用胶片扫描记录设备产生第一代的像片负片。记录图像数据的光盘就是一般遥感应用部门进行各种数字图像处理应用的主要数据来源,另一个来源是摄影像片或胶片的数字化。

由地物所发射或反射的辐射量所构成的客观景物,经过成像、探测、记录、数字化以及数据处理等环节,直到显示出图像产品,在数学形式上相当于一系列的变换。

二、遥感传感器

遥感传感器通常安装在遥感平台上,可对其进行如下分类:

(1)按其工作方式可划分为主动式和被动式两类。主动式传感器在遥感中是先向目标物发射电磁波,然后传感器再接收目标物的反射回波;被动式传感器在遥感中只接收来自目标物反射或辐射的电磁波,而不发射电磁波。

(2)按其扫描方式可划分为扫描式传感器和非扫描式传感器两类。

(3)按其记录结果可划分为成像式传感器和非成像式传感器。

如果把地球物理勘探也看作广义上的遥感的话,遥感传感器大致可分为如图1.3.2所示的几类。

下面介绍几种常用的遥感传感器。

1. Landsat-4/5 上的 TM

TM 称为专题绘图仪,是 Landsat-4 和 Landsat-5 上携带的传感器,其数字产品是 TM 磁带或光盘数据。TM 的工作波段有 7 个,分别是:

TM1 波段:蓝光波段,波长范围是 0.45～0.50μm;

TM2 波段:绿光波段,波长范围是 0.52～0.60μm;

TM3 波段:红光波段,波长范围是 0.63～0.69μm;

TM4 波段:近红外波段,波长范围是 0.76～0.94μm;

TM5 波段:中红外波段,波长范围是 1.55～1.75μm;

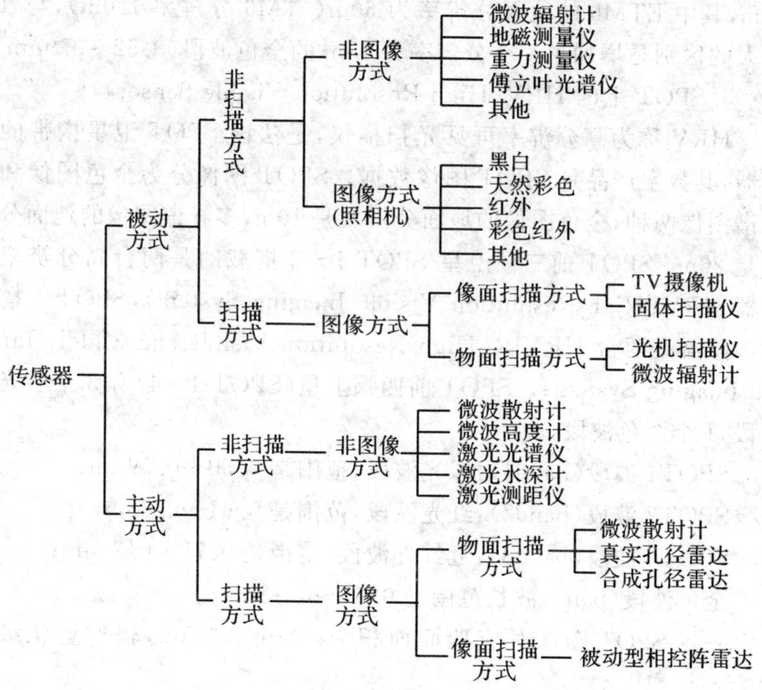

图 1.3.2 遥感传感器的分类

TM6 波段:热红外波段,波长范围是 10.4～12.5μm;

TM7 波段:中红外波段,波长范围是 2.08～2.35μm。

TM 图像的地面分辨率为 30m(TM6 的地面分辨率只有 120m),其亮度数字化级数为 256。一景 TM 图像对应的地面面积是 185km×185km,每一波段大约有 5965 条扫描行,每一扫描行大约有 6967 个像元点。

2. Landsat-6/7 上的 ETM/ETM+

ETM/ETM+称为增强的专题绘图仪,是 Landsat-6 和 Landsat-7 上携带的传感器。由于 Landsat-6 发射失败,现在获取的都是Landsat-7上 ETM+数字产品。ETM+主要工作波段与 TM 一致,分辨率也是

30m,其中 ETM6 的地面分辨率为 60m(TM6 分辨率 120m),与 TM 最大的区别是增加了一个分辨率为 15m 的全色波段(0.52～0.9μm)。

3. SPOT 上的 HRV(High Resolution Visible Sensor)

HRV 称为高分辨率可见光扫描仪,是法国 SPOT 卫星携带的传感器,其数字产品是 SPOT 图像数据。SPOT 图像分为全色图像和多光谱图像两种,全色图像的地面分辨率是 10m,多光谱图像的地面分辨率是 20m。SPOT 前三颗卫星 SPOT-1～3 搭载的是两台高分辨率传感器 HRV(High Resolution Visible Imaging System),SPOT-4 搭载的传感器是两台 HRVIR(High Resolution Visible and Middle Infrared Imaging System)。SPOT 前四颗卫星(SPOT-1～4)有 3 个多光谱波段,1 个全色波段:

SPOT1 波段(band1):绿光波段,范围是 0.50～0.59μm;

SPOT2 波段(band2):红光波段,范围是 0.61～0.68μm;

SPOT3 波段(band3):近红外波段,范围是 0.79～0.89μm;

全色波段(pan),波长范围是 0.51～0.73μm。

一景 SPOT 图像对应地面面积为 60km×60km,辐射量化级数为 256。

4. SPOT-5 上的 HRG(High Resolution Geometric Instrument)和 HRS(High Resolution Stereoscopic Instrument)

SPOT-5 上搭载了两台 HRG,它是前几颗卫星上的 HRV、HRVIR改进的替代仪器,HRG 成像系统空间分辨率分别为 5m、10m 和 20m。两台 HRG 传感器同时错位拍摄,可插值获得像幅宽度仍为 60km,而空间分辨率为 2.5m 的影像,这是目前中高分辨率卫星中覆盖宽度最大的卫星影像。HRS 与 HRG 工作原理不同,它是双镜头测绘相机,两个镜头可沿轨道方向前后倾摆,摆动范围最大为±20°,因此,通过地面控制可调节两个镜头的视角,获取同轨立体图像,即可获得具有航向重叠的立体图像。SPOT-5 卫星上的 HRG、HRS 成像原理与前几颗卫星上的 HRV、HRVIR 一样,都属于推扫式传感器,其特征参数如表 1.3.1 所示。

SPOT-5 上还搭载了一台植被传感器，用于观察大区域农业、植被、生态环境等，波段范围为可见光—近红外—中红外，地面分辨率 1000m。

表 1.3.1　SPOT-5 传感器特征参数

卫星名称	轨道参数	遥感器名称	波段/频率	空间分辨率	扫描带宽
SPOT-5 (2002)	太阳同步，高度 832 公里，当地时间 10 点半降交点过赤道	高分辨率几何装置(HRG)	0.48～0.715μm 0.50～0.59μm 0.61～0.68μm 0.78～0.89μm 1.58～1.75μm	5m 10m 10m 10m 20m	60km
		高分辨率立体成像装置(HRS)	0.48～0.71μm	10m	120km

5. IRS(印度星)的传感器及其观测参数

2003 年 10 月 17 日发射的 IRS-P6 载有一台线性成像自扫描相机-4(LISS-4)，共两种工作模式：全色/多光谱，全色、多光谱分辨率均为 5.8m，割幅分别为 70.3km(全色)和 23.5km(多光谱)，工作在 3 个频谱带；一台线性成像自扫描相机-3(LISS-3)，分辨率为 23.5m，割幅为 141km，工作在 4 个频谱带；一台高级宽视场传感器(AWiFS)，分辨率小于 56m，割幅为 737km，工作在 4 个频谱带。IRS 的特征参数如表 1.3.2 所示。

表 1.3.2　IRS(印度星)的传感器特征参数

LISS-3	LISS-4	AWiFS
幅宽：141km 分辨率：23.5m B2：0.52～0.59μm B3：0.62～0.68μm B4：0.77～0.86μm B5：1.55～1.70μm 标准景覆盖面积：多光谱整景 141×141km^2、1/4 景 70×70km^2	幅宽：23.5km（多光谱）和 70.3km(全色) 分辨率：5.8m B2：0.52～0.59μm B3：0.62～0.68μm B4：0.77～0.86μm 标准景覆盖面积：全色整景 70×70km^2、多光谱 23×23km^2	幅宽：737km 星下点分辨率：56m 接边(边缘)分辨率：70m B2：0.52～0.59μm B3：0.62～0.68μm B4：0.77～0.86μm B5：1.55～1.70μm 标准景覆盖面积：多光谱整景 700×700km^2、1/4 景 370×370km^2

6. IKONOS 卫星传感器主要特征参数

IKONOS 卫星于 1999 年 9 月 24 日发射成功，是世界上第一颗提供高分辨率卫星影像的商业遥感卫星。IKONOS 可采集 1m 分辨率全色和 4m 分辨率多光谱卫星影像，同时可将全色和多光谱影像融合成 1m 分辨率的假彩色影像。其特征参数如表 1.3.3 所示。

表 1.3.3　IKONOS 卫星传感器主要特征参数

发射日期	1999 年 9 月 24 日
分辨率	全色:1m;多光谱:4m
成像波段	全色波段：0.45～0.90μm 多光谱波段 波段 1(蓝色)：0.45～0.53μm 波段 2(绿色)：0.52～0.61μm 波段 3(红色)：0.64～0.72μm 波段 4(近红外)：0.77～0.88μm
制图精度	无地面控制点:水平精度 12m,垂直精度 10m 有地面控制点:水平精度 2m,垂直精度 3m
量化值	11 位

7. Quick Bird(快鸟)卫星传感器主要特征参数

快鸟卫星是目前世界上商业卫星中分辨率最高、性能较优的一颗卫星。其全色波段分辨率为 0.61m，彩色多光谱分辨率为 2.44m，幅宽为 16.5km。其主要特征参数如表 1.3.4 所示。

表 1.3.4　Quick Bird(快鸟)卫星传感器主要特征参数

成像方式	推扫式成像	
传感器	全波段	多光谱
分辨率	0.61m(星下点)	2.44m(星下点)
波长	0.45～0.90μm	蓝：0.45～0.52μm
		绿：0.52～0.60μm
		红：0.63～0.69μm
		近红外:0.76～0.90μm
量化值	11 位	

8. NOAA 上的 AVHRR(Advanced Very High Resolution Radiometer)

AVHRR 称为高级甚高分辨率辐射计，是美国第三代气象观测卫星 NOAA 携带的传感器，其空间分辨率为 1.1km。AVHRR 共有 5 个波段，其具体工作波段范围是：

可见光	0.580～0.68μm
红外	0.725～1.10μm
	3.550～3.93μm
热红外	10.30～11.3μm
	11.50～12.5μm

NOAA 卫星主要用于气象观测，虽然 NOAA 空间分辨率较低，但其对地物有很强的宏观综合性，因而较适合于全球范围内的构造和环境的研究。

9. 成像光谱仪

成像光谱仪是一种具有高光谱分辨率的遥感传感器，是在 80 年代多光谱扫描仪基础上发展起来的。它能探测从可见光到热红外范围内大量的细分光谱图像，每个像元都有一条完整的光谱曲线，因此成像光谱是一种谱像合一的遥感信息。

由于成像光谱仪波段窄、光谱分辨率高，对各类地物的变化反应敏感，所以对于资源勘察和环境监测有重要意义。

通常，成像光谱在 0.4～2.5μm 之间有 100～200 个波段，光谱分辨率为 5～20nm。例如 20 世纪 80 年代后期由美国喷气推进研究室(JPL)研制的机载可见红外成像光谱仪 AVIRIS，采用摆动扫描成像方式，可在 0.41～2.45μm 的波长范围内获取 224 个连续光谱波段的图像，波段宽度 10nm；在 20km 高空获取图像，其地面分辨率可达 30m。AVIRIS 图像是到目前为止使用最广泛、最成功的高光谱遥感图像，多个研究机构为此开发了高光谱图像的几何校正、辐射校正、光谱定标处理及其后处理软件。

美国宇航局(NASA)的地球轨道一号(EO-1)带有三个基本的遥感系统，即先进陆地成像仪(Advanced Land Imager，ALI)，高光谱成像仪(HYPERION)以及大气校正仪(Linear Atmospheric Corrector, LAC)。EO-1上搭载的高光谱遥感器HYPERION是新一代航天成像光谱仪的代表,其空间分辨率为30m,在0.4～2.5μm波谱范围内共有220个波段,其中在可见光—近红外(0.4～1.0μm)范围内有60个波段,在短波红外(0.9～2.5μm)范围内有160个波段。

我国的成像光谱仪研制技术也达到世界先进水平,中国科学院上海技术物理所1999年研制成功实用型模块化机载成像光谱仪(OMIS)。该系统将成像技术和光谱技术结合在一起,在连续光谱段上对同一地物同时成像,获取的光谱图像数据能直接反映出物质的光谱特征。OMIS有两个型号即OMISl和OMIS2,其主要技术特点:波段覆盖全,其中OMISl在0.46～12.5μm的大气窗口上设置了128个探测波段;OMIS2有68个波段可选,实时记录64个波段。PHI是在中国“863”计划支持下,上海技术物理研究所研制的另一种实用型、宽视场、面阵CCD推帚式成像光谱仪,最多波段数为244个,可实时记录的波段数大于60,光谱范围0.40～ 0.85μm,光谱分辨率优于5nm,光谱采样间隔1.9nm,扫描视场42度,瞬时视场角1.5毫弧度,数据量化12bit,信噪比大于100。

另一种广泛用于科学研究的成像光谱仪数据是MODIS。中分辨率成像光谱仪(MODIS)覆盖可见光、近红外和热红外的36个波段,其波谱分辨率高、信息量丰富。自1999年起美国开始了第二阶段对地观测系统计划,中分辨率成像光谱仪(MODIS)是该计划中最有特色的传感器之一。通过MODIS采集的数据具有36个波段和250～1000m的地表分辨率,加上数据以每天上、下午的频率采集,以及免费接收的数据获取政策,使得MODIS数据成为我国地学研究和生态环境监测不可多得的数据资源。

另外,美国航空和宇航局(US National Aeronautics and Space Administration,NASA)的海洋水色卫星(Sea Star),能够为海洋水色遥感提供良好的条件。在这颗卫星上,安装了更为先进的宽视场扫描仪Sea WiFS(Sea-Viewing Wide FOV Sensor)。卫星的轨道、扫描仪的性能和资料传输方式等，都在总结 1978 年 NASA 发射的专用于海洋水色监测的云雨—7 号卫星携带的沿岸水色扫描仪（Coastal Zone Colour Scanner，CZCS）的经验教训基础上进行了改进。特别是 NASA 对接收和使用 Sea WiFS 资料的政策作了重大变化，由原来 CZCS 的商业化变成了半商业化。经向 NASA 申请，凡资料以用于科学研究为目的的用户可以申请到免费接收 Sea WiFS 资料的执照。这将大大推动全球的海洋水色遥感研究，促进遥感技术的进一步发展。

第四节 遥感图像模型及函数表达

遥感图像反映连续变化的物理场，图像的获取模仿了视觉原理，所记录图像的显示和分析都需考虑视觉系统的特性。因此，为了进行图像数据的处理，需要对涉及图像的这些方面作一些数学上的描述。

遥感图像是指通过检测和度量地物的电磁波辐射能所得到的图像。虽然它是多种多样的，而且其所在的电磁波段可以不同，进而记录的辐射能、成像的方式以及摄像系统等也会随之有差异或做不同的选择，但是还是可以从理论的角度归纳出一个具有普遍意义的模型，即遥感图像的模型可以表示为某一时刻，对于位于(x,y)坐标上的目标物所收集到的在不同波长和不同极化（偏振）方向上的电磁波辐射能。一般，遥感图像可用下式描述：

$$L(x,y;t,\lambda,p)=[1-\beta(x,y;t,\lambda,p)]\cdot E(\lambda)+\beta(x,y;t,\lambda,p)\cdot I(x,y;t,\lambda) \qquad (1.4.1)$$

式中：$\beta(x,y;t,\lambda,p)$为目标的波谱反射率；

$E(\lambda)$是黑体的波谱发射本领；

$I(x,y;t,\lambda)$为目标上的波谱辐照度，即入射的辐射量；

p 表示极化（偏振）方向；

λ 代表波长；

t 为摄像时间。

（1.4.1）式右侧加号连接的前后两项分别代表目标发射的波谱辐

射量和反射的波谱辐射量。当然除了以上因素外，L 还与太阳高度角和探测角度有关，若考虑这些附加因素，我们可以写出更复杂的遥感图像模型公式。

在可见光和近红外波段，物体自身发射的辐射量可忽略不计，式(1.4.1)可简化为：

$$L(x,y;t,\lambda,p)=\beta(x,y;t,\lambda,p)\cdot I(x,y;t,\lambda) \qquad (1.4.2)$$

式中，$I(x,y;t,\lambda)$取决于光照条件及传感器的几何特征，而$\beta(x,y;t,\lambda,p)$反映物体的特性。在热红外波段，反射和发射都需要考虑，同时，摄像时间是一个重要因素。夜晚摄取的主要是地物的热发射；白天的反射部分处于不同的波段，一般是通过设计不同的传感探测器以获取不同的图像。

遥感图像记录了(1.4.1)式所描述的具有五个参数的景物灰度。在遥感图像具体的获取过程中，一幅图像由于总是在特定的波段和特定的极化方式上，而且几乎是在同一时刻完成的，因此 p、λ、t 这三个参数可当作常数，剩下的坐标参数(x,y)作为基本变量，因此式(1.4.1)的五维函数可以简化为二维的形式，即在一定的条件下可以用 $f(x,y)$ 代替函数 $L(x,y;t,\lambda,p)$。

图像模型 $L(x,y;t,\lambda,p)$表明，除了空间位置(x,y)之外，地物的辐射量还随着波长、时间和极化性质三个变量而变化，即在同一个空间位置可以有不同波段、不同时间和不同极化的图像。这种在同一地区的随时间、波段和极化不同而获得的多个图像的组合，叫做多元图像。多元图像最常见的是多波段图像(多光谱图像)，应用最广泛如陆地卫星的专题制图仪(TM)图像。TM 除可见光—近红外—中红外 6 个波段外，还有一个热(远)红外波段，共有 7 个波段。高光谱遥感传感器如成像光谱仪波段数多达几十到几百个，每个波段宽度达纳米级。多(高)光谱图像可以充分体现不同地物的光谱特征，更有助于识别岩石、土壤、植被、各种水体及其他地物的不同类型和形态。多元图像的第二类是多时相图像，指在一个特定的波段上，在不同时间内获取的图像，也叫多日相图像，主要用于研究和监测地物或环境因素的动态变化，其中某些变化也可揭示地物的性质。遥感卫星的轨道特征和重复覆盖能力为多时相图像的广泛应用提供了方便。如气象和环境监测要求在较短时间内重复摄像；农业上主要要求在不同农时及农作物不同生长阶段的多时相图像；地质应用主要需要不同季节、不同太阳高度角的代表性图像。热红外遥感常采用白天和晚上（黎明以前）两次成像。多元图像的第三类即为多极化图像，其代表是侧视雷达图像。若发射的雷达波是水平极化波（H），则返回波中即有水平极化也有垂直极化（V），因而可以分别获得两种极化性质的图像，即水平极化（HH）图像和交叉极化（HV）图像。

函数 $f(x,y)$ 实际上代表在二维空间内物体的反射或发射的辐射能量的分布，不是传感器实际记录的图像数据，而我们所得到的图像数据总是与地物的“真实图像”有不同程度的差异（例如大气层的影响），也就是说它们之间还存在着一个对应变换关系。设 $g(x,y)$ 表示二维空间的图像函数，则对应的变换关系可表示为：

$$g(x,y)=L\{f(x,y)\} \tag{1.4.3}$$

式中：L 代表某种由地物的实际景物到图像之间的变换；

$g(x,y)$ 就是遥感图像处理中真正的图像函数。

$g(x,y)$ 具有以下特点：

（1）图像函数的连续性：在前面的分析中可知，坐标（x,y）在像幅内的分布是连续的、无间隔的，同时影像的灰度色调也是连续分布的、无间断的，因此图像函数在几何空间和灰度空间上的记录都是连续的；

（2）函数定义域的限定性：由于每一种遥感传感器都有一定的视域，因而它所获得的图像的大小是有限的，即图像函数只在实际图像范围内有效。函数 $g(x,y)$ 通常被定义在一个矩形范围 $R=\{(x,y)\mid 0\leqslant x\leqslant X_m, 0\leqslant y\leqslant Y_m\}$ 上，坐标（x,y）处的 g 值称为该点图像的灰度值（l）；

（3）图像函数值的限定性：图像函数 $g(x,y)$ 是非负的，即 $0\leqslant g(x,y)<\infty$，实际上图像函数值是有界的，且仅出现在某一范围之中，即 $L_{\min}\leqslant g(x,y)\leqslant L_{\max}$，间隔 $[L_{\min}, L_{\max}]$ 称为灰度区间。实际应用上，把这一区间扩充到 $[0,L]$。例如，$l=0$ 被当作黑色，$l=L$ 被当作白色，

所有中间值都是由黑色连续地变为白色时的灰度浓淡等级；

(4)图像函数值物理意义的明确性：遥感图像函数值表示的是地物电磁波辐射的一种量度，其取决于遥感所使用的电磁波工作波段、地物类型以及成像方式等，因而有明确的物理意义。

第五节 遥感成像系统

图像是景物电磁波辐射能空间分布状况的记录。为了实现对辐射能的检测和记录，景物的光谱信息必须经过光学系统成像并呈现在检测器件上，成像系统的传递作用会影响景物的辐射能。为了通过所获得的图像信息来分析研究所反映的景物的信息，不仅需要了解图像的数学模型，而且还需要了解从景物辐射能到记录图像之间的传递关系。通常影响传递的有几何和辐射能两个方面的因素。

几何上的关系是大家熟悉的，一般的光学成像系统可以理解为中心投影的透视几何关系，即以光学系统的镜头为投影中心，目标景物和影像平面构成中心投影的光学共轭。

辐射能的传递关系可以理解为成像系统所产生的影像质量的变化，即一个成像系统不会将从一个目标地物点上发射的辐射能全部会聚到与图像相对应的点上，通常多少会有些发散，从而使得影像的质量下降，即所谓图像的退化。由于图像处理分析特别注重景物信息的定量性质，因此对辐射能传递关系的理论分析非常必要。几何和辐射能上的影响将在以后的章节中讨论。

遥感成像系统概括了从景物到图像之间的所有因素的传递作用。这些因素中除了光学成像系统之外，还包括大气的透明度和波动、卫星运行的状态、检测和记录设备的状态，以及显示装置的特性等。所有这些因素对目标景物辐射能(输入信号)的作用，包括几何的和能量的作用，统称为成像系统，产生的图像(输出信号)是系统的输出。图 1.5.1 是遥感图像构成和处理过程的框图。

从图 1.5.1 可以看出，图像构成系统是连接输入信号和输出信号

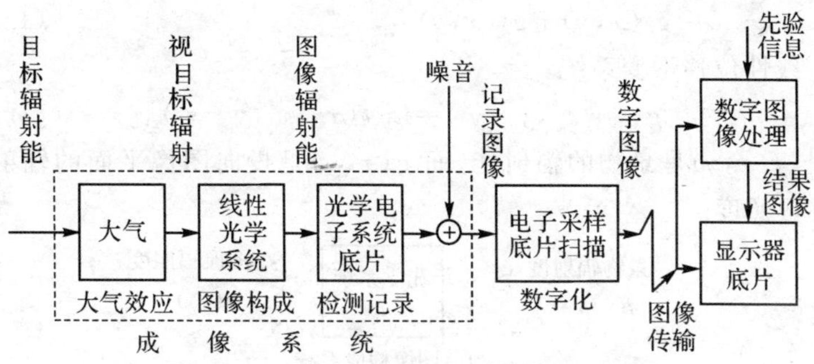

图 1.5.1　遥感图像构成和处理过程框图

之间的"黑箱"，我们不必知道系统的组成情况，而用一个算符 L 表示系统对输入信号的作用。在这里，输入信号是景物的辐射能，输出信号是图像的辐射能(即图像的灰度或亮度)，它们都是空间坐标的二维函数。

图 1.5.2 形象地表示了一般线性成像系统的主要特征，为了便于理解而将其绘成一维形式，遥感成像系统一般都属于这种情况。如图 1.5.2(b)所示，如果对系统输入一个单脉冲，其输出称为脉冲响应，在光学理论上脉冲响应被称为点扩散函数(Point Spread Function, PSF)，它是一个二维点光源的图像。PSF 的大小和形状是对系统成像性能的一种度量，通常若 PSF 的形状较窄，系统以及它产生的影像就较好。如图1.5.2(c)所示，如果输入信号由两个或更多的脉冲组成，而输出信号为各单脉冲产生的输出的总和，则称这样的系统为线性的。进而，如图1.5.2(d)所示，如果输入信号在空间移位，而输出信号也产生相应的移位，但是在 PSF 上没有任何变化，则称系统是位移不变的。以上情况在数学上可以归纳为以下公式：

系统描述：

$$g(x,y)=L[f(x,y)] \tag{1.5.1}$$

线性描述：

$$g(x,y)=L[f_1(x,y)+f_2(x,y)]=L[f_1(x,y)]+L[f_2(x,y)]$$

$$=g_1(x,y)+g_2(x,y) \tag{1.5.2}$$

线性位移不变系统：

$$g(x-x',y-y')=L[f(x-x',y-y')] \tag{1.5.3}$$

这里，$f(x,y)$是景物的辐射能，而 $g(x,y)$是投向图像平面的辐射能，又称辐照度。

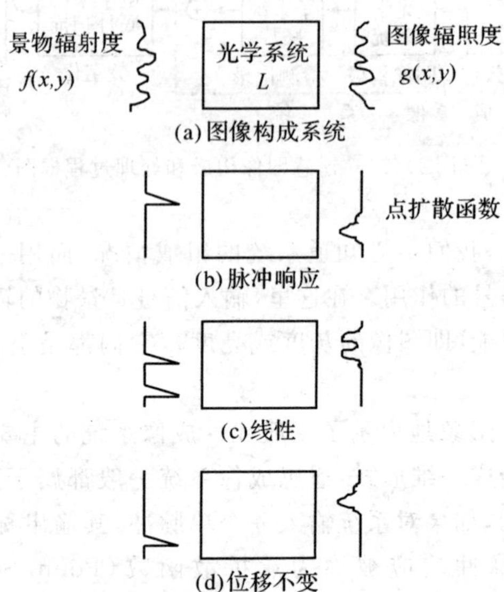

图 1.5.2　线性成像系统特征

第二章 遥感图像及其特征

前面介绍了遥感信息的获取过程，本章将进一步介绍遥感图像的性质，包括遥感图像的信息内容、数字化、存储及统计特征。

第一节 遥感图像的信息内容

图像处理也就是对图像信息的加工和提取过程。如果缺乏对遥感图像的信息内容、信息量及其相互关系的知识，图像处理工作就会是盲目的。在图像处理、分析和解译过程中，我们要了解图像中所包含的信息内容，定量地研究其信息量的多少，特别是比较不同类型的图像和同一图像的不同波段，以及不同处理方法所得出的输出图像中信息的种类、多少及强弱等，以便选择最佳的图像产品，提取更多的有用信息。

遥感图像反映的信息内容主要有波谱信息、空间信息和时间信息等，它是遥感研究的重要内容。

一、遥感图像的波谱信息

遥感图像中每个像元的亮度值代表的是该像元中地物的平均辐射值；它是随地物的成分、纹理、状态、表面特征及所使用电磁波段的不同而变化的，这种随上述因素变化的特征称为地物的波谱特征。应指出的是，图像的亮度值是经过量化了的辐射值，是一种相对的量度。

不同地物之间的亮度值差异（如 TM5 波段图像中植被的灰度值大于水体的灰度值）以及同一地物在不同波段上的亮度值差异（如在 SPOT 图像中植被波段 3 的亮度值要比波段 2 的亮度值大）构成了地物的波谱信息。

不同的电磁波段可以反映不同的地物特征。一般来说，可见光波段主要反映的是地物的颜色和亮度差异；近红外波段主要反映的是植被、氧化铁、粘土矿物以及其他含 OH^- 的矿物、碳酸盐和土壤湿度等特征；热红外波段除反映地面辐射温度进而揭示地物的热性质外，还可以区分不同的硅酸盐矿物和岩石；雷达微波反映地面的粗糙程度和地物的介电性质，并揭示一定深度的地下地质特征。

虽然地物是多种多样的，其波谱信息也是复杂多变的，但是对于大多数遥感图像来说，还是有几种地物占统治地位。这些地物的电磁波辐射水平往往决定着遥感图像的明暗程度，这种决定图像的基本亮度的地物波谱信息被称为一级波谱信息。一般，这种占统治地位的地物主要是植被、土壤和水体，此三类地物在可见光至近红外波段的典型波谱曲线如图2.1.1所示，它们之间的差异在彩色合成的多波段遥感图像上最为醒目。一级波谱信息是图像亮度的背景值，有时对于提取专题信息来说是一种干扰，所以在实际图像处理中，了解图像的一级波谱信息是很重要的。

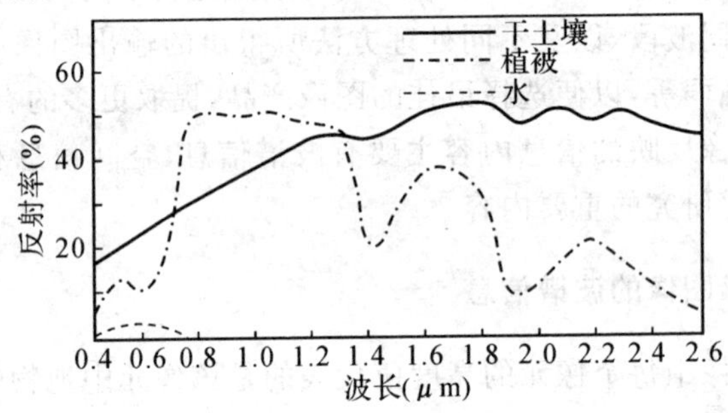

图 2.1.1　三大类地物类型波谱曲线

另外，图像中和波谱信息叠加在一起的，还有由于地形起伏而造成的亮度值差异，这种明暗差别一般与波段无关，即这部分信息在不同波段之间有很高的相关性。地形影响的强弱，除了地形的坡角和坡向外，还与成像时的太阳高度角和方位角以及传感器的观察角有关。这种不随波段变化的亮度或辐射强度信息，称为反照率(指的是半球空间内反射通量与入射通量之比)。

虽然不同波段遥感图像的波谱信息内容有很大差异，但也还是有很大一部分波谱信息是重叠的。例如，陆地卫星 TM 位于可见光至反射红外的六个波段的图像，在不同波段之间往往存在着很大的相关性，一般波段相距越近其相关性也就越大。这表明，两个波段中的信息有相当一部分是重复和多余的，所以两个波段图像虽然要比一个波段图像包含的信息多一些，但并不是两个波段所包含信息之和。为了减少这种重复，把信息集中在少数几个变量中，就需要对原来的图像数据进行变换，这种处理过程称为波谱变换。在第五章中将要介绍的 K-L 变换就是一种典型的波谱变换。

遥感图像解译中识别不同地物的一个重要标志就是图像的亮度差异，但有时这种波谱信息的差异很小，很难被人的视觉所感知，所以在遥感数字图像处理中通过一些增强处理来加大这种差别，称为波谱信息增强。

遥感图像的信息量主要取决于两个因素：一是图像的灰度等级或量化等级的数目，一般用记录灰度或亮度的字位数来量度；一是瞬时视场或像元的大小。前者主要影响波谱信息量，而后者主要影响空间信息量。多波段图像的信息量除上述两个因素外还与波段的选择和数目有关。信息的量度可以从两个不同的角度来考虑。一是由数据的传输和存储量出发，信息量相当于数据量；另一个考虑的角度是由分析和提取有用信息出发，同时尽量减少冗余的或重复的信息。

在通讯理论中，香农(Shannon)在 1948 年首先提出用熵(Entropy)来表征信息量。熵是和信号值出现的概率相联系的，具体如下：

若在数字图像上存在有 K 个灰度级，当把一幅图像理解为一个二维信息场时，这 K 个灰度级代表 K 个信号，而图像灰度直方图代表信息场中 K 个信号各自发出的概率。此时若假设各个信号之间是相互独立的，则一幅图像上每个像元(信号)所携带的平均信息量可以用一阶熵 H 来表示：

$$H=-\sum_{i=1}^{K}P(i)\log_2 P(i) \tag{2.1.1}$$

式中：$P(i)$为图像上的第 i 级灰度概率值，可以用直方图频数来代替；

H 称为一阶熵，式中取以 2 为底的对数，则 H 的单位为比特；

K 为量化的灰度级个数，一般 $K=2^b$，b 为正整数。

下面举典型情况来说明熵值的意义。

设 K 个灰度级为等概率密度分布，即：

$$P(i)=1/K \qquad i=1,2,\cdots,K$$

由式(2.1.1)可知：

$$\begin{aligned}H_A&=-\sum_{i=1}^{K}P(i)\log_2 P(i)\\&=-\frac{1}{K}[(-b)+(-b)+\cdots+(-b)]=b(\text{比特})\end{aligned}$$

上式中的$-b$有 K 项。

而当图像上只有一种灰度 i 出现时，意味着没有任何影像，则：

$$P(i)=\begin{cases}1 & i=j\\0 & i\neq j\end{cases}$$

由式中(2.1.1)可知：

$$H_B=-P(i)\log_2 P(i)=0$$

以上两种情况说明，没有影响的信号场不提供任何信息，所以熵值为 0；而各信号等概率出现的信息场，能提供最多的信息，熵值最大。一般图像具有不均匀的概率密度出现，故其一阶熵值介于 H_A 和 H_B 之间。

前面信息量的计算是基于各信号(像元)之间相互独立基础上的，而实际的图像信号(像元)之间不可能是相互独立的，是存在一定的相关性的，故而采用一阶熵的公式计算的信息量会大于图像的实际信息量，这时应采用高阶熵来表示图像信息量，在此就不介绍了。

在图像处理中，熵值常作为某些图像处理(如数据编码压缩时)的重要参数。

二、遥感图像的空间信息

遥感图像不仅反映了地物的波谱信息，而且还反映了地物的空间信息和形态特征，一般包括空间频率信息、边缘和线性信息、结构或纹理信息以及几何信息等。空间信息是通过图像亮度值在空间上的变化反映出来的。图像中有实用意义的点、线、面或区域的空间位置、长度、面积、距离等量度都属于图像的空间信息。

纹理是遥感图像中最重要的空间信息之一，用它可以辅助图像的识别和分类。图像中的影纹细节可以用放大或其他的处理方法(如图像的卷积处理)使之变得清晰。另外，线性影像和环形影像也是地学遥感中的两种最重要的空间信息。遥感数字图像处理中，增强与提取空间结构信息的处理被称为图像的空间信息增强。

影响遥感图像空间信息的主要因素有成像遥感器的空间分辨率、图像投影性质、比例尺、几何畸变等。

(一)空间分辨率

遥感图像的空间分辨率是指图像分辨具有不同反差并相距一定距离的相邻目标的能力。图像的空间分辨率越高，图像的影纹细节越清晰，空间结构信息越丰富；反之，图像的影纹细节越模糊，且空间结构信息越少。

1. 影像分辨率

指用显微镜观察影像时，1mm 宽度内所能分辨出的相间排列的黑白线对数(线对/毫米)。它受光学系统分辨率、感光材料分辨率、影像比例尺、相邻地物间的反差等因素的综合影响。

2. 地面分辨率

指遥感影像上能分辨的两个地物间的最小距离。扫描影像常用遥感器探测单元的临时大小来表示，如陆地卫星 TM 图像的地面分辨率为 28.5m。

(二)影像比例尺

指影像上某一线段的长度与地面上相应的水平距离的比值。由遥感器光学系统的焦距 f 与遥感平台的高度 H 之比来确定,即 $1/m=f/H$。由于遥感影像一般为中心投影或多中心投影,它不同于地图投影(正射投影),影像比例尺受到地形起伏及地物在像幅中位置的影响,会出现各处不一致的现象。

(三)投影性质与影像几何畸变

遥感影像均经光学系统聚焦成像,透镜的成像规律和遥感器的成像方式决定了遥感影像的投影性质。不同的投影性质会产生不同性质的影像几何畸变。

1. 中心投影

如图 2.1.2 所示,地面上各地物点的投影光线 Aa、Bb、Cc 都经过一个固定点 S,投射到投影面 P_1,P_2 上形成透视影像称为中心投影,S 称为投影中心。帧幅投影像片即为地面中心投影。当投影中心位于投影面与地物之间时,投影面 P_1 上的透视影像称为负像,P_1 称为负片(底片);在投影中心与地物之间的投影面 P_2 上的影像称为正像,P_2 称为正片(像片)。航空投影机主光轴与像平面的交点称为像主点;过影像中心的铅垂线与像平面的交点称为像底点。

2. 一维中心投影

缝隙式摄影机影像若在沿缝隙方向,属中心投影,当地面平坦且投影面水平时,影像比例为 f/H。但在航向方向,比例关系则由卷片速度 v' 与航速 v 之比来确定,因此影像的纵向和横向比例尺通常不一致。现在常用的高分辨率 CCD 推扫式扫描仪,一条扫描线相当于一条缝隙,成像的几何关系与缝隙式摄影机的情况相同。全景摄影影像,在扫描角变动时也属于一维中心投影,会产生全景畸变。

3. 多中心投影

光机扫描影像为逐点行式扫描成像,每个像点都有各自的投影中

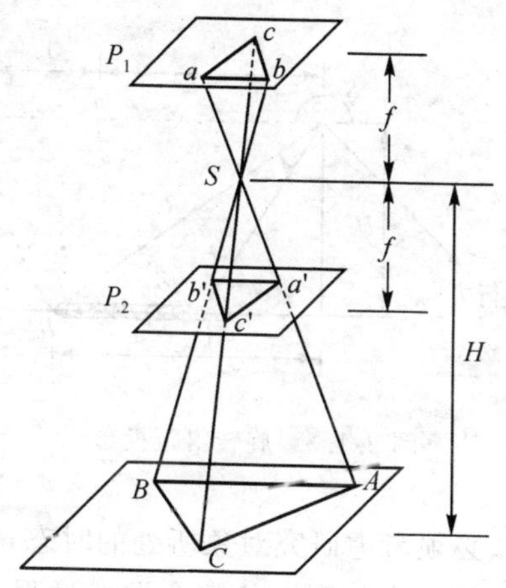

图 2.1.2 中心投影

心，因此这种点扫描方式得到的图像是一个多中心投影方式。由于传感器旋转镜旁向扫描的速度极快，同一条扫描线上各像元点成像时间相差很小，所以可以近似地认为每一扫描行有一个投影中心，用同一个共线方程。

4. 旋转斜距投影

图 2.1.3 所示为侧视雷达对平坦地面成像时的几何关系，*Sab* 为影像面，*ab* 是阴极射线管屏幕上光点掠过的轨迹，光点出现的时间取决于雷达发出微波到接收到回波间的时间间隔，由于微波传播速度 *c* 是固定的，所以雷达影像实际为斜距投影，投影性质为旋转斜距投影。

三、遥感图像的时间信息

遥感影像是成像瞬间地物电磁波辐射信息的记录，图像的时间信息指的是不同时相遥感图像的光谱信息与空间信息的差异。由于许多地物都具有时相变化，一是自然变化过程，即其发生、发展和演化的过程；二是节律，即事物的发展在时间序列上表现出某种周期性重复的规律，亦即地物的波谱信息和空间信息随时间的变化而变化。所以，在遥

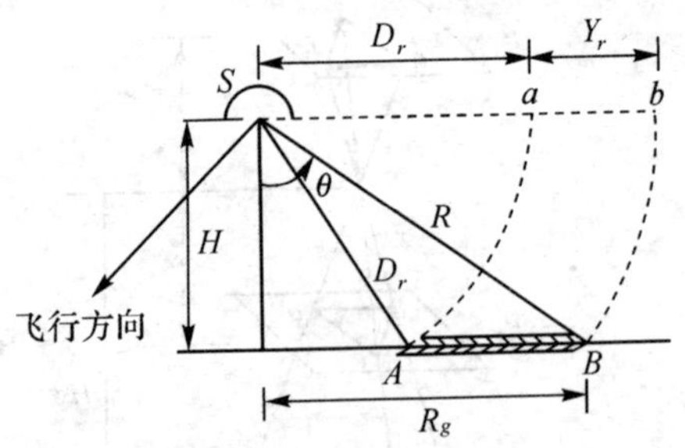

图 2.1.3 旋转斜距投影

感数字图像处理中，必须考虑研究对象所处的时态，充分利用多时相影像，不能以一个瞬时信息来包罗它的整个发展过程。遥感影像的时间信息与遥感器的时间分辨率有关，还与成像季节有关。

一些遥感应用专题，如各种灾害的动态监测及作物生长状况研究，都需要掌握地物随"时"和"空"两个因素的变化情况，这时遥感图像中的时间信息就成了一种重要的专题信息。

遥感图像中的时间信息在目视解译时，是通过不同时相图像的对比分析来辨别的。在遥感数字图像处理中，一些处理方法（如不同时相图像的比值或差值处理）能够有效地增强和提取多时相图像中的时间信息，增强和提取遥感图像中的时间信息的处理称为时间信息增强。

由于卫星对地物重复观测的周期越短、频率越高，对地物波谱信息随时间变化的特征了解得就越多，因此，时间分辨率是衡量时间信息丰富程度的一种量度。

第二节　遥感图像数字化

遥感是对地物电磁波信息的记录。事实上，不论使用何种成像手段，地物以及图像平面上的辐射能量本身在空间上总是连续变化的。图像的感测、记录及显示可以采用两种不同的系统：一种是摄像技术使用的光化学系统，它用摄影胶片同时起感测和记录的作用，胶片以其固有的反应特性把感测到的辐射能量与银粒子的光学密度联系起来；另一种是电子光学系统，如光学—机械扫描系统和电视摄像管，它对图像的感测和记录是两个分开的步骤，检测器感测的辐射能量强弱变化首先转变为连续变化的电信号（光电转换），这种电信号可以记录在视频带上，或显示在 CRT 电视屏幕上，或在胶片上成像，或在相纸上扫描成像。以上这些方式所产生的图像都是由光学密度或亮度的连续变化所构成的模拟图像（也可称为连续图像或视频图像），其是遥感图像光学处理的对象。

遥感图像的连续性还表现在取值上，如在空间上任意一点 (x,y) 的函数值 $g(x,y)$，从理论上说可以是灰度范围 $(L_{\min},L_{\max})$ 中的任意值，即有无穷多个可能的值。然而图像的这种描述方式不能为数字计算机所接受。因为计算机是进行数字或逻辑运算的工具，它只允许一个个地接受并处理它事先约定的有限个数字符或码字。因此，在图像处理之前，要设法将连续图像函数变成一组能代表它的数字，这一变换过程称为图像数字化，所得到的图像称为数字图像。

若要把一幅连续图像数字化为数字图像，通常包括两方面的内容：一是按一定的空间网格对连续图像进行空间坐标的数字化，即把连续图像空间划分成一个个网格，并对各个网格内的辐射值进行测量，这一过程称为采样；二是对采样点的辐射值进行数字化，即对辐射值进行量化编码处理，这一过程称为量化。

采样和量化过程有均匀和非均匀两种。均匀过程的数字化是在采样和量化时，不考虑图像灰度分布的具体情况和图像灰度的灰级分布范围有何变化，而采取等间隔的采样和量化过程。非均匀过程的数字化是指非均匀的采样和量化，它的方案取决于图像上灰度分布和灰度范围的分布特性。一般，在灰度变化比较剧烈的区域（或细节较多的区域），应该采用较密集的采样方式，为的是能够精确地表示这一部分图像的灰度变化，此时量化可以不必过细，因为人眼对于急剧变化的灰度的辨认能力较强；而对于灰度变化比较平缓的区域（或细节较少的区域），则可以采用比较稀疏的采样方式，但此时需进行较细密的量化，否则不仅无法辨认灰度的细微变化，而且由于较大的整量误差，可能形成虚假的细节。

应当指出，在采样中对于同样的采样数，用不同的方法进行，可以获得大不相同的图像再现质量。然而在实现过程中，由于非均匀采样要比均匀采样复杂得多，它必须根据具体的图像，人工地或者自适应地改变采样间距，并记录改变的位置，而且在进行图像处理时，必须考虑采样间隔不同的影响，因而，对遥感图像的采样往往采用均匀采样过程，以便于处理的统一和易于定位。

一、采样

由一个连续函数按照一定的方案抽取离散点的数据，叫做采样，所取的点叫做采样点。显然，一幅连续图像包含无限多的点，而数字图像只能是由数目有限的数字组成。至于采样点的数目和间距的大小，则主要取决于成像、数字化及记录系统的性质。把一幅连续图像划分成一个个像元点阵的方法有：正方形点阵法、正三角形点阵法、正六角形点阵法等（如图2.2.1）。在遥感图像的数字化过程中主要采用正方形点阵法。

一个采样点的几何意义是双重的。相对于坐标系统以及在运算过程中，其空间位置(x,y)代表一个没有大小的点，但是作为构成图像的一个最小单位来看，它是有面积的，一般代表一个在(x,y)点周围的矩形或正方形，其长度和宽度与在 x 和 y 轴方向上的间距相同，因而又常称为像元（像素）。

采样点的函数值称像元值（或亮度值或灰度值等），对遥感图像来说，相当于(x,y)点周围某个小范围内的平均辐射值。这个小范围一般相当于传感器的瞬时视场，不一定直接等同于像元所代表的面积和范围。

遥感图像的采样过程，实际上就是对连续图像 $g(x,y)$在 x、y 方向上分别以 Δx 和 Δy 为采样间隔对遥感影像的离散化过程，其结果是获得了遥感图像的数字表示形式，即一个二维的数字矩阵：

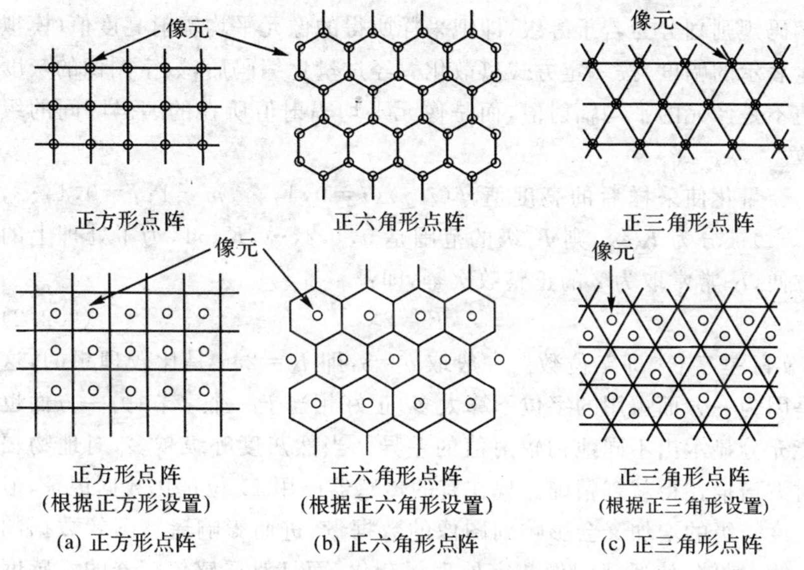

图 2.2.1　图像采样点阵形式

$$\begin{bmatrix} g(0,0) & g(0,1) & \cdots & g(0,n-1) \\ g(1,0) & g(1,1) & \cdots & g(1,n-1) \\ \cdots & \cdots & \cdots & \cdots \\ g(m-1,0) & g(m-1,1) & \cdots & g(m-1,n-1) \end{bmatrix} \tag{2.2.1}$$

采样不可避免地会造成原图像信息的一些损失，主要是由于在采样间隔内的平均过程不仅会产生相邻地物波谱信息的失真，而且还会造成高频信息的损失。同时，在采样过程中也可能会引入新的噪声。一般来说，采样的间隔越小，信息的损失越少，但采样间隔越小，图像数据量也就越大，这必然要影响遥感数字图像处理的速度，同时采样间隔的大小还涉及传感器的技术水平。

二、量化

量化就是把采样过程中获得的像元平均辐射亮度值，按照一定的编码规则划分为若干等级，即把采样所得的像元平均辐射亮度值（模拟量表示的幅度）按一定方式离散化。经过量化编码后，数字图像的灰度值不是像元的平均辐射值，而是像元平均辐射值所在的编码区间的级数。

量化使采样后的亮度值 $f(i,j)(i=0,1,\cdots,m-1;j=0,1,\cdots,n-1)$ 被分为 K 级，则 K 级的范围是 $0,1,2,\cdots,K-1$，为了处理上的方便，K 常常取为 2 的正整数次幂，即：

$$K=2^b \tag{2.2.2}$$

b 实际是字长，即字位数。一般取 $b=8$，即 $K=256$ 是比较理想的，这是因为一方面占用的字位不算太多，正好相当于一个字节；另一方面也能充分显示出不同地物辐射值的差异。当然灰度等级越多，对地物辐射波谱描述得就越精确。现在有的传感器已用 11 位量化数据记录，但灰度等级的增加又会影响到图像的数据量，进而影响遥感图像数据的传输、存储，使遥感图像数字处理复杂化，而且对遥感传感器的敏感度要求较高，成本代价提高。

在图像处理中使用的数字图像有多种来源，其数字化的方式和过程也不尽相同，主要有四种情况：

(1)摄像过程中的数字化，即在扫描成像或记录过程中，把传感器感测到的连续信号进行采样和量化，用数字记录下来（例如 SPOT 卫星的 HRV 图像）。

(2)像片或摄影胶片的数字化，即把已有的像片或胶片放在专用的扫描数字化设备上产生数字记录的图像。

(3)图件的数字化，就是由图件资料产生数字图像。图件资料可能来源于遥感图像分析和解译，也可以是其他资料，如地球物理、地球化学图件等。图件数字化的目的是为了便于在图像处理系统上进行处理，特别是和遥感图像一起作综合分析和处理。

(4)在遥感图像处理过程中，有时需要人为地产生和使用某种函数图像，即由一个给定的二维函数，经过采样和量化来确定图像的像元值。当然，一般遥感系统对遥感影像的采样间隔和灰度等级都已经确定。

三、数字化实例

(一)陆地卫星 MSS 的图像数字化

陆地卫星 MSS 系统是以扫描方式成像的,并且在平行扫描线的方向(简称列向)和垂直扫描线的方向(简称行向)上,采样的情形是不同的。相邻扫描线(即行)间隔 79m,在这个方向上的采样间距亦为 79m,而瞬时视场在这个方向上的长度也是 79m,这说明两行的瞬时视场在设计上是没有重叠的。而在列向上,采样的间距是 57m,因而每一个像元所代表的地面面积是 57m×79m。然而,在这个方向上的瞬时视场宽度是 79m,而不是 57m,这说明相邻两个像元所对应的瞬时视场应有 22m 的侧向重叠。

实际上,在扫描过程中,79m×79m 的瞬时视场是连续移动的,因而瞬时视场中地物所反射的辐射量也随着扫描而连续变化。这个连续变化的量被卫星上的探测器所接收并转化为连续变化的电信号。要把这个模拟变量变为数字记录,首先要对它进行采样,采样的时间间隔是 9.95×10^{-3}s,对应的瞬时视场横向移动距离为 57m。在采样的基础上,还要对数据进行量化。在 MSS 系统中,根据不同波段的特点及数据记录和传输的能力,在卫星上采取均匀和非均匀两种方式,把辐射值量化为 64 个等级(6 个字位)。非均匀方式也叫压缩方式,相当于对数变换,用于第 4、5 及 6 波段,其效果是压缩了辐射量较高的部分,相对扩展了辐射量较低的部分,并提高了信噪比。均匀方式是直接的 A/D 转换,用于第 7 及第 8(3 号卫星)波段。在量化之前把模拟信号进行放大,按照不同波段及辐射值分布情况,采用不同的增益值。要了解每个陆地卫星的 MSS 各波段所采用的增益值(低增益和高增益),可参阅有关用户手册。

经数字化以后的图像数据传送到地面站及处理中心后改制记录在高密度数字磁带上,然后再制成 CCT、CD 或 DVD。在这个过程中,对原来经过压缩方式量化的第 4,5 及 6 波段数据进行去压缩,即通过查表的方法把 0～63 的六位二进制数转换为 0～127(128 个等级)的七位二进制数。第 7 和 8 波段仍为 0～63 的六位二进制。

(二)陆地卫星 TM 的图像数字化

陆地卫星 TM 系统也是以扫描方式成像的。在卫星运行过程中，TM 扫描镜沿着垂直于地面轨迹的方向，以每秒 7 次的速率向前和向后(即先向右后向左)扫描，每扫描一次，在 1～5 和 7 通道产生 16 条数据行，即收集到 16 行景物辐射能量，对于 6 通道来说则形成 4 条数据行，即收到 4 行景物的辐射能量。这些能量值通过 R、C 望远镜系统映入主焦平面。扫描行校正器的功能就是把向前扫描和向后回扫形成的扫幅一幅一幅地连接起来。在主焦平面上，波段 1～4 每个通道由 16 个元件组成的探测器阵列，将接收到的景物能量转换为低电平的电信号，进行放大后再转换为 8 比特字节的数字信号，此即最原始的图像数字信号。然后经过多路转换器转换为84.9Mbps 的数据流，输出、传送到地面。同样，映入辐射冷却室内冷却平面探测器阵列的波段 5、7 和 6 的景物能量，经转换、放大、再转换等过程，最后也转换为 84.9Mbps 的数据流输出，一起向地面站传送。

(三)摄影像片的数字化

记录在摄影胶片上的图像(不一定是在光学摄影波段摄取的像片)在专用设备上进行数字化时，通常是使用胶片，即透明正片，再用一束强度固定的光束扫描。由于胶片在不同部位的光学密度和透射率不同，因而透射过去的光的强度就有差异。透射光用光电倍增管进行量度，通过采样和量化而成为一连串的数字，并存储在磁盘上或记录在磁带上，成为数字图像文件。高精度的扫描设备扫描黑白图像产生高分辨率单波段数字图像，扫描彩色胶片生成红、绿、蓝三个通道的高分辨率数字图像。扫描线宽度取决于检测器的光学孔径或瞬时视场，其大小相当于采样的间距，通常以微米计，一张 23cm×23cm 的航空像片，若取 50μm 为采样间距，则形成的数字图像有 4600×4600＝2116 万(个)像元。

第三节 遥感图像的存储模式

为了使遥感数据能够为用户所使用,建立一种通用的存储格式是必不可少的。遥感图像数据主要是记录在计算机兼容磁带(CCT)、磁盘或光盘上的,随着光盘技术的发展,越来越多的遥感数据存储在光盘介质上。在遥感平台上(如卫星、遥感飞机)的记录系统或卫星地面接收站的记录系统所用的一般是高密度数字磁带(HDDT)。记录在各种介质上的遥感数据,除了有遥感影像数据外,还有与遥感图像成像条件有关的其他数据,如成像时间、光照条件等。

一、遥感数字图像的级别

在遥感图像的生产过程中,需要根据用户的要求对原始图像数据进行不同的处理,从而构成了不同级别的数据产品。一般遥感图像数据级别划分如下。

0 级产品:未经过任何校正的原始图像数据。

1 级产品:经过了初步辐射校正的图像数据。

2 级产品:经过了系统级的几何校正,即根据卫星的轨道和姿态等参数以及地面系统中的有关参数对原始数据进行几何校正。产品的几何精度由上述参数和处理模型决定。

3 级产品:经过了几何精校正,即利用地面控制点对图像进行了校正,使之具有了更精确的地理坐标信息。产品的几何精度要求在亚像素量级上。

0～2 级产品由图像发布部门生产。3 级产品可由图像发布部门按照精度要求生产,但大多由用户自己来处理。

对于一般的应用来说,2 级产品已能够满足用户的需要。对于几何精度要求较高的应用,则必须使用几何精校正后的 3 级产品。

有些遥感图像的产品级别可能会与此不同,实际应用时要向图像发布机构进行咨询。

二、元数据

元数据(Meta Data)是关于图像数据特征的描述,是关于数据的数据。元数据描述了与图像获取有关的参数和获取后所进行的处理。例如,Landsat、SPOT 等图像的元数据中包括了图像获取的日期和时间、投影参数、几何校正精度、图像分辨率、辐射校正参数等。

元数据是重要的信息源,没有元数据,会影响图像的使用价值。例如,对于变化探测工作,不知道图像的日期就无法进行变化分析。有很多机构进行文档的标准化工作,建立元数据,以便进一步简化用户的处理过程。

元数据与图像数据同时发布,或者嵌入到图像文件中,或者是单独的文件。在某些传感器的图像发布中,元数据又称为头文件(例如,早期的 Landsat-5 的 TM 数据)。元数据文件多为文本格式(例如,Landsat-7 的 ETM、SPOT 图像数据),部分为二进制格式或随机文件格式。

三、通用数据存储格式

数字图像数据主要是二进制格式的文件,保存在光盘、磁盘或磁带中。遥感图像包括多个波段,有多种存储格式,但基本的通用格式有三种,即 BSQ、BIL 和 BIP 格式。通过这三种格式,遥感图像处理系统可以对不同传感器获取的图像数据进行转换。

1. BSQ 格式

BSQ(Band Sequential)是按波段顺序依次排列的数据格式。即先按照波段顺序分块排列,在每个波段块内,再按照行列顺序排列(表 2.3.1)。同一波段的像素保存在一个连续的块中,这保证了像素空间位置的连续性。

设图像数据为 N 列,M 行,K 个波段。

BSQ 数据排列遵循以下规律:第 1 波段为第 1 块,第 2 波段为第 2 块,…,第 K 波段为第 K 块。每个波段块中,像素按行列顺序存储。

表 2.3.1　BSQ 格式数据排列

B1	(1,1)	(1,2)	(1,3)	(1,4)	…	(1,*N*)
	(2,1)	(2,2)	(2,3)	(2,4)	…	(2,*N*)
	⋮	⋮	⋮	⋮		⋮
	(*M*,1)	(*M*,2)	(*M*,3)	(*M*,4)	…	(*M*,*N*)
B2	(1,1)	(1,2)	(1,3)	(1,4)	…	(1,*N*)
	(2,1)	(2,2)	(2,3)	(2,4)	…	(2,*N*)
	⋮	⋮	⋮	⋮		⋮
	(*M*,1)	(*M*,2)	(*M*,3)	(*M*,4)	…	(*M*,*N*)
		⋮				
B*K*	(1,1)	(1,2)	(1,3)	(1,4)	…	(1,*N*)
	(2,1)	(2,2)	(2,3)	(2,4)	…	(2,*N*)
	⋮	⋮	⋮	⋮		⋮
	(*M*,1)	(*M*,2)	(*M*,3)	(*M*,4)	…	(*M*,*N*)

2. BIL 格式

BIL(Band Interleaved by Line)格式是按照行顺序排列像素,同一行不同波段数据保存在一个数据块中,像素的空间位置在列的方向上是连续的。

数据排列遵循以下规律:第 1 波段第 1 行,第 2 波段第 1 行,…,第 1 波段第 *M* 行,…,第 *K* 波段第 *M* 行 (表 2.3.2)。

表 2.3.2　BIL 格式数据排列

Line1	B1	(1,1)	(1,2)	(1,3)	(1,4)	…	(1,N)
	B2	(1,1)	(1,2)	(1,3)	(1,4)	…	(1,N)
		⋮	⋮	⋮	⋮		⋮
	BK	(1,1)	(1,2)	(1,3)	(1,4)	…	(1,N)
Line2	B1	(2,1)	(2,2)	(2,3)	(2,4)	…	(2,N)
	B2	(2,1)	(2,2)	(2,3)	(2,4)	…	(2,N)
		⋮	⋮	⋮	⋮		⋮
	BK	(2,1)	(2,2)	(2,3)	(2,4)	…	(2,N)
			⋮				
Line$M$	B1	(M,1)	(M,2)	(M,3)	(M,4)	…	(M,N)
	B2	(M,1)	(M,2)	(M,3)	(M,4)	…	(M,N)
		⋮	⋮	⋮	⋮		⋮
	BK	(M,1)	(M,2)	(M,3)	(M,4)	…	(M,N)

3. BIP 格式

BIP(Band Interleaved by Pixel)格式是以像素为核心，打破了像素空间位置的连续性，保持行的顺序不变，在列的方向上按列分块，每个块内为当前像素不同波段的像素值。

数据排序遵循以下规律：第 1 波段第 1 行第 1 个像素，第 2 波段第 1 行第 1 个像素，以此类推（表 2.3.3）。

表 2.3.3　BIP 格式数据排列

列 / 行	第一列				第二列					第 N 列
	B2	B2	…	BK	B1	B2	…	BK		…
第一行	(1,1)	(1,1)	…	(1,1)	(1,2)	(1,2)	…	(1,2)	…	…
第二行	(2,1)	(2,1)	…	(2,1)	(2,2)	(2,2)	…	(2,2)		…
⋮	⋮	⋮	⋮	⋮	⋮	⋮	⋮	⋮		
第 M 行	(M,1)	(M,1)	…	(M,1)	(M,2)	(M,2)	…	(M,2)		…

四、几种具体遥感数据存储格式

1. 陆地卫星 Landsat-5 的数据格式

陆地卫星 Landsat-5 的 TM 数据具有比较好的数据质量，卫星服役时间长，提供的图像数据多，应用较广。下面是该传感器图像数据的基本格式。

TM 图像数据包括 7 个波段，每个波段的数据保存在一个二进制文件中。由于按照 8 位进行量化，数据类型为无符号字符型(8bit 即 1byte)，假设图像一个波段有 N 列、M 行，则文件的大小为：$N\times M$ 字节。

下面是典型的 Landsat-5 的数据目录列表，Band$x$. dat 是单波段图像数据文件，x 为波段的编号，header. dat 是头文件。头文件给出了该图像数据的成像日期、太阳高度角、行列数等信息。

band1. dat	38 161 KB
band2. dat	38 161 KB
band3. dat	38 161 KB
band4. dat	38 161 KB
band5. dat	38 161 KB
band6. dat	38 161 KB
band7. dat	38 161 KB
header. dat	2 KB

2. HDF 数据格式

HDF(Hierarchy Data Format)是美国伊利诺伊大学的国家超级计算应用中心(National Central for Supercomputing Applications, NCSA)于 1987 年研制开发的一种软件和函数库，主要用来存储由不同计算机平台产生的各种类型的科学数据，适用于多种计算机平台，易于扩展。它的主要目的是帮助 NCSA 的科学家在不同计算机平台上实现数据共享和互操作。HDF 数据结构综合管理二维、三维、矢量、属性、文本等多种信息，能够帮助人们摆脱不同数据格式之间繁琐的相互转换，从而能将更多的时间和精力用于数据分析。HDF 能够存储不同种类的科学数据，包括图像、多维数组、指针及文本数据。HDF 还提供命令方式，分析现存 HDF 文件的结构，并即时显示图像内容。科学家可以用这种标准数据格式快速熟悉文件结构，并能立即对数据文件进行管理和分析。

1993 年美国国家航空航天局(NASA)把 HDF 格式作为存储和发布 EOS(Earth Observation System)数据的标准格式。在 HDF 标准基础上，NASA 开发了另一种 HDF 格式即 HDF-EOS，专门用于处理 EOS 产品。HDF-EOS 使用标准 HDF 数据类型定义了点、条带、栅格三种特殊数据类型，并引入了元数据。

HDF 文件通常将相关的数据作为一个数据对象组，这些数据对象组称为数据集。例如，一套 8 位的图像数据集一般有三个数据对象组，其中一个数据对象组用来描述这个数据集的成员，即有哪些数据对象；一个数据对象组是图像数据；另一个数据对象组则用来描述图像的尺度大小。这三个数据对象组都有各自的数据描述符和数据元素。一个数据对象组可以同时属于多个数据集，例如，包含在一个栅格图像中的调色板对象，如果它的标识号和参照值也同时包含在另一个数据集的描述符中，则可以被另一个栅格图像调用。

一个 HDF 文件应包括一个文件头(file header)、一个或多个描述块(data descriptor block)、若干个数据对象(data object)。更详细的内容请参考 http://hdf. ncsa. uiuc. edu。

HDF 文件格式的优势在于：①独立于操作平台的可移植性；②超文本；③自我描述性；④可扩展性。

由于 HDF 的诸多优点，这种格式已经被作为国外多种卫星传感器的标准数据格式广泛使用，包括 Landsat-7 ETM+、Aster、MODIS、MISR等，现在流行的遥感图像处理系统也开始支持这种数据格式的遥感图像数据。在影像数据库多源数据管理中，HDF 格式发挥了很好的作用，例如，利用 HDF 数据结构建立远程图像工程，并与数据库进行交互进行；远程影像解译和统计分析；进行影像运算、信息挖掘和影像分类;综合处理影像、矢量和高程数据、三维显示等。

3. TIFF 文件

TIFF 文件是“Tag Image File Format”的缩写,是由 Aldus 公司与微软公司共同开发设计的图像文件格式。

TIFF 图像文件主要由三部分组成:文件头、标识信息区和图像数据区。文件规定只有一个文件头,且一定要位于文件前端。文件头有一个标志参数指出标识信息区在文件中的存储地址,标识信息区内有多组标识信息,每组标识信息长度固定为 12 个字节。前 8 个字节分别代表标识信息的代号(2 字节)、数据类型(2 字节)、数据量(4 字节)。最后 4 个字节则存储数据值或标志参数。文件有时还存放一些标识信息区容纳不下的数据(例如调色板数据)。

由于应用了标志的功能,TIFF 图像文件才能够实现多幅图像的存储。若文件内只存储一幅图像,则将标识信息区内容置 0,表示文件内无其他标识信息区。若文件内存放多幅图像,则在第一个标识信息区末端的标志参数,将是一个非 0 的长整数,表示下一个标识信息区在文件中的地址,只有最后一个标识信息区的末端才会出现值为 0 的长整数,表示图像文件内不再有其他的标识信息区和图像数据区。

TIFF 文件有如下特点:

(1)善于应用指针的功能,可以存储多幅图像。

(2)文件内数据区没有固定的排列顺序,只规定文件头必须放在文件前端,而标识信息区和图像数据区在文件中可以随意存放。

(3)可制定私人用的标识信息。

(4)除了一般图像处理常用的 RGB 模式之外,TIFF 图像文件还能够接受 CMYK 等多种不同的图像模式。TIFF 支持多 bit 图像,支持每样本点 1—8 位、24 位、32 位(CMYK 模式)或 48 位(RGB 模式)。

(5)可存储多份调色板数据。

(6)调色板的数据类型和排列顺序较为特殊。

(7)能提供多种不同的压缩数据的方法,便于使用者选择。

(8)图像数据可分割成几个部分分别存档。

4. GeoTIFF 图像格式

随着地理信息系统的广泛应用和遥感技术的日渐成熟，遥感影像数据的获取正在向多传感器、多分辨率、多波段和多时相方向发展，这就迫切需要一种标准的带有地理标记的遥感数字影像格式。GeoTIFF (Geographically Registered Tagged Image File Format)格式应运而生。Aldus 公司的 TIFF 格式是当今应用最广泛的栅格图像格式之一，具有独立性和扩展性等特点。GeoTIFF 利用了 TIFF 的可扩展性，在其基础上添加了一系列标志地理信息的标签(Tag)，来描述卫星成像系统、航空摄影、地图信息和 DEM(数字高程模型)等。一个GeoTIFF文件其实也就是一个 TIFF6.0 文件，所以其结构严格符合 TIFF 的要求。所有 GeoTIFF 特有的信息都编码在 TIFF 的一些预留标签中，它没有自己的 IFD(图像文件目录)、二进制结构以及其他一些对 TIFF 来说不可见的信息。

GeoTIFF 设计使得标准的地理坐标系定义可以随意存储为单一的注册标签。GeoTIFF 也支持非标准坐标系的描述，为了在不同的坐标系间转换，可以通过使用 3～4 个另设的 TIFF 标签来实现。然而，为了在各种不同的客户端和 GeoTIFF 提供者之间正确交换，最好建立一个通用的系统来描述地图投影。

GeoTIFF 目前支持三种坐标空间：栅格空间(raster space)、设备空间(device space)和模型空间(model space)。栅格空间和设备空间是 TIFF 格式定义的，它们实现了图像的设备无关性及其在栅格空间内的定位。为了支持影像和 DEM 数据的存储，GeoTIFF 又将栅格空间细分为描述"面像素"和"点像素"的两类坐标系统。设备空间通常在数据输入/输出时发挥作用，与 GeoTIFF 的解析无关。GeoTIFF 增加了一个模型坐标空间，准确地实现了对地理坐标的描述，根据不同需要可选用地理坐标系、地心坐标系、投影坐标系和垂直坐标系(涉及高度或深度时)。

GeoTIFF 描述地理信息条理清晰、结构严谨，而且容易实现与其他遥感影像格式的转换，因此，GeoTIFF 图像格式的应用十分广泛，绝大多数遥感和 GIS 系统都支持读写 GeoTIFF 格式的图像，比如 ArcGIS、ERDAS IMAGINE 和 ENVI 等。在图像处理过程中，将经过几何校正的图像保存为 GeoTIFF，可以方便地在 GIS 软件中打开，并与已有的矢量图进行叠加显示。

第四节 遥感图像的统计特征

由于遥感图像的成像过程受到多方面随机变化因素的影响(包括成像过程的随机因素和成像对象的复杂多变)，导致其亮度值的大小是随机变化的，具有统计性质的，所以遥感图像数据在很大程度上是一种随机变量。又由于遥感图像作为一个整体，反映的是自然对象的电磁波辐射能量情况，因而具有统计的信息特征。综上所述，统计分析必将是图像分析处理的基本方法。

一、图像的基本统计分析量

设数字图像为 $f(i,j)$，大小为 $M\times N$，则基本统计量如下：

1. 图像灰度均值

均值指的是一幅图像中所有像元灰度值的算术平均值，它反映的是图像中地物的平均反射强度，大小由一级波谱信息决定。具体算式为：

$$\overline{f}=\frac{\sum_{i=0}^{M-1}\sum_{j=0}^{N-1}f(i,j)}{M\times N} \tag{2.4.1}$$

2. 图像灰度中值

中值指图像所有灰度级中处于中间的值，当灰度级数为偶数时，则取中间两灰度值的平均值。由于一般遥感图像的灰度级都是连续变化的，因而中间值可通过最大灰度值和最小灰度值获得：

$$f_{\text{med}}(i,j)=\frac{f_{\max}(i,j)+f_{\min}(i,j)}{2} \tag{2.4.2}$$

3. 图像灰度众数

众数是图像中出现最多次数的灰度值，它是一幅图像中分布较广的地物类型反射能量的反映。

4. 图像灰度方差

方差反映各像元灰度值与图像平均灰度值的总的离散程度。它是衡量一幅图像信息量大小的重要度量，是图像统计分析中的最重要的统计量。具体计算公式如下：

$$S^2 = \frac{\sum_{i=0}^{M-1}\sum_{j=0}^{N-1}[f(i,j)-\bar{f}]^2}{M \times N} \tag{2.4.3}$$

式中：S^2，S 分别是方差和标准差。

5. 图像灰度数值域(range)

它是图像最大灰度值和最小灰度值的差值，即：

$$f_{range}(i,j)=f_{max}(i,j)-f_{min}(i,j) \tag{2.4.4}$$

它反映了图像灰度值的变化程度，从而间接地反映了图像的信息量。

6. 图像灰度反差

反差可以通过如下三种形式来定义：

$$C_1=f_{max}/f_{min} \tag{2.4.5}$$

$$C_2=f_{range} \tag{2.4.6}$$

$$C_3=S \tag{2.4.7}$$

反差可以反映图像的显示效果和可分辨性。上述三种形式的反差定义中，C_3 最合理，其他两种定义受极端情况的影响较大。

二、图像的直方图特征

1. 图像的直方图

直方图是指图像中所有灰度值的概率分布。对于数字图像来说，实际就是图像灰度值的概率密度函数的离散化图形。数字图像直方图的横坐标表示图像的灰度级变化，纵坐标表示图像中各个灰度级像元数占整幅图像像元数的百分比。

由于遥感图像数据的随机性，在图像像元数足够多且地物类型差异不是非常悬殊的情况下，遥感图像数据与自然界的其他现象一样，服从或接近于服从正态分布，即

$$f(x)=\frac{1}{\sqrt{2\pi\sigma}}\exp\left[-\frac{(x-\mu)^2}{2\sigma^2}\right] \tag{2.4.8}$$

式中：σ 是标准差，μ 为均值。

2. 直方图的描述量

事实上，遥感图像数据并不能完全服从正态分布，即遥感图像直方图分布曲线与正态分布曲线往往存在差异——直方图偏斜。其具体表现为图像灰度均值与众数和中值的明显不一致。偏斜程度可用下面的量来表示：

$$S_K=\frac{\overline{f}-f_{\text{mode}}}{S} \tag{2.4.9}$$

或

$$S_K=\frac{3(\overline{f}-f_{\text{med}})}{S} \tag{2.4.10}$$

式中：f_{mode} 为图像灰度众数；

f_{med} 为图像灰度中值；

$\overline{f}$ 为图像灰度均值；

S 为图像灰度标准差。

总的来说，直方图是图像灰度分布的直观描述，能够反映图像的信息量及分布特征，因而在遥感数字图像处理中，可用通过修改图像的直方图来增强图像中的目标信息。

三、多波段间的统计特征

遥感图像处理往往是多波段数据的处理，处理中不仅要考虑单个波段图像的统计特征，也要考虑波段间存在的关联，各波段图像之间的统计特征不仅是图像分析的重要参数，而且也是图像合成方案的主要依据之一。

（一）协方差

设 $f(i,j)$ 和 $g(i,j)$ 是大小为 $M\times N$ 的两幅图像，则它们之间的协方差计算公式为：

$$S_{gf}^2 = S_{fg}^2 = \frac{1}{M\times N}\sum_{i=0}^{M-1}\sum_{j=0}^{N-1}[f(i,j)-\bar{f}][g(i,j)-\bar{g}] \tag{2.4.11}$$

式中：$\bar{f}$ 和 $\bar{g}$ 分别为图像 $f(i,j)$ 和 $g(i,j)$ 的均值。

将 K 个波段相互间的协方差排列在一起所组成的矩阵称为协方差矩阵 $\sum$，即：

$$\sum = \begin{bmatrix} S_{11}^2 & S_{12}^2 & \cdots & S_{1K}^2 \\ S_{21}^2 & S_{22}^2 & \cdots & S_{2K}^2 \\ \cdots & & & \\ S_{K1}^2 & S_{K2}^2 & \cdots & S_{KK}^2 \end{bmatrix} \tag{2.4.12}$$

（二）相关系数

相关系数是描述波段图像间的相关程度的统计量，反映了两个波段图像所包含信息的重叠程度。即：

$$r_{fg} = \frac{S_{fg}^2}{S_{ff}S_{gg}} \tag{2.4.13}$$

式中：S_{ff} 和 S_{gg} 分别为图像 $f(i,j)$ 和 $g(i,j)$ 的标准差；

S_{fg}^2 为两幅图像的协方差。

将 K 个波段相互间的相关系数排列在一起组成的矩阵称为相关矩阵 R，即：

$$R = \begin{bmatrix} 1 & r_{12} & \cdots & r_{1K} \\ r_{21} & 1 & \cdots & r_{2K} \\ \cdots & & & \\ r_{K1} & r_{K2} & \cdots & 1 \end{bmatrix} \tag{2.4.14}$$

第三章 遥感图像的恢复

第一节 概 述

遥感是通过对反映地物电磁波信息的数据的处理分析与解译来进行地物识别和专题研究的。理想的遥感图像也就是能如实且毫不歪曲地反映地物的辐射能量分布和几何特征的图像,这种情况实际上是不存在的。实际工作中,我们所能得到的图像都在不同程度上与地物的辐射能量或亮度分布有差异,即存在着畸变和降质,如成像、感测、传输及显示等过程都会造成图像的降质,如图 3.1.1 所示。

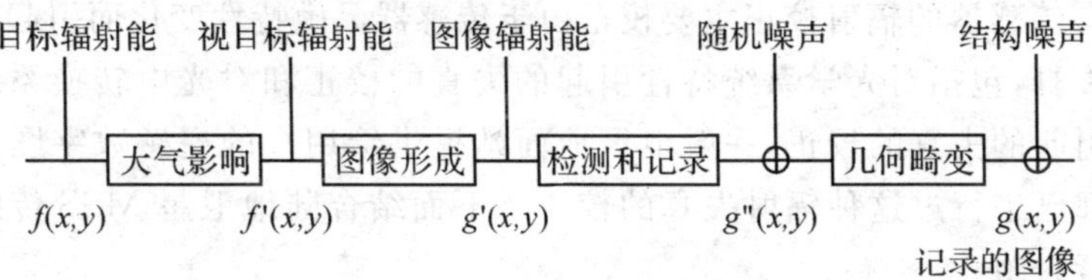

图 3.1.1 图像降质模式

遥感图像的降质主要可归结为两大类:即遥感图像的辐射失真和几何畸变。辐射失真是指遥感传感器在接收来自地物的电磁波辐射能时,由于电磁波在大气层中传输和传感器测量过程中受到遥感传感器本身特性、地物光照条件(地形影响和太阳高度角影响)以及大气作用等的影响,而导致的遥感传感器测量值与地物实际的光谱辐射率的不一致。几何畸变是指由于遥感传感器方面的原因(例如扫描线速度的不均匀等)、遥感平台方面的原因(例如卫星运行姿态的变化)以及地球本身的原因(例如地球自转和地形的影响)等而造成的图像在几何位置上的失真。

图像恢复又称图像预处理,它是处理由于一个或多个质量降级原因而记录下来的影像,使处理后的图像能最好地接近原始景物。在遥感数字图像处理中,为了取得良好的处理效果,所处理的图像必须经过几何校正(几何粗校正和几何精校正)、辐射校正以及噪声压抑等处理后,才能根据实际待研究问题的需要进行其他的处理(如图像的增强处理和图像的分类处理等)。当然,有些预处理工作是在卫星地面接收站的图像处理中心进行的,如我国卫星地面站提供给用户的遥感数据的数字产品都是经过了几何粗校正的。

第二节　遥感图像的辐射校正

一、传感器的辐射校正

传感器的辐射校正主要校正由于传感器灵敏特性变化而引起的辐射失真,包括对光学系统特性引起的失真的校正和对光电转换系统特性引起的失真的校正,一般卫星地面站提供给用户的遥感数字图像数据都已进行过这种辐射失真的校正。下面结合陆地卫星 MSS 传感器进行介绍。

由于 MSS 传感器采用一个检测器阵列,而各检测元件的增益和漂移具有不均匀性,它们在工作时可能发生变化,从而造成传感器的辐射失真。

当 MSS 扫描镜对地面自西向东正程扫描时,检测器检测地物的反射光谱,而当扫描镜自东向西逆程回扫时,检测器不接受地面反射光,这时系统内有一个人工辐射光源,它随着时间而改变辐射的强弱,被称做“校准楔”(见图 3.2.1)。此时检测器对校准楔进行采样,输出检测值,并和遥感图像数据一起记录下来,传感器的辐射校正就是根据这些数据进行的。

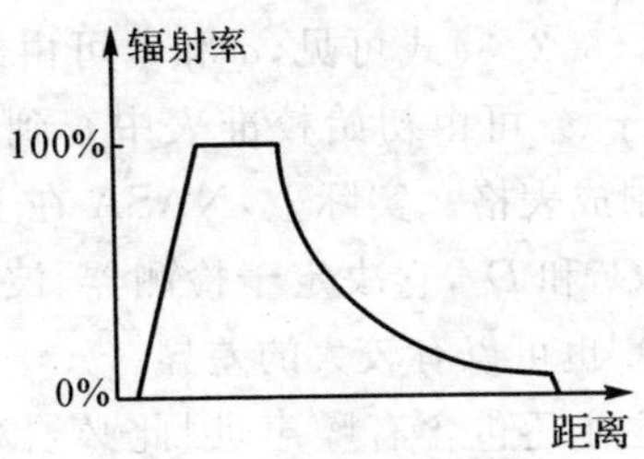

图 3.2.1 “校准楔”示意图

传感器的辐射失真主要是实测辐射值相对于标准辐射值的增益和漂移(即线性失真)。对这种线性失真进行校正处理时,应首先从校准楔上抽取六个样本(这六个点的位置及其标准辐射值在卫星发射前的试验中已经确定,并可从初始校正表格中查到);然后对这六个点的标准辐射值和实测辐射值作线性回归,计算出该通道(各个检测器)的增益值和漂移值;最后利用增益值和漂移值对图像进行校正。

线性失真回归关系可表示如下:

$$v_i = a + bx_i \tag{3.2.1}$$

式中:v_i 为实测辐射值;

x_i 为校准信号标准辐射值;

a 为漂移值;

b 为增益值。

对上述线性失真方程作最小二乘运算,即可求出 a 和 b:

$$a = \sum_{i=1}^{6} C_i v_i \tag{3.2.2}$$

$$b = \sum_{i=1}^{6} D_i v_i \tag{3.2.3}$$

式中:$C_i = [\sum_{j=1}^{6} x_j^2 - (\sum_{j=1}^{6} x_j) x_i] / [6\sum_{j=1}^{6} x_j^2 - (\sum_{j=1}^{6} x_j)^2]$;

$D_i = (6x_i - \sum_{j=1}^{6} x_j) / [6\sum_{j=1}^{6} x_j^2 - (\sum_{j=1}^{6} x_j)^2]$。

由(3.2.2)式和(3.2.3)式可见，a 和 b 可由线性回归获得，C_i 和 D_i 是回归系数。由于 x_i 可由初始校准表中查到，故 C_i 和 D_i 的全部值可以事先计算并制成表格。实际上，NASA 在卫星发射前通过辐射试验就已经确定了 C_i 和 D_i，它决定于检测器、波段和增益等因素，这些因素不同，C_i 和 D_i 也可以有较大的差异。

由于标准楔上往往还包含有噪声，因此必须对计算得到的 a 和 b 的值进行滤波处理。一般采用的滤波公式如下：

$$a_s(n)=a_s(n-1)+\frac{1}{n}[a(n)-a_s(n-1)] \tag{3.2.4}$$

$$b_s(n)=b_s(n-1)+\frac{1}{n}[b(n)-b_s(n-1)] \tag{3.2.5}$$

式中：$a(n)$，$b(n)$为第 n 次观测值(即前述的回归计算值)；

$a_s(n)$，$b_s(n)$和 $a_s(n-1)$，$b_s(n-1)$分别为第 n 次和第 $n-1$ 次观测的滤波估计值；

n 为观测次数，通常取 $n=32$。

上式表明，通过利用第 n 次观测得到观测值 $a(n)$和 $b(n)$来修正第 $n-1$ 次的滤波估计值 $a_s(n-1)$和 $b_s(n-1)$，可以使得第 n 次滤波估计值比第 $n-1$ 次的滤波估计值更加接近正确值，这样经过多次估计修正调整，可以使 $a_s(n)$和 $b_s(n)$趋于实际值。

通常，对某一条扫描行进行辐射校正时，所需的 $a_s(n)$和 $b_s(n)$是通过对从当前扫描行开始的连续 32 条扫描行的校准值 υ_i 进行回归和滤波处理得到的。例如，对第 i 条扫描行进行校正处理时，$a_s(n)$和 $b_s(n)$是对第 i 到 $i+31$ 条扫描行的 υ_i 进行回归和滤波处理得到的。

由(3.2.1)式的关系反转即可得到校正公式：

$$\upsilon_c=\frac{K}{M\times b}(\upsilon-a)-A \tag{3.2.6}$$

式中：υ_c 为校正后的辐射值(亮度值)；

υ 为校正前的辐射值(亮度值)；

K 为最大像元值；

b 为经滤波处理的增益值；

M 为增益修正值,一般取 $M=1$;

a 为经滤波处理的偏移值(漂移值);

A 为偏移修正值,一般取 $A=0$。

根据前面的介绍,可以将对每一扫描行的传感器辐射校正处理归纳为三个步骤:第一步进行回归运算,即应用(3.2.2)式和(3.2.3)式计算 a 和 b,回归系数 C_i 和 D_i 可由卫星的辐射校正参数表提供;第二步为逐次滤波处理,即通过(3.2.4)式和(3.2.5)式逐次估算和加权修正,以逼近偏移值和滤波增益的实际值,经过 n 次估计,最后得到 $u_s(n)$ 和 $b_s(n)$;第三步进行传感器辐射校正,即将求得的 $a_s(n)$ 和 $b_s(n)$ 代替(3.2.6)式中的 a 和 b 进行计算,应用这一公式对每一扫描行的每一像元进行辐射校正。

传感器的辐射校正过程如图 3.2.2 所示。

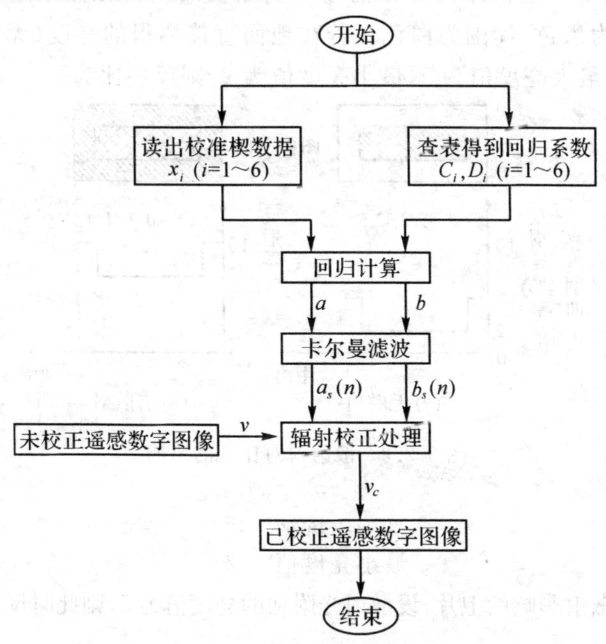

图 3.2.2　MSS 传感器辐射校正流程图(一扫描行)

二、大气校正

由于遥感传感器感测的信息是地物对太阳光的反射或地物发射的电磁波经过大气层传输并与大气发生作用后的结果，大气通过对电磁波的吸收和散射(大气的吸收和散射作用不仅造成地物辐射电磁波能量的衰减，而且散射还将产生邻近像元间的辐射干扰和形成天空光)来影响和改变遥感图像的辐射性质，其中对遥感图像影响最大的是散射作用，因而，通常图像处理的大气校正是指大气散射校正，即消除大气散射造成的辐射失真。

由于大气的散射作用，传感器在接收地物辐射信息的同时也接收了散射所造成的非地物辐射能，从而使得遥感图像对比度下降，导致图像犹如蒙上一层薄纱一样不清晰。例如设某地物目标如图 3.2.3 所示，中心为黑色，周围为白色。若在地面直接测得的亮度(无大气散射影响)是：最大亮度值为 5，最小亮度值为 2，则反差比为：

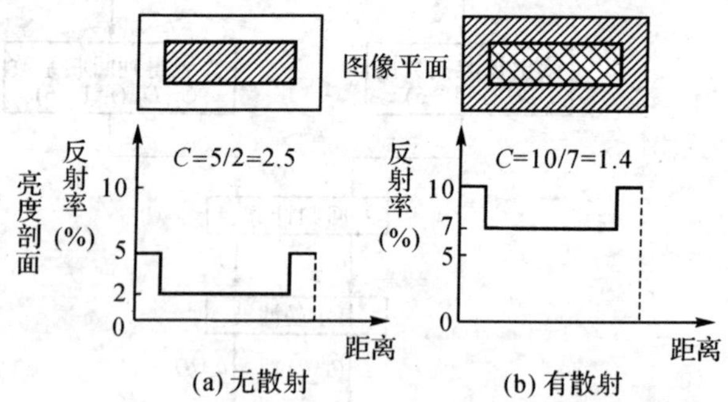

图 3.2.3　散射对对比度的影响

$$C_r=\frac{\text{最大亮度值}}{\text{最小亮度值}}=\frac{5}{2}=2.5$$

若使用有散射影响的卫片，设散射光附加的亮度值为 5，则此时反差比为：

$$C_r=\frac{5+5}{2+5}=1.4$$

对两种情况进行比较，可见散射使得反差比下降，这是一种有害的影响，它使得图像的分辨率降低，所以必须进行大气校正。

一般可通过三种途径进行大气散射校正，即辐射传递方程式计算法、野外波谱测试回归分析法及多波段图像的对比分析法，由于前两种方法在实际操作时较困难，因而一般很少使用。

由于大气分子对电磁波的散射（瑞利散射）作用主要表现在短波上（在可见光遥感图像中以蓝绿波段为最甚），对长波影响小（如图3.2.4所示，从图中可以看出 TM1 和 TM2 两波段所受影响较大；TM3 波段所受影响次之；TM4 波段受影响最小，有时几乎不受什么影响），因而对大气散射进行校正处理用得最多而且也最简单的方法是可见光—近红外多波段间的对比分析法。

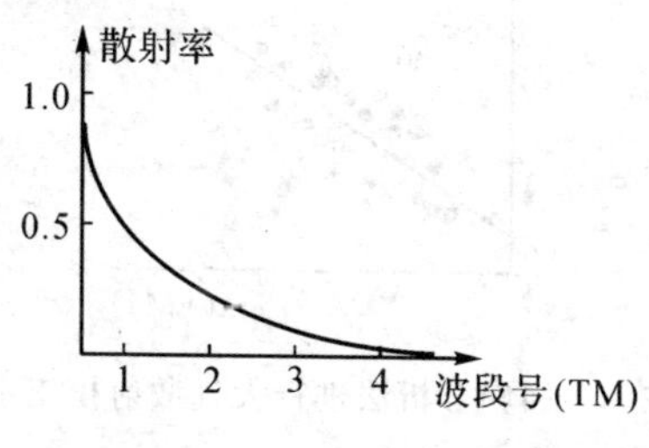

图 3.2.4　大气散射影响

下面以 TM 图像为例，介绍多波段间对比分析的大气散射校正方法。

（一）回归分析法

利用多波段间对比分析法进行大气散射校正的基础是：TM1、TM2、TM3 三个波段都会受到大气散射的影响，而 TM4 波段几乎不会受到大气散射的影响，它能够较为正确地反映地物波谱的实际情况，因而可以使用同步获得的 TM4 波段图像来对其他三个波段进行校正。依据 TM4 波段校正其他三个波段的图像作法如下。

首先，在要进行大气散射校正的 TM1、TM2、TM3 波段的图像中，找出最黑的影像目标，例如高山的阴影部分等等，同时把对应的同步获得的 TM4 波段图像的同一目标找出来。

其次，将四个波段的图像目标的数据取下来进行比较，以 TM4 波段为横坐标进行点绘作图分析。

下面以 TM1 和 TM4 波段为例进行说明，以 TM4 波段为 x 轴，把 TM1 波段作为 y 轴，现将 TM1 和 TM4 两波段图像上所选目标的数据进行点绘，点绘的结果是出现了许多离散的点，这些在二维坐标平面上点绘的离散点基本呈线性结构形式(见图 3.2.5)，这些离散点的 x，y 坐标值分别表示 TM4 和 TM1 波段目标物对应像元的灰度值。下面对这些离散点进行回归分析。

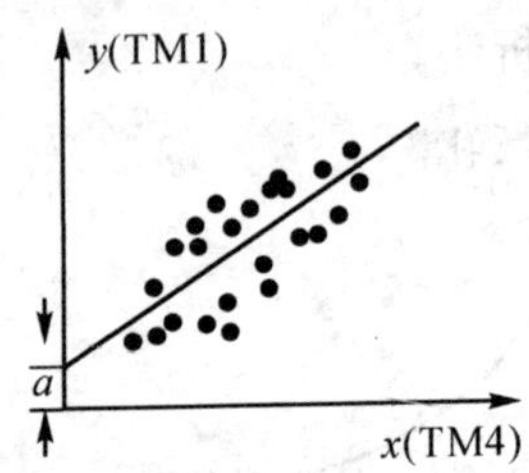

图 3.2.5　回归分析法进行大气散射校正示意图

设这些离散点的回归直线为：

$$y=a+bx \tag{3.2.7}$$

式中：x 和 y 分别是 TM4 和 TM1 的灰度值；

a 和 b 是回归直线的截距和斜率。

利用所获得的目标物的数据，并由最小二乘法作直线拟合可得斜率和截距为：

$$\begin{cases} b=\left[\sum_{i=1}^{n}(x_i-\overline{x})(y_i-\overline{y})\right]/\sum_{i=1}^{n}(x_i-\overline{x})^2 \\ a=y-bx \end{cases} \tag{3.2.8}$$

式中：n 为目标物像元点数；

$\overline{x}$，$\overline{y}$ 为 TM4 和 TM1 上所选目标的灰度平均值，即

$$\overline{x}=\frac{1}{n}\sum_{i=1}^{n}x_i;\overline{y}=\frac{1}{n}\sum_{i=1}^{n}y_i$$

求出 a 和 b 后，回归方程(3.2.7)即被确定，其中常数 a 是直线 $y=a+bx$ 在 y 轴上的截距，就是所要求的进行校正的数值。进行校正时，只需将 TM1 波段的各像元的灰度值减去 a 既可(因为最黑的影像若没有大气散射的影响，其灰度值也应为零)。同理，可用同样方法求出其他两个波段(TM2 和 TM3)的大气散射校正值 a。

(二)直方图法

用此法进行大气散射校正，仍以 TM4 波段的灰度值作为不受大气散射影响的标准值来对其余各波段的灰度值进行校正。TM4 波段受大气散射的影响较小，当图像中有深而大的水体或地形阴影时，它的直方图应从零灰度值开始；若其他波段不受大气散射的影响，也应存在灰度值为零的像元，即直方图也应从零灰度值开始。一般，其他波段的直方图起点往往与零灰度值之间有一段距离 a，这个 a 值的大小就是由于大气散射影响而使直方图产生“漂移”的值(见图 3.2.6)。

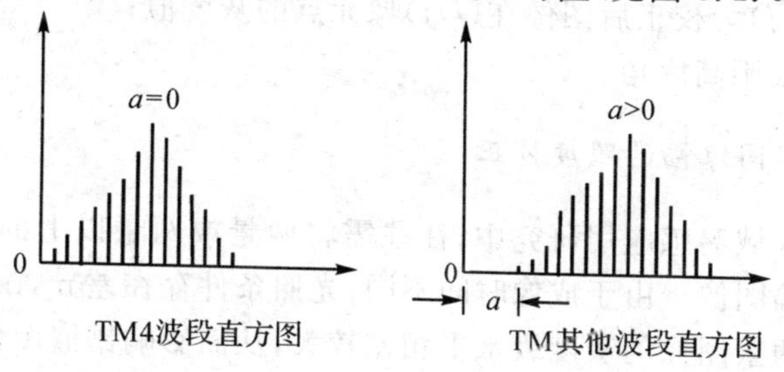

图 3.2.6　直方图法校正大气散射示意图

进行校正时，可以首先绘出每个波段的直方图，若 TM4 波段存在灰度值为零的像元，则其他各波段只要用原始图像灰度值减去各自波段的最小灰度值就达到了大气散射校正的目的。

应注意，并非所有的 TM4 波段的直方图都存在零起点(也就是图像中未必一定存在全黑区),当不存在零起点时,直方图法则受到限制,不能再以 TM4 波段为标准进行大气散射校正。

三、照度校正

遥感图像的质量与摄影时的光照条件有直接关系。照度校正主要是校正不同太阳高度角所引起的辐射失真以及地形起伏引起的地形阴影等的辐射失真。地形阴影引起的辐射失真常常可通过遥感图像间的比值处理加以抑制(见第六章代数运算增强)。这里只介绍由于成像时间及地理位置的不同所引起的不同太阳高度角而导致的辐射差异。

(一)太阳高度角校正

在不考虑地形及太阳高度角对大气衍射的影响时,不同太阳高度角所造成的地物辐射水平(即图像亮度)的差异可通过如下公式进行校正:

$$f'(i,j)=\frac{f(i,j)}{\sin\theta} \tag{3.2.9}$$

式中:$f(i,j)$为校正前图像在(i,j)像元点的灰度值;

$f'(i,j)$为校正后图像在(i,j)像元点的灰度值;

θ为太阳高度角。

(二)不同像幅的照度校正

在大区域遥感应用研究中,往往需将两景或两景以上的遥感图像镶嵌成一幅图像。由于成像时间不同,光照条件存在差异,镶嵌时在重叠区域内两景图像的灰度级水平相差较大,从而影响镶嵌图像的质量,所以可以通过太阳光照条件的一致性校正使得两景图像便于镶嵌、衔接,从而获得良好的镶嵌效果。

对于两景遥感图像的校正方法是以其中一景图像为标准(参考图像),把另一景图像的光照条件校正成参考图像的光照条件,其计算公式如下:

$$f'(i,j)=\frac{f(i,j)\sin\theta_0}{\sin\theta_1} \tag{3.2.10}$$

式中：$f(i,j)$为待校正图像在(i,j)像元点的灰度值；

$f'(i,j)$为待校正图像校正后在(i,j)像元点的灰度值；

θ_0 为参考图像成像时的太阳高度角；

θ_1 为待校正图像成像时的太阳高度角。

四、条纹和斑点的判定和消除

在遥感影像中，有时因仪器的故障（如传感器、传输设备等的故障）以及各种干扰等会引起不正常的斑点或条纹，这些斑点和条纹不仅可能造成直接应用时的信息错误，而且在统计处理过程中会引起不良的结果，对于遥感图像处理来说，必须对此进行消除。

（一）斑点的判定和消除

斑点是由传感器的噪声或磁带等部件的误码率造成的，其特点是孤立和分散，因此往往和周围的亮度值有明显的差别，并且彼此不相关。一般只处理分散、孤立的小斑点（因为对于面积较大的斑点，计算机难以判断它是地物还是斑点）。

斑点可以通过将图像像元亮度值同它的邻近像元亮度值进行比较来判定，即当所要判定的像元亮度值 $f(i,j)$与周围邻近点像元亮度平均值之差超过给定阈值 ε_1，或所要判定的像元与周围像元亮度值的方差 σ^2 减去影像亮度值的平均方差 $\bar{\sigma}^2$ 大于给定阈值 ε_2 时，就认为该像元是斑点。周围邻近点像元的数目 K 可以是八邻点或四邻点（如图3.2.7所示）。

$f(i-1,j-1)$	$f(i-1,j)$	$f(i-1,j+1)$
$f(i,j-1)$	$f(i,j)$	$f(i,j+1)$
$f(i+1,j-1)$	$f(i+1,j)$	$f(i+1,j+1)$

(a)八邻点

	$f(i-1,j)$	
$f(i,j-1)$	$f(i,j)$	$f(i,j+1)$
	$f(i+1,j)$	

(b)四邻点

图 3.2.7　四邻点、八邻点斑点确定示意图

上述条件可用如下式子表示：

$$\left| f(i,j) - \frac{1}{K}\sum_{l=1}^{K} g_l \right| > \varepsilon_1 \tag{3.2.11}$$

或

$$\frac{1}{K}\sum_{l=1}^{K}[g_l - f(i,j)]^2 - \bar{\sigma}^2 > \varepsilon_2 \tag{3.2.12}$$

式中:K 为邻点数目;

g_l 为 $f(i,j)$ 点周围邻近点像元的亮度值(四邻点或八邻点)。

当确定某像元为斑点时,消除该斑点的新亮度值的计算方法可利用下面两个式子之一进行:

$$f'(i,j) = \frac{1}{K}\sum_{l=1}^{K} g_l \tag{3.2.13}$$

$$f'(i,j) = (1-P)f(i,j) + P[\frac{1}{K}\sum_{l=1}^{K} g_l] \tag{3.2.14}$$

式中:$f'(i,j)$为斑点的新亮度值;

P 为该像元是斑点的概率。

当使用(3.2.14)式计算斑点的新亮度值时,ε_1,ε_2 可以取到较小。

需要指出的是,进行斑点消除时要把斑点与图像本身的边缘信息区别开来,这可以通过恰当地选择阈值 ε 或先进行边缘检测,后进行斑点消除来实现。一般,边缘附近的斑点不进行消除,而且影像的四周也不进行上述的斑点消除,因为在图像处理中,四周之外通常假定为零值或最大值。

(二)条纹的判定和消除

条纹是指遥感图像(如 TM 图像)中出现的与辐射信息无关的线条噪声,其表现为图像上的部分扫描行或线段的亮度值不反映地物的辐射,并与上下的亮度值截然不同。例如 TM 图像某个波段某些扫描行常常没有任何信息,使得图像中出现一条黑线,有时也会出现分段的黑线。条纹的特点是:

(1)分布一般不规则,可稀可密、可长可短;

(2)亮度值一般趋于极端(或黑或白);

(3)含有这种条纹的图像,其标准差往往显著增大。

对于图像中出现的条纹,必须在进行其他图像处理之前予以消除,否则将影响图像处理的效果。条纹的消除方法如下:

1. 找出条纹

条纹可以由图像处理人员确定其位置和长度,也可以按照统计特征由计算机进行自动识别。按照统计特征识别条纹的依据是,由于地面影像的连续性,相邻两行亮度值及其统计特征不会有明显的变化,因此,可以采用统计比较的方法选出"正常"行为基本参考行,用相邻行间像元的亮度值是否超过某个预定阈值来判定是否有坏数据点存在。当一行中有一定数目(一般根据具体图像给定一阈值)的坏数据点时,就认为是不正常行即条纹。

2. 消除条纹

一般,消除条纹的方法比较简单,只要将条纹上的各像元点的上、下相邻两扫描行对应像元亮度值取平均值来代替即可。另外,也可用最近邻点法或三次褶积法来确定条纹上像元的亮度值。

对于扫描行部分数据丢失的情况,由于它和相邻扫描行的统计特征差别不大,为了避免和地面本身所具有的纹理特征(例如公路、水渠等)相混淆,应当有一个确定部分扫描行是否存在缺陷的阈值。在阈值以下,判断为地面纹理特征;在阈值以上,则应将该扫描行再分成若干段,逐段检查其是否为缺陷段,对于是缺陷的段进行消除条纹处理。若扫描行上连续有缺陷的像元不超过一定数目,可以作为斑点处理。应当指出的是,当一幅图像存在较多的不正常行时,那么它就是一幅报废的图像,没有校正的价值。

五、表观反射率或视反射率

在遥感应用中,有时需要进行定量反演和精确的动态变化监测等工作,要求采用辐射定标的处理措施。对 Landsat ETM+图像地物大气顶部反射率,可采用下面方法转化。

首先，先计算大气顶部辐射能量值（也称辐亮度）L_λ。

$$L_\lambda = DN \cdot gain + bias \tag{3.2.15}$$

式中，L_λ 是大气顶部辐射能量值；DN 为样本的灰度均值；$gain$ 为图像的增益；$bias$ 为图像的偏置，可从 ETM＋图像的头文件中辐射记录段查到按波段顺序排列的偏置和增益值。

其次，根据样本的辐射能量值、大气顶部的太阳辐照度、成像时的太阳高度角等参数由（3.2.16）式计算出样本的反射率 ρ_λ。

$$\rho_\lambda = \frac{\pi \cdot L_\lambda \cdot \mathrm{d}^2}{ESUN_\lambda \cdot \cos\theta_s} \tag{3.2.16}$$

式中，ρ_λ 是经大气层影响后的地物光谱反射率，即所谓表观反射率或视反射率；L_λ 是辐射能量值；d 为日地天文单位距离，一般计算中取 1；$ESUN_\lambda$ 是大气顶部的太阳辐照度，可在相关手册中查到；θ_s 是成像时的太阳天顶角即太阳高度角的余角，可从图像的头文件中读取。

用（3.2.16）式计算得到的 ρ_λ 消除了增益影响，真实地反映了遥感器接收的地物辐射能量 L_λ 和地物在大气顶部的反射率。

ETM＋各波段参考 $ESUN_\lambda$ 参考数值如下：ETM＋1＝1970，ETM＋2＝1843，ETM＋3＝1555，ETM＋4＝1047，ETM＋5＝227.1，ETM＋7＝80.53。

ENVI、ERDAS9 都提供了该项功能，读者也可自己转换。

六、遥感卫星辐射校正场

20 世纪 70 年代末至 80 年代初，随着国际航天定量遥感技术的迅速发展，遥感应用日趋定量化，进一步改进卫星定量遥感精度的要求越来越迫切。以美国 Arizona 大学光学中心的 P. N. Slater 教授为代表的一批科学家提出了利用地球表面大面积均匀的地物为目标，当卫星过顶时实施同步地面观测，以实现对在轨道上运行的卫星传感器做辐射校正，这就是辐射场校正技术。

（一）建立辐射校正场的目的

遥感卫星辐射校正场的建立是发展空间对地观测技术的一个重要

组成部分，是遥感信息定量化所必须的，也是验证遥感数据的可信性，进行多星数据和多时相卫星数据对比分析的重要手段。它属于拓宽卫星遥感应用领域和提高社会经济效益的关键技术，且有利于国际遥感卫星的应用与交流。

1.遥感数据的定量化要求

传感器输出的是电信号数字量或模拟量，需要转换为探测器所对应目标像元的绝对物理量，例如辐射亮度值，才能对不同传感器、不同时间获得的数据进行定量比较和分析。要实现上述要求，就必须进行绝对辐射校正，即建立传感器测量数字信号与对应的辐射能量之间的数量关系。对于一种传感器来说，就是确定一个灰度值(DN)对应多少辐射度值(L)；或者，确定一个辐射度(L)对应多少灰度值(DN)，其数学表达式为

$$L = A \cdot DN \quad 或 \quad DN = B \cdot L \qquad (3.2.17)$$

显然，必须给出传感器的校正系数才能进行绝对辐射校正。而建立辐射校正场的目的之一，就是建立传感器的每个探测单元所输出的信号数字量与该探测器对应像元内的实际地物辐射值之间的定量关系，直接给出传感器的校正系数，实现对所获数据的绝对辐射校正。校正系数的提供大大提高了卫星遥感数据的应用价值和经济效益。

20世纪90年代，定量遥感技术的发展，全球环境变化的遥感监测以及多光谱、多时相及多种卫星探测系统遥感数据的综合利用和定量分析技术的发展，越来越迫切地对卫星传感器的辐射校正提出高精度要求。由此可见，辐射校正场的发展和建立具有重要的作用和意义。

2.监测在轨传感器变化并不断提供修正系数

遥感卫星在发射前，卫星研制单位已利用地面设备对遥感器进行了绝对辐射校正，然而，遥感卫星在轨运行后，由于元器件所处空间环境的改变以及随着卫星运行时间的增加，使得元器件老化、灵敏度下降。例如，1979年，美国根据海色扫描仪(CZCS)的工作特性，以海水作为绝对校正场，重新对CZCS辐射特性进行了评价。根据船上和飞机上的测量结果发现，CZCS短波部分在4年后，其灵敏度下降了

25%；1984年美国在白沙试验场对Landsat-5进行大气辐射校正，发现卫星在轨运行600天后，TM2、TM3、TM4波段的灵敏度分别变化了6.6%、2.9%和12.9%；SPOT卫星传感器也存在相类似的情况。这种结果直接影响卫星遥感定量数据的精度和可靠性，影响遥感应用模型的稳定性，使其相对时间和空间变化稳定性差，影响了资料处理和应用水平。所以，遥感卫星探测器在轨飞行定标是具有实用价值的。根据美国等国家的试验结果表明，利用辐射校正场是当前进行辐射校正较好的技术选择。

3.补充星上定标的不足

目前卫星遥感仪器星上定标(称内定标)精度有限，难以满足定量遥感产品的精度要求。由于在轨卫星长期在真空辐射等恶劣环境下运行，选择理想的星上定标源较困难。一般红外定标源采用星上参考黑体，能做到lK的定标精度，可见光和近红外定标源采用引入太阳光或标准灯，定标源稳定性存在问题，效果均不理想，难以实现精度较高的辐射定标。还有部分卫星由于工作方式的限制，直接影响内定标精度的提高。星载传感器都需要用辐射校正场进行辐射校正以补充内定标的不足。

4.多种遥感仪器和不同时间遥感资料的综合应用

在全球气候和环境监测中，必须应用不同卫星的长期持续观测的遥感资料，需要实现多种卫星传感器和同一卫星不同时相资料的定标和统一化，这更是单纯内定标难以解决的。这就需要通过地面同步观测实现多星遥感器和同一遥感器不同时相的资料相互匹配，只有这样，才能使多种卫星传感器的资料和同一卫星传感器不同时间的资料有一个统一的标准，多种遥感资料才能进行比对和集成应用。

(二)传感器辐射校正的基本原理与方法

1.可见光和近红外波段

辐射校正是在卫星飞越试验场地上空的同时，在若干选好的像元内测定探测器对应波段内的地物反射率ρ_t，同时测出气象要素和大气光学特性，再根据卫星过顶时太阳几何位置、仪器视场角、探测器光谱响应函数等，通过大气辐射传输模型正演出到达传感器入瞳处各光谱通道的辐亮度 L_t。

$$L_t=(\rho_t/\pi)E\tau+L_p \tag{3.2.18}$$

式中：E 是太阳直射光与天空散射光在地面上的辐射亮度；

τ 为大气透过率；

L_p 为大气辐射。

上式适用于朗伯体，如考虑场地目标的非朗伯体特性时，上式可修改成：

$$L_t=E\times \mathrm{BRF}\times\tau/\pi+L_p \tag{3.2.19}$$

式中：BRF 为二向性反射率因子。

L_t 与探测器对应的输出信号的数字量比值 C 之间的定量关系按线性校正模型处理则为：

$$L_t=AC \tag{3.2.20}$$

A 即为我们要获得的辐射校正系数。

2. 红外波段

对于红外波段来说，尤其是热红外波段，星上传感器入瞳处收到总的辐射是由以下三部分组成的。

(1)通过大气向上传输的直接地面辐射。

(2)由大气自身向上传输的辐射。

(3)大气向下辐射到达地面再经地面反射后通过大气向上传输的辐射。

如选择清洁水面为目标，则探测器的辐射值：

$$I_{\Delta\lambda}=\int_{\Delta\lambda}I_\lambda\varphi(\lambda)\mathrm{d}\lambda\Big/\int_{\Delta\lambda}\varphi(\lambda)\mathrm{d}\lambda \tag{3.2.21}$$

式中：$\Delta\lambda$ 为探测器光谱响应带宽；

$\varphi(\lambda)$ 为探测器光谱响应函数；

$I_{\Delta\lambda}$ 与探测器对应的输出信号数字量化值 C 之间的数量关系，按线性校正模型处理为：

$$I_{\Delta\lambda}=A^{*}\times C \tag{3.2.22}$$

式中：A^{*} 为红外波段辐射校正系数。

第三节　遥感图像的几何校正

由于遥感传感器、遥感平台以及地球自身等方面的原因，在遥感成像时往往会引起难以避免的几何畸变。按照畸变的性质划分，几何畸变可分为系统性畸变和随机性畸变。系统性畸变是指遥感系统造成的畸变，这种畸变一般有一定的规律性，并且其大小事先能够预测，例如扫描镜的结构方式和扫描速度等造成的畸变。随机性畸变是指大小不能事先预测、其出现带有随机性质的畸变，例如地形起伏造成的随地而异的几何偏差。

几何校正就是要校正成像过程中所造成的各种几何畸变。几何校正分为两种：即几何粗校正和几何精校正。几何粗校正是针对引起畸变原因而进行的校正。由于这种畸变是按照比较简单和相对固定的几何关系分布在图像中的，因而它比较容易校正，进行校正时只需将传感器的校准数据、遥感平台的位置以及卫星运行姿态等一系列测量数据代入理论校正公式即可。几何精校正是利用控制点进行的几何校正，它是用一种数学模型来近似描述遥感图像的几何畸变过程，并利用畸变的遥感图像与标准地图之间的一些对应点(即控制点数据对)求得这个几何畸变模型，然后利用此模型进行几何畸变的校正。这种校正不考虑畸变的具体形成原因，只考虑如何利用畸变模型来校正遥感图像。

通常对于星载遥感图像来说，几何粗校正和几何精校正都是要进行的，即首先对遥感图像施以几何粗校正，然后再利用控制点对其进行几何精校正的处理。由于一般地面接收站提供给用户的卫星遥感数据都是经过第一阶段的几何粗校正处理的，所以用户在应用前所要进行的几何校正只是第二阶段的几何精校正处理。

一、遥感图像的几何粗校正

虽然我们得到的卫星遥感数据一般都是经过几何粗校正处理的，但是了解几何畸变的原因及其校正还是必要的，它将有利于我们对图像有一个正确的认识，并在需要校正时能够对它们进行校正。下面以MSS图像为例逐一分析遥感传感器、遥感平台以及地球本身所造成的几何畸变及对它的校正计算。为了下面叙述的方便，首先建立图像坐标系并给出一些几何量间的关系。

(一)一些几何量间的关系

MSS影像的坐标系选取如图3.3.1所示，取影像上边的中点为坐标原点，x轴取扫描行方向，并取向右为正，y轴取卫星前进方向，并以前进方向为正。

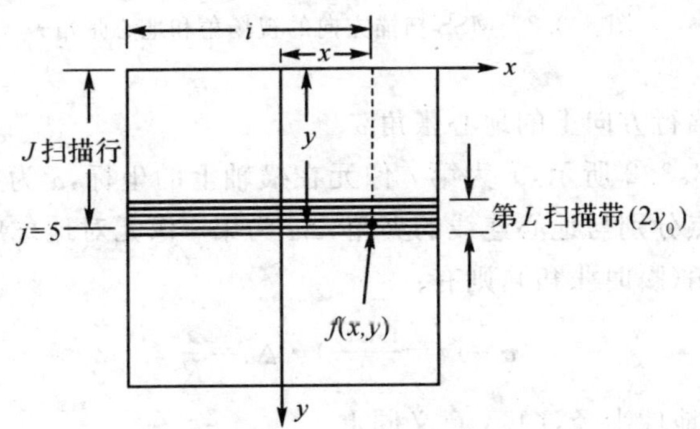

图 3.3.1 MSS影像坐标系

当卫星在标准高度上，并处于标准姿态(滚翻角 ω、俯仰角 φ 以及偏航角 Δk 均为零度)时，一些几何量如下确定。

1. 在扫描方向上的视场角 θ

设瞬时视场角为 $\Delta\theta$(指一个像元的视场角)，则对于第 i 个像元的视场角为(如图3.3.2所示)：

$$\theta=(i-\frac{\mathrm{LLA}}{2})\cdot\Delta\theta \tag{3.3.1}$$

式中：LLA 为经过扫描行长度调整后的每一扫描行的像元数目(Landsat-1为 3240，而 Landsat-2 为 3264)。

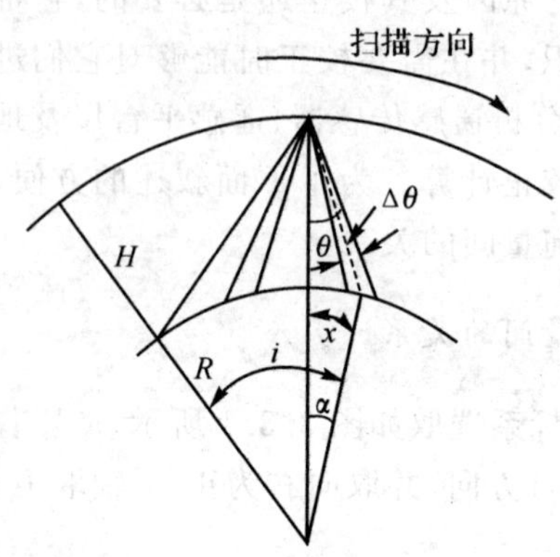

图 3.3.2 MSS 扫描方向的视场角和地心张角

2. 扫描行方向上的地心张角 α

如图 3.3.2 所示，x 为第 i 像元在横轴上的坐标，α 为第 i 像元及卫星星下点分别与地心连线的夹角，$\Delta\alpha$ 为第 i 像元对地球中心沿扫描方向的张角(瞬时张角)，则有：

$$\alpha=(i-\frac{\mathrm{LLA}}{2})\cdot\Delta\alpha=\frac{x}{R} \tag{3.3.2}$$

式中：R 为地球半径，LLA 意义同上。

3. 扫描带序号 L、扫描带内扫描行序号 j、扫描行序号 J

由于沿卫星前进方向，MSS 以每次六个扫描行(一个扫描带)进行扫描，因此以扫描行 J 表示的扫描带 L 和扫描带内的扫描行 j 的公式如下：

$$L=\mathrm{IFIX}(\frac{J-1}{6}+1) \tag{3.3.3}$$

$$j=\mathrm{MOD}(J-1,6)+1 \tag{3.3.4}$$

这里 IFIX(x)表示取 x 的整数部分，MOD(x,y)表示取 x 对于模值 y 的余数。

4. 卫星前进方向上的视场角 δ

如图 3.3.3 所示，设在卫星前进方向的视场角为 δ，瞬时视场角(每一像元的视场角)为 $\Delta\delta$，则

$$\delta=(j-3.5)\cdot\Delta\delta \tag{3.3.5}$$

式中：j 为扫描带内扫描行序号。

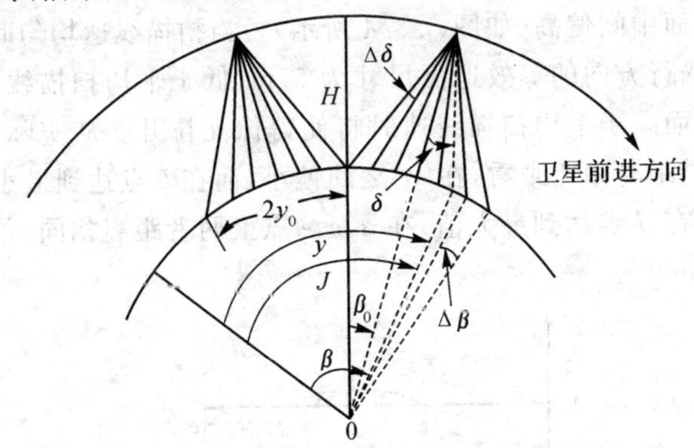

图 3.3.3　卫星前进方向的视场角和地心张角

5. 卫星前进方向上的地心张角 β

如图 3.3.3 所示，设每一像元沿卫星前进方向的地心张角为 $\Delta\beta$，每一扫描带的地心张角为 $2\beta_0$，则有：

$$\beta=J\cdot\Delta\beta=(2L-1)\cdot\beta_0+(j-3.5)\cdot\Delta\beta=\frac{y}{R} \tag{3.3.6}$$

式中：y 为像元的纵坐标，J、j、L 意义同上。

由前面的介绍可知：图像上的$\left(i-\frac{\mathrm{LLA}}{2},J\right)$像元既可用平面坐标($x,y$)表示，也可以用地球中心的张角($\alpha,\beta$)来表示。

(二)几何畸变分析及校正

下面对由于遥感传感器、遥感平台以及地球自身等方面原因所造成的几何畸变进行分析并给予校正,校正所需的数据可从 NASA 提供的资料、遥感数据的注记记录段 AN 以及专用注记文件 SIAT 上查得。

1. 平面扫描镜扫描线速不均的校正

MSS 平面扫描镜的扫描速度不是均匀的,在扫描行开始和结束时线速偏低,而中间偏高(如图 3.3.4 所示)。当扫描线速均匀时,则每个像元沿扫描行方向的等效地面尺寸为 57m,低于平均扫描线速时造成像元重叠,而高于平均扫描线速时将使得像元拉开。从实际扫描距离和标称扫描距离相比来看,在 *ac* 之间偏小,而在 *b* 点达到最小值;在 *ce* 之间偏大,在 *d* 点达到最大值;在 *a*,*c*,*e* 点上两者距离相同(如图3.3.5 所示)。

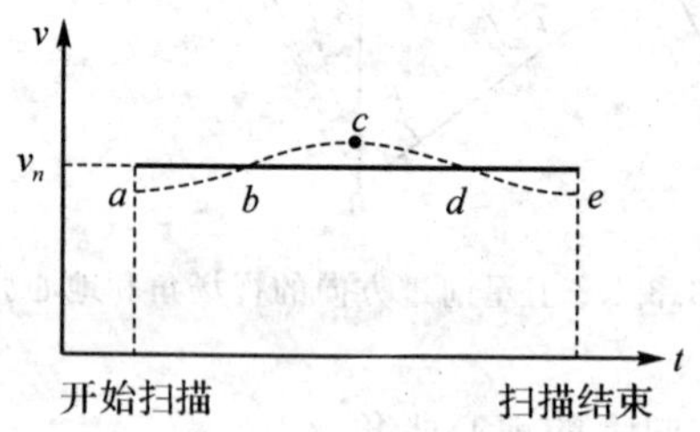

图 3.3.4 MSS 平面扫描镜扫描线速不匀

为了校正这种由于 MSS 平面扫描镜扫描线速不均造成的几何畸变,NASA 提供了 MSS 平面扫描镜扫描线速不均的校正曲线(如图 3.3.6所示,不带括号的为 Landsat-1 的数据,带括号的是 Landsat-2 的数据)。加进校正数据以后,对于 Landsat-1 的 MSS 影像数据来说,第 810 个像元不是位于 46.25km 处,而是位于 46.25－0.4＝45.85km 处,第 2430 像元不是位于 138.75km 处,而是位于 138.75＋0.4＝139.15km 处。

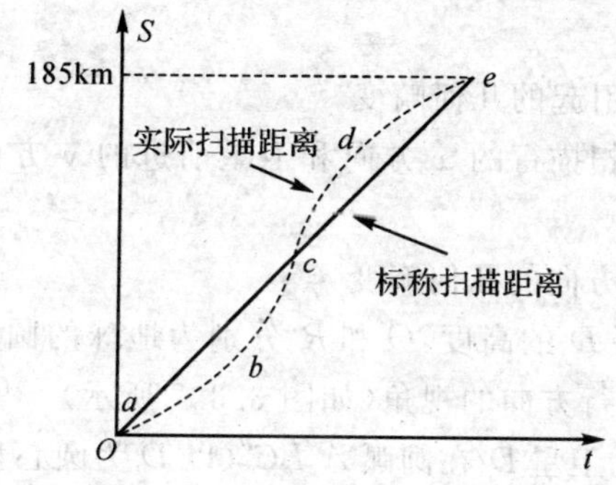

图 3.3.5 MSS 标称扫描距离与实际扫描距离

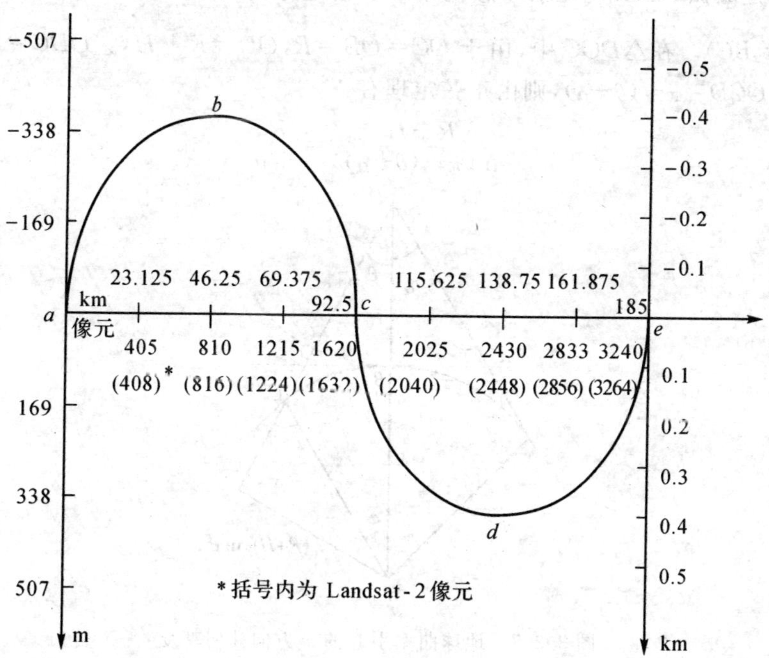

图 3.3.6 MSS 平面扫描镜扫描线速不匀校正曲线

1978 年下半年以前，NASA 提供的 MSS 图像未经过此校正，以后是经过此校正的。

2.地球曲率引起的几何畸变

地球曲率在扫描行的 x 方向和卫星前进的 y 方向都将引起几何畸变。

a.扫描行 x 方向的几何畸变

若 H 为卫星 D 的高度，O 和 R 分别为地球的圆心和所在纬度处的半径，θ 为扫描行方向的视角(如图 3.3.7 所示)。从理论上来说，对于处于高度 H 的卫星 D 在圆弧 $A''BC''$(以 D 为圆心且以 H 为半径的圆弧)上有最佳聚焦及相等的采样间隔。然而地球是圆的，实际采样范围是圆弧 ABC，现在求任意视角 θ 下在地球上的采样点 C 的坐标 x_1 $(=\overset{\frown}{BC})$。在$\triangle DOC$ 中，由于 $OC=OB=R$，$OD=R+H$，$\angle ODC=\theta$，$\angle OCD=\pi-(\theta+\alpha)$，则由正弦定理有：

$$\frac{R+H}{\sin(\pi-(\theta+\alpha))}=\frac{R}{\sin\theta}$$

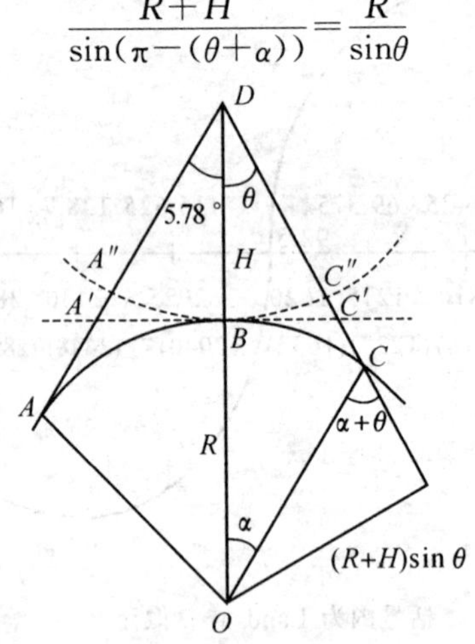

图 3.3.7 地球曲率引起的 x 方向几何畸变

从中可以得到：

$$\alpha=\arcsin(\frac{R+H}{R}\sin\theta)-\theta$$

由角度与弧长的关系有：

$$x_1=\widehat{BC}=\alpha\cdot R=\left[\arcsin\left(\frac{R+H}{R}\sin\theta\right)-\theta\right]\cdot R \qquad (3.3.7)$$

由(3.3.1)式有：

$$\theta=\left(i-\frac{\mathrm{LLA}}{2}\right)\cdot\Delta\theta \qquad (3.3.8)$$

式中：$\Delta\theta$ 为瞬时视场角。例如 Landsat-1，Landsat-2，Landsat-3 在扫描行方向上的视场角为 11.56°，所以瞬时视场角为：

$$\Delta\theta=\frac{11.56\times\pi}{\mathrm{LLA}\times 180}$$

将(3.3.8)式代入(3.3.7)式有：

$$x_1=R\left\{\arcsin\left[\left(1+\frac{H}{R}\right)\sin\left(i-\frac{\mathrm{LLA}}{2}\right)\cdot\Delta\theta\right]-\left(i-\frac{\mathrm{LLA}}{2}\right)\cdot\Delta\theta\right\} \qquad (3.3.9)$$

由此可得在任意视场角 θ 处扫描行方向的畸变为：

$$\Delta x=x_1-57\times\left(i-\frac{\mathrm{LLA}}{2}\right) \qquad (3.3.10)$$

纬度 λ 处的半径 R 可如下求得：地球为一椭圆(如图 3.3.8 所示)，赤道处半径 $R_1=6378\text{km}$ 为长轴，南北半径 $R_2=6357\text{km}$ 为短轴，以参数 R_1、R_2、λ 表示的椭圆参数方程为：

$$u=R_1\cos\lambda \qquad \upsilon=R_2\sin\lambda$$

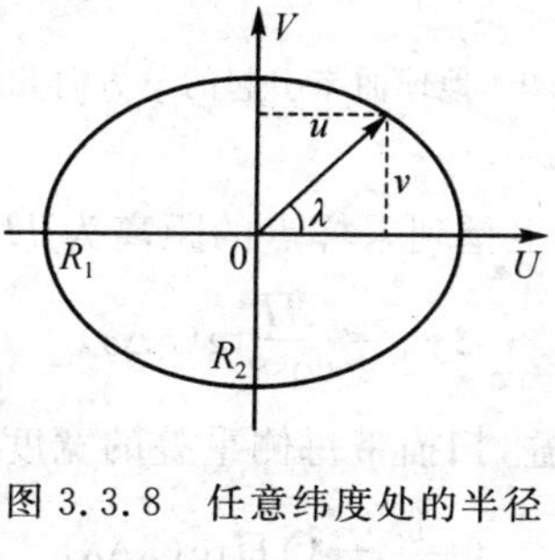

图 3.3.8　任意纬度处的半径

所以 R 为：

$$R=\sqrt{u^2+v^2} \tag{3.3.11}$$

如果扫描范围很小(例如航空遥感),这时可以忽略地球曲率的影响,将之视为平面。仍用图 3.3.7 来说明,这时认为采样范围为一直线段 A′BC′,则有:

$$x_1=BC'=H\text{tg}\theta \tag{3.3.12}$$

并称为正切校正。

b. 卫星前进的 y 方向的几何畸变

如图 3.3.9 所示,在星下点时($\theta=0$),扫描带宽度为:

$$2y_0=2H\text{tg}(3\Delta\delta) \tag{3.3.13}$$

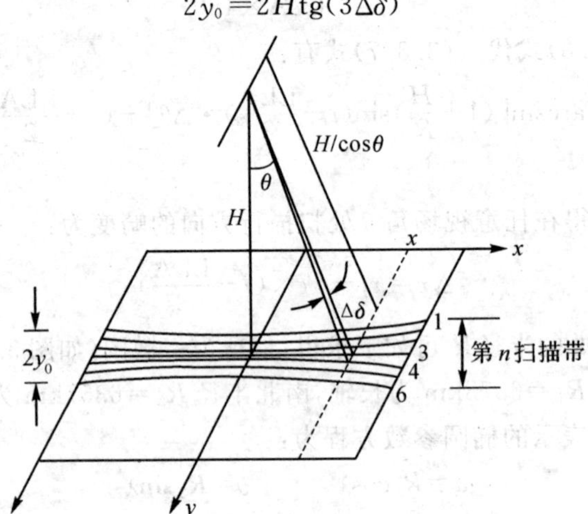

图 3.3.9　地球曲率引起的 y 方向几何畸变

当扫描角为 θ 时,卫星到采样点的距离为 $H/\cos\theta$,于是有:

$$2y'_0=\frac{2H}{\cos\theta}\text{tg}(3\Delta\delta) \tag{3.3.14}$$

因此造成 y 方向的重叠,扫描带每侧重叠的宽度为:

$$\left(\frac{1}{\cos\theta}-1\right)H\text{tg}(3\Delta\delta) \tag{3.3.15}$$

可见重叠量是 θ 的函数(当高度一定时),由于重叠量数值较小(以

Landsat-1、Landsat-2、Landsat-3 为例，当 $\theta=\theta_{max}=5.78^{\circ}$时，重叠量最大。可以算出最大重叠量不超过扫描行宽的 1.5%，对于 MSS 影像相当于地面 79m×1.5%≈1.2m)，且不是累积误差，所以地球曲率造成的 y 方向的几何畸变可以忽略。

3. 卫星高度变化造成的畸变

MSS 影像对应的地面尺寸是根据标准高度(例如 Landsat-1、Landsat-2 的 $H=918$km)计算的，而实际上卫星高度是在一定范围内(如 Landsat-1、Landsat-2 在 890km～950km 之间)变化的，因此将对图像在 x 方向和 y 方向产生影响(低于标准高度时对应的地面尺寸小于标准尺寸，高于标准高度时则相反)。在高度变化的同时，速度必然发生变化，也将引起畸变，现分别予以分析考虑。

a. x 方向的畸变

据(3.3.9)式易知，H 增加时，x_1 增加；H 减少时，x_1 减少，高度引起的 x 方向的畸变如图 3.3.10 所示。

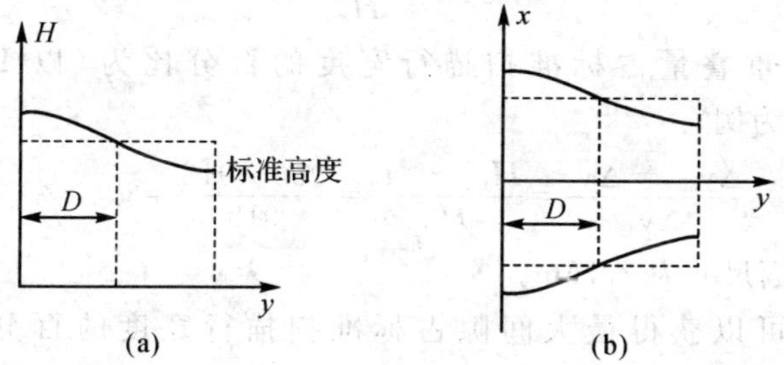

图 3.3.10 卫星高度引起的影像畸变

根据 SIAT 文件上的九点卫星高度数据，可以用最小二乘法求出表示各扫描带所对应高度的函数：

$$H=f_h(L)=\sum_{i=0}^{n}\alpha_i L^i \qquad (3.3.16)$$

式中：L 为扫描带序号。

对不同的扫描带用不同的 H 值，并根据公式(3.3.9)就可以计算

高度造成的畸变 x_1。

b. y 方向的畸变

如图 3.3.11 所示，卫星高度变化将引起扫描行沿 y 方向的宽度的改变。设 H_n 为标准高度，则当 $H>H_n$ 时，扫描行变宽，造成扫描行间的重叠；当 $H<H_n$ 时，扫描行变窄，造成扫描行间的间隙。

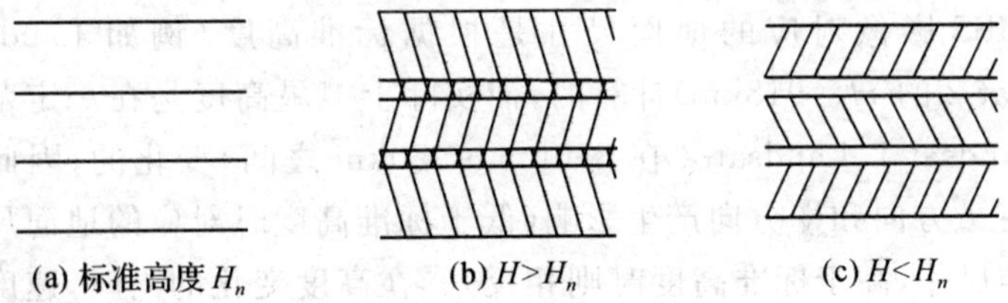

图 3.3.11　卫星高度变化造成 y 方向的畸变

设标准扫描行的宽度为 Δy_n，则最大扫描行宽度为：

$$\Delta y_{\max}=\frac{H_{\max}}{H_n}\Delta y_n \tag{3.3.17}$$

那么最大重叠量占标准扫描行宽度的百分比为（以 Landsat-1、Landsat-2为例）：

$$\frac{\Delta y_{\max}-\Delta y_n}{\Delta y_n}=\frac{H_{\max}-H_n}{H_n}=\frac{950-918}{918}=3.48\% \tag{3.3.18}$$

相当于地面尺寸为 2.75m。

同样可以获得最大间隙占标准扫描行宽度的百分比为（以 Landsat-1、Landsat-2 为例）：

$$\frac{\Delta y_n-\Delta y_{\min}}{\Delta y_n}=\frac{H_n-H_{\min}}{H_n}=\frac{918-890}{918}=3.05\% \tag{3.3.19}$$

相当于地面尺寸 2.4m。

高度变化所造成的 y 方向的重叠或间隙并不造成尺寸的畸变，而且数量级较小又不是累积误差，所以不会明显降低分辨率和信息量，通常可以忽略。对于高度变化带来速度变化而导致的畸变将在下面讨论。

4. 卫星速度变化造成的几何畸变

卫星在高空中是在地球的引力和太阳等其他星球的摄动力作用下

靠惯性运行的，运行遵循开普勒定律，并且卫星在轨道的不同位置运行速度是不同的。卫星速度的变化将造成 y 方向的畸变，当卫星速度等于标准速度时，相邻扫描带刚好吻合；卫星速度小于标准速度时，相邻两扫描带将发生重叠；卫星速度大于标准速度时，相邻扫描带产生间隙。

设 v_s 为扫描一景图像时卫星的平均速度（由 SIAT 文件第七记录段提供），T_c 为 MSS 扫描周期，H 为卫星的高度，R 为地球纬度半径（可由(3.3.11)式计算），则可得到一个周期内星下点前进的距离为：

$$2y_0 = v_s T_c R/(R+H) \tag{3.3.20}$$

于是可以得到 $\theta=0$ 时的任意点 y 方向的坐标：

$$\begin{aligned} y_1 &= 2y_0 L - y_0 + H\mathrm{tg}\delta \\ &= (2L-1)v_s T_c R/[2(R+H)] + H\mathrm{tg}[(j-3.5)\Delta\delta] \end{aligned} \tag{3.3.21}$$

5. 卫星前进造成的影像扭歪

设卫星运行速度为 v_s，则卫星星下点的速度为：

$$v_{se} = v_s R/(R+H) \tag{3.3.22}$$

设每一扫描行采样时间为 T_s，则同一扫描行中第 i 像元和第 1 像元在 y 方向相差距离为：

$$S_i = v_{se} T_s i/\mathrm{LLA} = v_s R T_s i/[(R+H)\mathrm{LLA}] \tag{3.3.23}$$

综合(3.3.21)及(3.3.23)式，并用 $H/\cos[(i-\frac{\mathrm{LLA}}{2})\cdot\Delta\theta]$ 表示 H，则第(i,J)像元的 y 坐标为：

$$\begin{aligned} y_2 = y_1 + S_i = &(2L-1)v_s T_c R/[2(R+H)] + \\ &\frac{H}{\cos[(i-\mathrm{LLA}/2)\cdot\Delta\theta]}\mathrm{tg}[(j-3.5)\Delta\delta] + \\ &v_s R T_s i/[(R+H)\mathrm{LLA}] \end{aligned} \tag{3.3.24}$$

式中：v_s 仍由 SIAT 文件第七记录段查得。该式第三项考虑了卫星前进速度所造成的影像扭歪。

6. 地球自转引起的影像扭歪

地球表面自转线速度为：

$$v_e = R_1 \omega_e \cos\lambda \tag{3.3.25}$$

式中：R_1 为地球赤道半径；

λ 为纬度；

ω_e 为地球自转角速度。

由于地球的自转，将造成扫描带依次向西移动一定距离 Δx（如图3.3.12所示）。设 T_c 为扫描周期，则在一个周期内，纬度 λ 处，地球在扫描行方向上移动的距离为：

$$\Delta x = v_e T_c \cos\rho \tag{3.3.26}$$

式中：ρ 为卫星前进方向与经线的夹角。

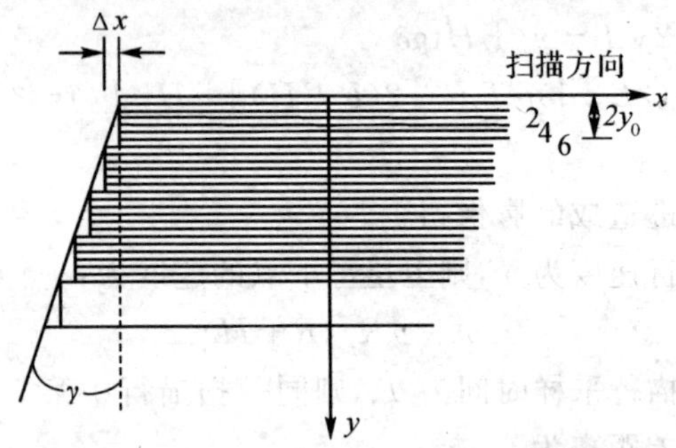

图 3.3.12　地球自转引起的图像扭歪

与此同时，卫星星下点向前移动 $2y_0$，因此造成影像的扭歪角为：

$$\gamma = \mathrm{arctg}\,\frac{\Delta x}{2y_0} \tag{3.3.27}$$

据(3.3.27)式，可对扭歪造成的 x 方向畸变作如下校正：

$$x_2 = x_1 - 2y_0 \cdot (L-1) \cdot \mathrm{tg}\gamma \tag{3.3.28}$$

其中第一项 x_1 为(3.3.9)式给出的未考虑地球自转引起的扭歪部分，第二项为考虑地球自转引起的扭歪部分，L 为扫描带序号。将 x_1 的表达式代入有：

$$x_2 = R\left\{\arcsin\left[\left(1+\frac{H}{R}\right)\sin\left(\left(i-\frac{\mathrm{LLA}}{2}\right)\cdot\Delta\theta\right)\right] - \left(i-\frac{\mathrm{LLA}}{2}\right)\cdot\Delta\theta\right\} - 2y_0\cdot(L-1)\cdot\mathrm{tg}\gamma \tag{3.3.29}$$

在实际计算时，扭歪角可在 SIAT 文件的第七记录段内查到。实际上这种畸变也可以通过其他途径来校正，下面将予以介绍。

7. 卫星滚翻角 ω 造成的畸变

卫星的滚翻轴指向卫星前进方向。当滚翻角 $\omega=0$ 时，MSS 平面扫描镜的光轴中心指向星下点，影像中心线与卫星前进方向一致，当 $\omega\neq0$时，影像中心线与卫星前进方向不一致(如图 3.3.13 所示)，从而引起畸变，但是畸变并不累积。滚翻角 ω 会引起 x 方向和 y 方向的畸变，但由于 y 方向仅会引起重叠或间隙并且可以忽略，所以在此仅考虑 x 方向的畸变。

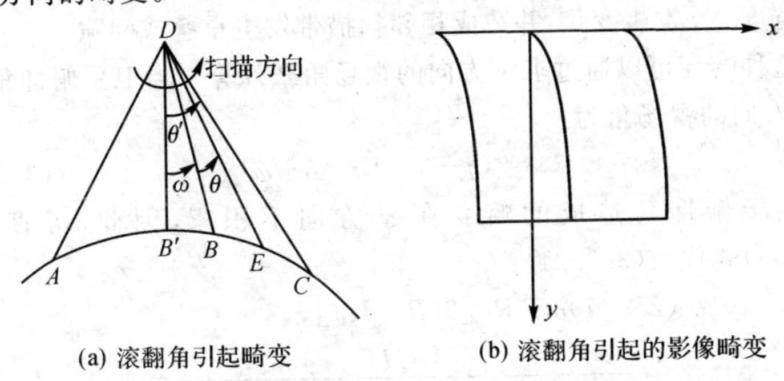

(a) 滚翻角引起畸变　　(b) 滚翻角引起的影像畸变

图 3.3.13 滚翻角引起的畸变

如图 3.3.13 所示，当滚翻角为 ω，平面扫描镜沿中心线扫描 θ 角时，对应的地面像元位置为 $B'B+BE$，此时总的扫描角为：

$$\theta'=\theta+\omega=\omega+(i-\frac{\mathrm{LLA}}{2})\cdot\Delta\theta \tag{3.3.30}$$

将式(3.3.30)代入式(3.3.29)得：

$$x_3=R\{\arcsin[(1+\frac{H}{R})\sin(\omega+(i-\frac{\mathrm{LLA}}{2})\cdot\Delta\theta)]-[\omega+(i-\frac{\mathrm{LLA}}{2})\cdot\Delta\theta]\}-2y_0\cdot(L-1)\cdot\mathrm{tg}\gamma \tag{3.3.31}$$

这就是在考虑了地球自转引起的影像扭歪基础上又考虑了滚翻角 ω 引起的几何畸变而在 x 方向上所作的修正。上式中 ω 可根据 SIAT

文件第七记录段提供的九点滚翻角数据，通过用最小二乘法拟合出一个一元 n 次多项式来求得，即

$$\omega = f_{\omega}(L) = \sum_{i=0}^{n} b_i L^i \tag{3.3.32}$$

式中：L 为扫描带序号，通常 n 取 3 或 4。

8. 卫星俯仰角 φ 造成的几何畸变

卫星俯仰轴指向扫描方向 x，俯仰角仅会引起 y 方向的畸变，但是畸变无累积作用。卫星处于标准状态时，$\varphi=0$；当有俯仰角 φ 时，将使影像中心（偏航轴延伸到地面）沿 y 方向前后移动偏离星下点，使扫描行的宽度 Δy 发生变化，并造成相邻扫描带发生重叠或间隙。

这种畸变可以通过求 y 方向的视场角来计算。当卫星俯仰角为 φ 时，y 方向的视场角为：

$$\delta=(j-3.5)\cdot\Delta\delta+\varphi \tag{3.3.33}$$

由于俯仰角造成的畸变在 y 方向不积累，因此，可直接将(3.3.33)式代入(3.3.24)：

$$\begin{aligned} y_3 = &(2L-1)v_s T_c R/[2(R+H)]+ \\ &\frac{H}{\cos[(i-\text{LLA}/2)\cdot\Delta\theta]\,\text{tg}[(j-3.5)\Delta\delta+\varphi]}+ \\ &v_s R T_s i/[(R+H)\text{LLA}] \end{aligned} \tag{3.3.34}$$

这就是在考虑了卫星前进速度因素基础上，又考虑了俯仰角因素的校正式子。上式中 φ 可根据 SIAT 文件第七记录段提供的九点俯仰角数据，通过用最小二乘法拟合出一个一元 n 次多项式来求得，即

$$\varphi = f_{\varphi}(L) = \sum_{i=0}^{n} c_i L^i \tag{3.3.35}$$

式中：L 为扫描带序号，通常 n 取 1 或 2。

9. 卫星偏航角 $\Delta\kappa$ 造成的几何畸变

卫星偏航轴指向地心的反向，把偏航角 $\Delta\kappa$ 定义成偏离航向的角度。如图 3.3.14 所示，偏航角造成的畸变可校正如下：

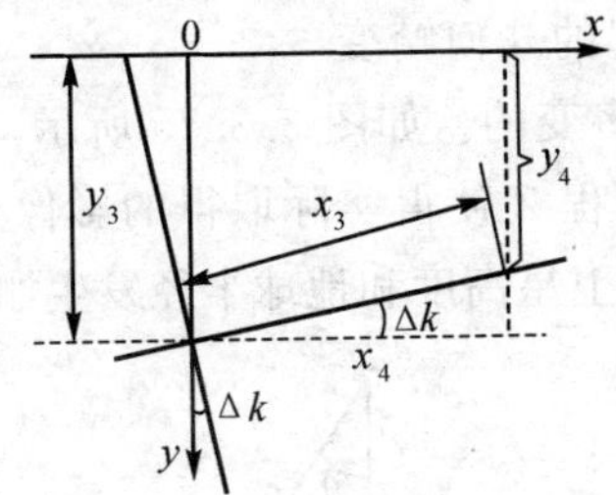

图 3.3.14　偏航角引起的几何畸变

$$x_4 = x_3 \cos\Delta\kappa \tag{3.3.36}$$

$$y_4 = y_3 - x_3 \sin\Delta\kappa \tag{3.3.37}$$

将(3.3.31)式和(3.3.34)式代入以上两式有：

$$x_4 = \{R[\arcsin((1+\frac{H}{R})\sin(\omega+(i-\frac{\mathrm{LLA}}{2})\cdot\Delta\theta))-(\omega+(i-\frac{\mathrm{LLA}}{2})\cdot\Delta\theta)]-2y_0\cdot(L-1)\cdot\mathrm{tg}\gamma\}\cos\Delta\kappa \tag{3.3.38}$$

$$y_4 = (2L-1)\upsilon_s T_c R/[2(R+H)] + \frac{H}{\cos[(i-\mathrm{LLA}/2)\cdot\Delta\theta]}\cdot\mathrm{tg}[(j-3.5)\Delta\delta+\varphi] + \upsilon_s R T_s i/[(R+H)\mathrm{LLA}] - \{R[\arcsin((1+\frac{H}{R})\sin(\omega+(i-\frac{\mathrm{LLA}}{2})\cdot\Delta\theta))-(\omega+(i-\frac{\mathrm{LLA}}{2})\cdot\Delta\theta)]-2y_0\cdot(L-1)\cdot\mathrm{tg}\gamma\}\sin\Delta\kappa \tag{3.3.39}$$

(3.3.38)式就是在考虑了地球自转、翻滚角因素的基础上，又考虑了偏航角因素的 x 方向畸变的校正式；(3.3.39)式则是在考虑了卫星前进速度、俯仰角因素的基础上，又考虑了偏航角因素的 y 方向畸变的校正式。上式中，$\Delta\kappa$ 可根据 SIAT 文件第七记录段提供的九点偏航角数据，通过用最小二乘法拟合出一个一元 n 次多项式来求得，即：

$$\Delta\kappa = f_k(L) = \sum_{i=0}^{n} d_i L^i \tag{3.3.40}$$

式中：L 为扫描带序号。

10. 地面高程引起的几何畸变

地球表面是起伏多变的。如图 3.3.15 所示，当扫描角为 θ 时，原来扫描点应为 C 点，但高程 Z 使得实际取得的影像点为 C' 点，从而引起畸变，这种畸变是相当于卫星高度和地球半径发生如下变化而引起的。

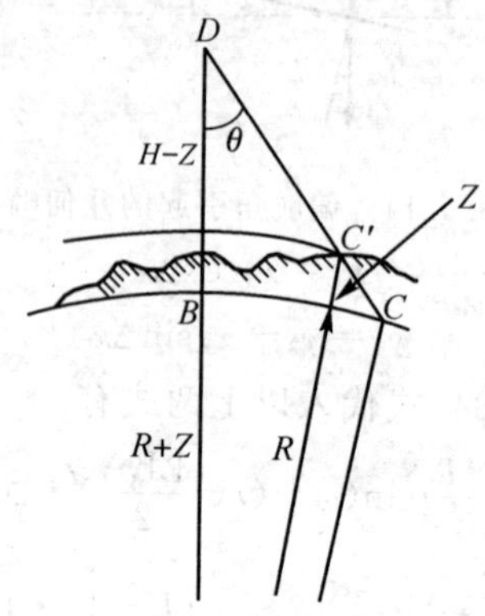

图 3.3.15　高程引起的几何畸变

$$H' = H - Z \tag{3.3.41}$$

$$R' = R + Z \tag{3.3.42}$$

将这两个式子代入(3.3.38)式和(3.3.39)式有：

$$\begin{aligned} x_5 = \{ & (R+Z)[\arcsin((1+(H-Z)/(R+Z)) \cdot \\ & \sin(\omega + (i - \frac{\text{LLA}}{2}) \cdot \Delta\theta)) - (\omega + (i - \frac{\text{LLA}}{2}) \cdot \Delta\theta)] - \\ & 2y_0 \cdot (L-1) \cdot \text{tg}\gamma\} \cos\Delta\kappa \end{aligned} \tag{3.3.43}$$

$$\begin{aligned} y_5 = & (2L-1) v_s T_c (R+Z) / [2(R+H)] + \\ & \frac{H-Z}{\cos[(i-\text{LLA}/2) \cdot \Delta\theta]} \cdot \text{tg}[(j-3.5)\Delta\delta + \varphi] + \\ & v_s (R+Z) T_s i / [(R+H)\text{LLA}] - \\ & \{(R+Z)[\arcsin((1+(H-Z)/(R+Z)) \cdot \sin(\omega + (i - \frac{\text{LLA}}{2}) \cdot \Delta\theta)) - \\ & (\omega + (i - \frac{\text{LLA}}{2}) \cdot \Delta\theta)] - 2y_0 \cdot (L-1) \cdot \text{tg}\gamma\} \sin\Delta\kappa \end{aligned} \tag{3.3.44}$$

x_5 是考虑了地球自转、滚翻角、偏航角、地面高程因素对 x 方向畸变的修正，y_5 是考虑了卫星前进速度、俯仰角、偏航角、地面高程因素对 y 方向畸变的修正。

11. 全景畸变

在扫描成像过程中，扫描镜沿着扫描行方向以一定的时间间隔采样，但实际对应的地面宽度则随着扫描角的大小而变化，从而造成图像的全景畸变。具体表现为越接近扫描行两端，每个像元所代表的地面宽度越大，成像的比例尺相应缩小。由于全景畸变影响较小，一般可不予考虑。

12. 非连续性畸变及校正（以 Landsat-1、Landsat-2 为例）

a. MSS 各波段间的错位及校正

MSS 传感器共有 24 根光导纤维，其排列如图 3.3.16 所示。在扫描过程中，每个采样周期包括 25 个采样脉冲，其中 24 个传送采样信息，1 个传送采样周期同步脉冲，并且处理每个脉冲的时间为 0.3983μs。由于 MSS 扫描镜的地面扫描线速度为 5.612m/μs，由图 3.3.16可知，落在探测器 $4A$ 上的影像移到 $5A$，$6A$，$7A$ 探测器上的时间差（以 $4A$ 为准）分别为：

$5A$：114/5.612＝20.314μs，相当于

20.314/0.3983＝51＝2 个采样周期＋1 个采样点

$6A$：250/5.612＝44.812μs，相当于

44.812/0.3983＝112＝4 个采样周期＋11 个采样点

$7A$：364/5.612＝64.926μs，相当于

64.926/0.3983＝163＝6 个采样周期＋13 个采样点

这就造成了影像在各波段上的错位（MSS 波段间的失配）。为了保证在扫描线方向上的四个波段影像间的相互配准，就要在 MSS4，5，6 波段的开始分别添加 6，4，2 个像元，而在 MSS5，6，7 波段的末尾分别添加 2，4，6 个像元。

b. MSS 探测器采样时间迟滞造成的错位及校正

如图 3.3.16 所示，由于采样顺序是先 4，5 波段交叉采样，再 6，7

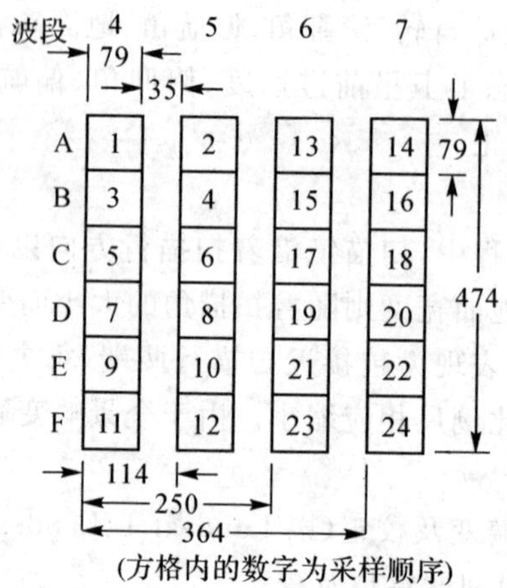

图 3.3.16 探测器的排列、采样顺序及对应地面尺寸(单位:m)

波段交叉采样,因此每个波段的第一检测器和第六检测器采样相差 10 个采样脉冲,所以第一和第六扫描行之间的错位为:

$$\Delta_2 = 10/25 = 0.4(\text{像元}) \tag{3.3.45}$$

又由于地球自转造成(3.3.26)式的错位(这里用 Δ_1 表示,即 $\Delta_1 = \Delta_x$),从而使得第 7 扫描行比第 1 扫描行向西位移 Δ_1,而第 6 扫描行比第 1 扫描行向东位移 Δ_2,第 6 扫描行和第 7 扫描行间总错位为 $\Delta_1 + \Delta_2$(如图 3.3.17)。

为了消除这种由地球自转和探测器采样时间迟滞引起的非连续性错位,可采用图像列号修正法加以校正,计算式为:

$$\begin{cases} I = I' \\ J = J' + \{I' - \text{IFIX}[(I'-1)/6] \times 6 - 1\} \times \Delta \end{cases} \tag{3.3.46}$$

式中:$\Delta = \Delta_1/6 + \Delta_2/5$;

I' 和 J' 为原始图像的行号和列号;

I 和 J 为修正后图像的行号和列号。

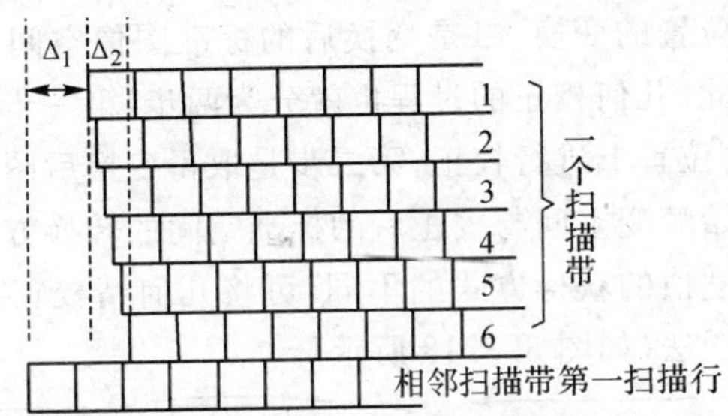

图 3.3.17 地球自转引起的不同扫描带间的错位和传感器采样时间迟滞引起的扫描带内扫描线的错位

二、遥感图像的几何精校正

几何精校正是利用地面控制点(Ground Control Point,GCP)对由各种因素引起的遥感图像的几何畸变的校正。GCP 是在原始图像空间与标准(校正)空间(如地形图)上寻找同名点,GCP 必须比较精确,它直接影响几何精校正的精度,因而同名点都选择在研究区中容易精确定位的特征点(如小水塘、具有一定交角的线性体交叉处等)。

(一)原理

几何精校正的原理是回避成像的空间几何过程,而直接利用地面控制点数据对遥感图像的几何畸变本身进行数学模拟,并且认为遥感图像的总体畸变可以看作是挤压、扭曲、缩放、偏移以及更高次的基本变形的综合作用的结果,因此校正前后影像相应点的坐标关系,可以用一个适当的数学模型来表示。具体实现是:首先利用地面控制点数据确立一个模拟几何畸变的数学模型,以此来建立原始畸变图像空间与标准空间(如地理制图空间)的某种对应关系;其次是利用这种对应关系将畸变空间中的全部元素变换到标准空间(即校正图像空间)中去,从而实现图像的几何精校正。

由上面的原理可知,图像的几何精校正包括两个方面的内容:一是图像空间像元位置的变换;二是变换后的标准图像空间的各像元亮度值的计算。因此,几何校正的过程也就分为两步:第一步是先进行空间变换,即在几何位置上进行校正;第二步是取得变换后图像各像元的亮度值。根据原始畸变空间与校正后的标准空间的转换方式和校正后标准空间像元亮度值的获得方式的不同,可将几何精校正分为直接成图法和重采样成图法(如图 3.3.18 所示)。

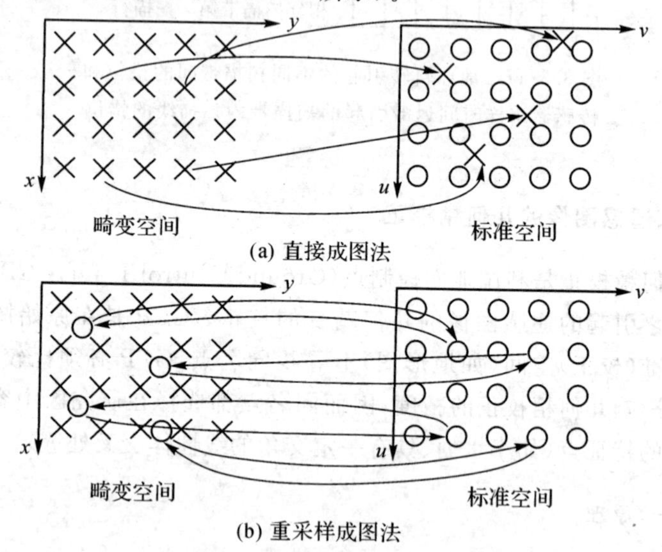

图 3.3.18　几何精校正示意图

设原始图像空间的坐标为(x,y),其中 y 为横坐标(一般取扫描方向),x 为纵坐标(一般取卫星前进方向)。对于具体的图像阵列来说,x 和 y 分别表示行和列,且 $f(x,y)$为原始图像在(x,y)处的亮度值;校正后图像的坐标为(u,v),且 $g(u,v)$为校正后图像在(u,v)处的亮度值,由于一般校正后常使用的标准空间是高斯—克吕格投影空间,故 v 常取东西方向即横坐标,u 常取南北方向即纵坐标。

1. 直接成图法

该方法首先是从原始的畸变图像出发建立空间转换关系,即

$$\begin{cases} u=F_u(x,y) \\ v=F_v(x,y) \end{cases} \tag{3.3.47}$$

式中：F_u，F_v 为直接校正畸变函数。

然后利用(3.3.47)式按行列的顺序依次求出原始图像的每个像元点(x,y)在校正图像空间（也就是输出影像坐标系）中的正确位置(u,v)，并把原始畸变图像的像元亮度值 $f(x,y)$移到这个正确的位置上，即 $f(x,y)\rightarrow g(u,v)$。

对于几何校正来说，我们总希望校正后输出的数字图像是像元分布均匀的二维空间矩阵，它便于存储、处理和显示等。但由于原始图像空间和校正图像空间之间的对应关系往往不是线性的，因而原始畸变图像中排列规则的像元点，直接投影到标准空间后，这种规则排列往往被打乱，并且容易出现校正图像中的像元点没有原始畸变图像中的相应像元点来对应的情况，如图 3.3.18(a)所示。使用直接成图法时，要特别注意这一点。要解决这一缺陷，可用重采样成图法，因为它是从校正图像空间中规则排列的像元点出发进行的。但由于直接成图法只是改变了地理位置，从而保证了图像原始的亮度信息不受损失。

2.重采样成图法

该方法首先是从空白的输出影像（校正后的图像）出发建立空间转换关系，即

$$\begin{cases} x=F_x(u,v) \\ y=F_y(u,v) \end{cases} \tag{3.3.48}$$

式中：F_x，F_y 为重采样校正畸变函数。

然后，利用(3.3.48)式按行列的顺序依次对校正图像空间的每个待输出像元点(u,v)反求其在原始畸变图像空间中的共轭位置(x,y)，同时利用某种方法确定这一共轭位置的亮度值 $f(x,y)$，并把此共轭位置的亮度值填入校正图像空间的(u,v)位置，即 $f(x,y)\rightarrow g(u,v)$，如图 3.3.18(b)所示。

可见，直接成图法与重采样成图法本质上并无差别，主要的不同仅在于使用的校正畸变函数不同，互为逆变换；其次，校正后像元获得亮

度值的方法不同，对于直接成图法称为亮度重配置，而对于重采样成图法称为亮度重采样。

由于重采样成图法能够保证校正图像空间中的像元呈均匀分布，因而是最常用的几何精校正方法，下面将着重介绍它。

(二)重采样成图法几何精校正

由前面的分析可知，这一方法校正的过程主要可分为两步，即几何位置的变换和共轭未知亮度值的确定。下面分别予以介绍。

1. 几何位置的变换

可用于几何精校正的变换有很多，如多项式变换、共线方程变换以及随机场中插值变换等。由于多项式法原理比较直观，使用上较为简单灵活，并且可以用于各种类型的图像，因而遥感图像几何校正的空间变换一般采用多项式法。重采样成图法采用的二维多项式数学模型为：

$$\begin{cases} x = F_x(u,v) = \sum_{i=0}^{n}\sum_{j=0}^{n-i} a_{ij}u^i v^j \\ y = F_y(u,v) = \sum_{i=0}^{n}\sum_{j=0}^{n-i} b_{ij}u^i v^j \end{cases} \tag{3.3.49}$$

式中：a_{ij}，b_{ij} 为待定系数，n 为多项式的阶数，其他参数意义同上。

多项式的系数可以利用 K 个 GCP 数据按最小二乘法原理来求得，也就是使最小二乘误差

$$\begin{cases} \varepsilon_x = \sum_{k=1}^{K}(x_k - \sum_{i=0}^{n}\sum_{j=0}^{n-i} a_{ij}u_k^i v_k^j)^2 \\ \varepsilon_y = \sum_{k=1}^{K}(y_k - \sum_{i=0}^{n}\sum_{j=0}^{n-i} b_{ij}u_k^i v_k^j)^2 \end{cases} \tag{3.3.50}$$

为最小。具体做法是对上式的各待定系数求一阶偏导数并令其为零，这样便可以得到关于未知系数的两个联立线性方程组，分别解方程组即可求出多项式系数，从而建立校正图像空间与原始图像空间的对应关系。

由于多项式的项数(即系数个数)N与其阶数n有着固定的关系,即:

$$N=(n+1)(n+2)/2 \tag{3.3.51}$$

因此,根据GCP数据用最小二乘法来计算未知系数时,GCP的数目必须不小于N个。当两者相等时,系数可以直接解方程组求得(不必求偏导数),这时建立的多项式函数完全通过GCP,因此GCP的误差对几何精校正影响较大。若控制点数小于N个时,则解是不定的,无法确定畸变函数。

2.共轭位置亮度值的确定

在重采样几何精校正中是由输出影像的坐标(u,v),反过来求出其在输入影像(即未校正的原始图像)中的坐标(x,y)。显然,作为输出影像的坐标u和v,要取连续的整数,其大小(即行数和列数)也是事先规定的。假如输出影像阵列中的任意像元坐标(u,v)在原始图像中的坐标(x,y)为整数时,便可简单地将整数点位上的原始影像的已有亮度值直接取出填入输出影像。但x和y却往往并不是整数,多数情况下是落在输入影像阵列中的几个像元点之间(即共轭位置),因而输出影像的像元亮度值,必须通过适当方法把该点四周邻近的若干整数点位上的亮度值对该点的亮度贡献累积起来构成该点位上的新亮度值。这个过程称为数字图像亮度(灰度)值的再采样或重采样,重采样成图法的名称就是由此而来。

常用的亮度重采样方法有最近邻点法、双线性内插法及三次褶积法三种。

a.最近邻点法重采样

如图3.3.19所示,最近邻点法重采样的实质是取原始畸变图像中的距离共轭位置(x,y)最近的已知像元点(x',y')的亮度值$f(x',y')$作为输出像元亮度值$g(u,v)$,即

$$g(u,v)=f(x',y')$$

其中:$x'=\mathrm{IFIX}(x+0.5)$;$y'=\mathrm{IFIX}(y+0.5)$。

最近邻点法的优点是算法非常简单且保持原光谱信息不变;其缺点是几何精度较差,使校正后的图像亮度具有不连续性,表现为原来光

图 3.3.19　最近邻点法确定亮度值示意图

滑的边界出现锯齿状。

b. 双线性内插法重采样

这种方法是用原始畸变图像上共轭位置(x,y)的四个邻近的已知像元亮度值进行二维线性内插，实际上相当于先对由四个像元点形成的正方形中的两条相对边作线性内插（任何两条相对的边），然后再跨这两条边作线性内插，如图 3.3.20 所示。

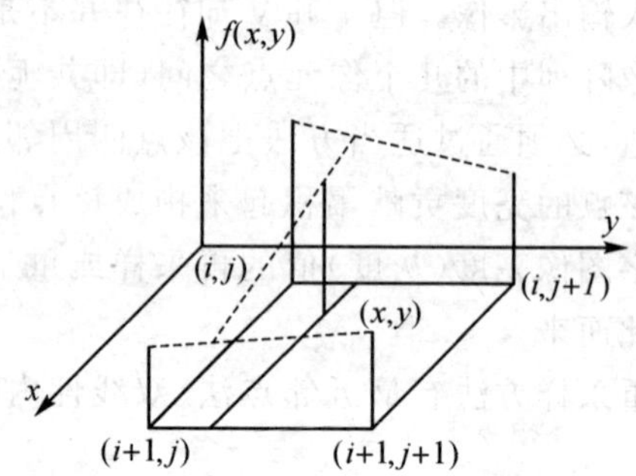

图 3.3.20　双线性内插示意图

具体做法如下（见图 3.3.20）：设(x,y)为共轭位置，首先在 $x=i$ 和 $x=i+1$ 的两边进行一维线性内插（也可在 $y=j$ 和 $y=j+1$ 的两边进行一维线性内插），即：

$$\begin{cases} f'(i,y)=(y-j)f(i,j+1)+(1-y+j)f(i,j) \\ f'(i+1,y)=(y-j)f(i+1,j+1)+(1-y+j)f(i+1,j) \end{cases} \tag{3.3.53}$$

然后再在 $f'(i,y)$ 和 $f'(i+1,y)$ 之间再进行线性内插，即：

$$g(u,v)=f(x,y)=(x-i)f'(i+1,y)+(1-x+i)f'(i,y) \tag{3.3.54}$$

双线性内插法的优点是计算较为简单（但计算量比最近邻点法要大），且具有一定的亮度采样精度以及几何上比较精确，从而使得校正后的图像亮度连续；其缺点是由于亮度值内插，原来的光谱信息发生了变化，而且这种方法具有低通滤波的性质，从而易造成高频成分（如线条、边缘等）的损失，使图像变得模糊。

c. 三次褶积法重采样

三次褶积法是利用一个一元三次多项式来近似理论上的最佳重采样函数 $\mathrm{sinc}(x)=\frac{\sin\pi x}{\pi x}$（$\mathrm{sinc}(x)$ 函数曲线如图 3.3.21 所示），三次多项式的表达式如下（以 x 轴为例）：

$$\mathrm{sinc}(x)\approx s(x)=\begin{cases}1-2x^2+|x|^3 & |x|<1\\ 4-8|x|+5x^2-|x|^3 & 1\leqslant|x|<2\\ 0 & |x|\geqslant 2\end{cases} \tag{3.3.55}$$

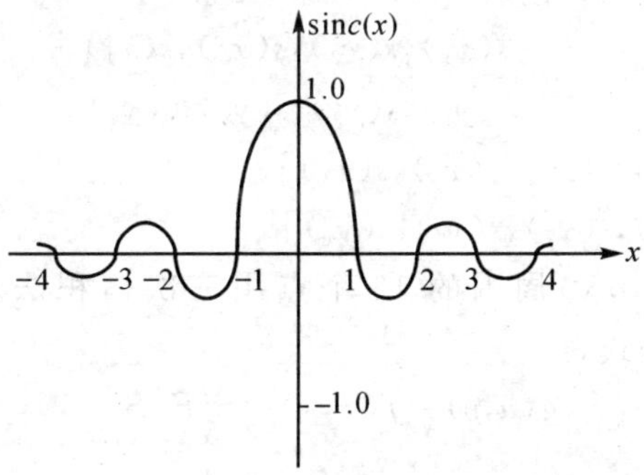

图 3.3.21 sinc(x)函数曲线

遥感图像由于是二维数据矩阵，因而三次褶积法重采样是在每个重采样位置（即共轭位置）(x,y) 周围的 4×4 邻域内进行的二维重采样(如图 3.3.22 所示)。

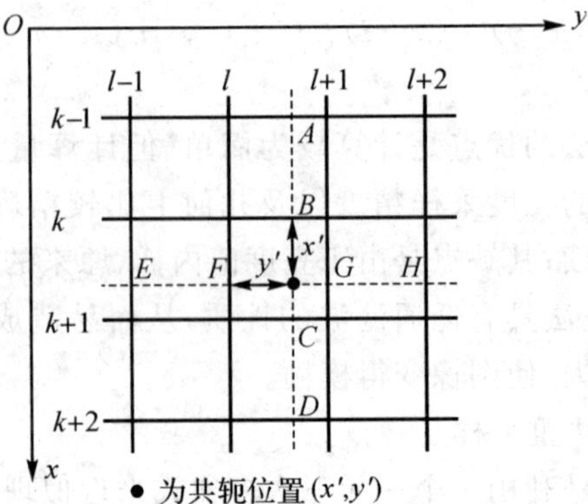

图 3.3.22 三次褶积算法示意图

设

$$k=\mathrm{IFIX}(x), l=\mathrm{IFIX}(y), x'=x-k, y'=y-l,$$
$$x_1=-(1+x'), x_2=-x', x_3=1-x', x_4=2-x',$$
$$y_1=-(1+y'), y_2=-y', y_3=1-y', y_4=2-y'$$

将 $x_i, y_i (i=1,2,3,4)$ 代入(3.3.55)式,可得

$$s(x_1), s(x_2), s(x_3), s(x_4)$$
$$s(y_1), s(y_2), s(y_3), s(y_4)$$

再令:$S_x=[s(x_1), s(x_2), s(x_3), s(x_4)]^T$

$S_y=[s(y_1), s(y_2), s(y_3), s(y_4)]^T$

则由共轭位置(x,y)周围的 16 个点用三次褶积法重采样亮度值 $f(x,y)$的计算公式为:

$$g(u,v)=f(x,y)=S_x^T F_{kl} S_y \tag{3.3.56}$$

式中:

$$F_{kl}=\begin{bmatrix} f(k-1,l-1) & f(k-1,l) & f(k-1,l+1) & f(k-1,l+2) \\ f(k,l-1) & f(k,l) & f(k,l+1) & f(k,l+2) \\ f(k+1,l-1) & f(k+1,l) & f(k+1,l+1) & f(k+1,l+2) \\ f(k+2,l-1) & f(k+2,l) & f(k+2,l+1) & f(k+2,l+2) \end{bmatrix}$$

应指出，对于任意x'和y'值，皆有(可以证明)：

$$\sum_{i=1}^{4} s(x_i) = \sum_{i=1}^{4} s(y_i) = 1 \qquad (3.3.57)$$

所以，$s(x_i)$和$s(y_i)(i=1,\cdots,4)$实质上是三次褶积法重采样时所采用的权系数。

从(3.3.56)式可知，求共轭位置(x,y)的亮度值可以先用行矩阵S_x^T乘矩阵F_{hl}，生成一个行矩阵，这相当于先用共轭位置周围4×4个像元点各列的四个像元分别求出E,F,G,H四点的重采样值，重采样时，$s(x_i)(i=1,\cdots,4)$为权系数。然后，再乘列矩阵S_y，从而求出共轭位置的亮度值，这相当于把$s(y_i)(i=1,\cdots,4)$作为权系数，对E、F、G、H四点进行重采样。

三次褶积法的优点是不仅图像的亮度连续以及几何上比较精确，而且还能较好地保留高频成分；其缺点是计算量大。

(三)几何校正的步骤

根据前面的介绍，可将几何精校正归纳为以下几个主要步骤，即：

(1)建立原始图像与校正后图像的坐标系。

(2)确定GCP，即在原始畸变图像空间与标准地图(或图像)空间寻找控制点对。

(3)选择畸变数学模型，并利用GCP数据求出畸变模型的未知参数，然后利用此畸变模型对原始畸变图像进行几何精校正。

(4)几何精校正的精度检验。方法与确定GCP类似，选择一批检验点，计算已校正图像单个检验点坐标偏差及多个检验点总的离差平方和。GCP选择有误差、GCP数目过少、GCP分布不合理以及选择的畸变数学模型不合适，都会造成几何精校正的精度下降，因此，必须通过精度分析，找出精度下降的原因，改进后再重新进行几何精校正，这一过程直到满足精度要求为止。

几何精校正的步骤如图3.3.23所示。

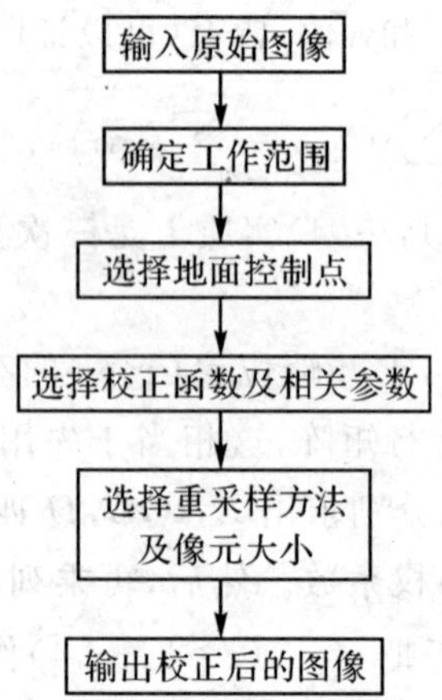

图 3.3.23 几何精校正流程图

(四)DEM 辅助遥感图像严格几何校正

对高分辨率遥感图像而言,地形高程引起的几何畸变,用一般的几何精校正方法不可能完全消除,这给某些遥感应用带来不利影响。当已知遥感图像的成像特性及其辅助数据(如画幅式图像的焦距、框标距、卫星图像的星历数据和控制成果等)时,可以利用成像模型对遥感图像进行严格或近似严格的几何校正。在遥感图像几何处理中,成像模型主要是共线方程,因此,遥感图像严格几何校正法又称为共线方程法。不同几何类型图像的共线方程形式不同,画幅式图像为面中心投影图像,整幅图像对应于一个共线方程表达式;线阵推扫图像为行中心投影图像,在飞行方向上的每个扫描行都对应于一个共线方程表达式,画幅式图像和线阵推扫图像在辅助数据齐全的情况下可按共线方程法进行严格几何校正。下面首先介绍与遥感图像位置和姿态的确定有关的遥感图像定位理论和方法,其理论基础是解析摄影测量学,然后介绍遥感图像的严格几何校正。

1. 遥感图像定位原理

卫星在成像时的位置和姿态通常称为图像的外方位元素。外方位元素是指确定图像在地面坐标系中的位置和姿态所必需的元素，不同成像方式的外方位元素是不一样的。

(1)画幅式图像的外方位元素。

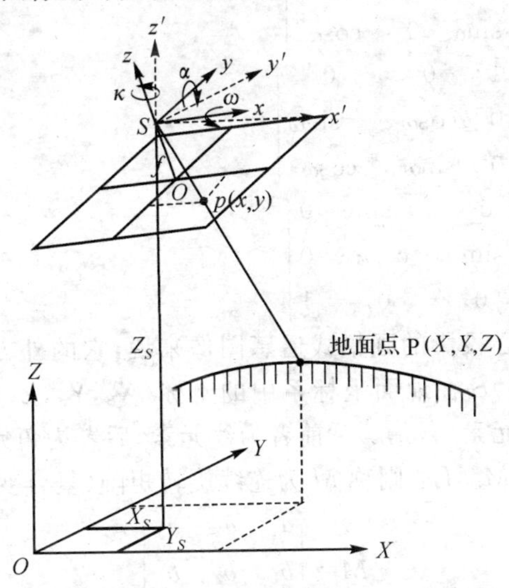

图 3.3.24　画幅式图像的外方位元素

如图 3.3.24 所示，设 $O\text{-}XYZ$ 为地面坐标系，X 轴为卫星飞行方向，$S\text{-}x'y'z'$是将地面坐标系 $O\text{-}XYZ$ 的原点 O 平移到 S 的坐标系，$S\text{-}xyz$为图像空间坐标系。

由线性代数知识可知，坐标系 $S\text{-}x'y'z'$和坐标系 $S\text{-}xyz$ 之间可以通过坐标轴的旋转来进行相互转换，为了把坐标系 $S\text{-}xyz$ 中的坐标(x,y,z)转换为坐标系 $S\text{-}x'y'z'$中的坐标(x',y',z')，可以作如下坐标轴旋转：首先绕 z 轴旋转 κ 使 y 轴落入 ySz 平面（变换矩阵为 M_κ）；然后绕 x 轴旋转 ω 使 y 轴与y'轴重合（变换矩阵为 M_ω）；最后绕 y 轴旋转 α 使 x 轴与x'轴重合（变换矩阵为 M_α）。即：

$$\begin{bmatrix} x' \\ y' \\ z' \end{bmatrix} = M_\alpha M_\omega M_\kappa \begin{bmatrix} x \\ y \\ z \end{bmatrix} \tag{3.3.58}$$

式中：$M_\alpha = \begin{bmatrix} \cos\alpha & 0 & -\sin\alpha \\ 0 & 1 & 0 \\ \sin\alpha & 0 & \cos\alpha \end{bmatrix}$；

$M_\omega = \begin{bmatrix} 1 & 0 & 0 \\ 0 & \cos\omega & -\sin\omega \\ 0 & \sin\omega & \cos\omega \end{bmatrix}$；

$M_\kappa = \begin{bmatrix} \cos\kappa & -\sin\kappa & 0 \\ \sin\kappa & \cos\kappa & 0 \\ 0 & 0 & 1 \end{bmatrix}$。

对于面中心投影的画幅式遥感图像来说，它的外方位元素就是摄站（即摄影中心）S 在地面坐标系中的坐标（X_S, Y_S, Z_S）和上述坐标系转换的角方位元素（α, ω, κ）。前者为线元素，后者为角元素。

令 $M = M_\alpha M_\omega M_\kappa$，则称 M 为连续旋转矩阵（复合变换矩阵）。设

$$M = \begin{bmatrix} a_1 & a_2 & a_3 \\ b_1 & b_2 & b_3 \\ c_1 & c_2 & c_3 \end{bmatrix} \tag{3.3.59}$$

可得：

$$\begin{cases} a_1 = \cos\alpha\cos\kappa - \sin\alpha\sin\omega\sin\kappa \\ b_1 = \cos\omega\sin\kappa \\ c_1 = \sin\alpha\cos\kappa + \cos\alpha\sin\omega\sin\kappa \\ a_2 = -\cos\alpha\sin\kappa - \sin\alpha\sin\omega\cos\kappa \\ b_2 = \cos\omega\cos\kappa \\ c_2 = -\sin\alpha\sin\kappa + \cos\alpha\sin\omega\cos\kappa \\ a_3 = -\sin\alpha\cos\omega \\ b_3 = -\sin\omega \\ c_3 = \cos\alpha\cos\omega \end{cases} \tag{3.3.60}$$

因此,只要知道3个角方位元素α、ω、κ,就可以计算出旋转矩阵M中的9个元素。(3.3.60)式还表明:旋转矩阵M中的9个元素只有3个是独立的,且它们不能在同一行或同一列中,旋转矩阵M中的其余6个元素可以由这3个元素确定。若选取a_2、a_3、b_3作为3个独立元素,则旋转矩阵M中的其他6个元素可按下列公式求出:

$$\begin{cases} a_1=\sqrt{1-a_2^2-a_3^2} \\ c_3=\sqrt{1-a_3^2-b_3^2} \\ b_1=\dfrac{-a_1a_3b_3-a_2c_3}{1-a_3^2} \\ b_2=\sqrt{1-b_1^2-b_3^2} \\ c_1=a_2b_3-a_3b_2 \\ c_2=a_3b_1-a_1b_3 \end{cases} \tag{3.3.61}$$

从上面的推导可以看出:画幅式遥感图像的姿态既可以用3个角方位元素α、ω、κ来描述,也可以用旋转矩阵M中的3个独立元素a_2、a_3、b_3来描述,两种描述方式本质上是一致的。

(2)线阵推扫式图像的外方位元素。

在传感器垂直成像的情况下,所获得的线阵推扫式图像是行中心投影的图像,如图3.3.25所示,即图像上每一行都有自己的外方位元素,不同扫描行的外方位元素可能不尽相同。虽然不同扫描行的外方位元素不同,但当卫星(如SPOT)运行速度和姿态非常平稳,运行速度和轨迹得到严格控制时,l_i行的外方位元素X_{Si}、Y_{Si}、Z_{Si}、α_i、ω_i、κ_i可用下列公式近似表达:

$$\begin{cases} X_{Si}=X_{S0}+(l_i-l_0)\dot{X}_S \\ Y_{Si}=Y_{S0}+(l_i-l_0)\dot{Y}_S \\ Z_{Si}=Z_{S0}+(l_i-l_0)\dot{Z}_S \\ \alpha_i=\alpha_0+(l_i-l_0)\dot{\alpha} \\ \omega_i=\omega_0+(l_i-l_0)\dot{\omega} \\ \kappa_i=\kappa_0+(l_i-l_0)\dot{\kappa} \end{cases} \tag{3.3.62}$$

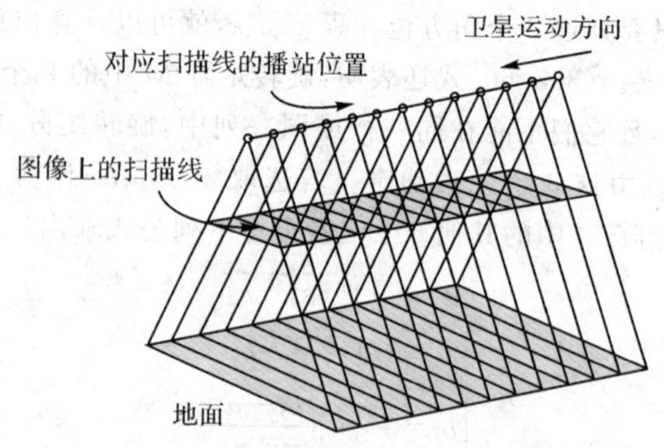

图 3.3.25　线阵推扫式图像示意图

式中：X_{S0}、Y_{S0}、Z_{S0}、α_0、ω_0、κ_0 是影像上中心行 l_0 的外方位元素；

$\dot{X}_S$、$\dot{Y}_S$、$\dot{Z}_S$、$\dot{\alpha}$、$\dot{\omega}$、$\dot{\kappa}$是外方位元素的一阶变化率。

因此，一景线阵推扫式图像（如 SPOT 图像）的外方位元素有 12 个参数，其中 6 个是影像上中心行的外方位元素 X_{S0}、Y_{S0}、Z_{S0}、α_0、ω_0、κ_0，另外 6 个是外方位元素的一阶变化率$\dot{X}_S$、$\dot{Y}_S$、$\dot{Z}_S$、$\dot{\alpha}$、$\dot{\omega}$、$\dot{\kappa}$。

2. 遥感图像的严格几何校正

画幅式图像和线阵推扫式图像在辅助数据齐全的情况下，可按共线方程法进行严格几何校正。共线方程法是假设构像瞬间遥感图像上像点、相应地面点和传感器镜头中心位于同一条直线上（即三点共线），再利用控制成果并采用空间后方交会法求解出共线方程的参数，然后按照共线方程将原图像校正到参考图像坐标系中。当存在大气折射影响时，可以先按大气折射引起的像点移位公式，对像点坐标进行改正，以保证共线条件的满足。当控制点坐标采用地面坐标系时，可以先按地球曲率引起的像点移位公式，对像点坐标进行改正，以保证共线条件的满足。共线方程法理论上严密，在数字地面高程的支持下，可以消除外方位变化和地形起伏引起的各种图像变形，几何精度较高，是遥感图像严格几何校正的首选方法。

（1）画幅式图像的几何校正。

画幅式图像是面中心投影的图像(图 3.3.24),整幅图像对应于一个共线方程式:

$$\begin{cases} x=-f\dfrac{a_1(X-X_S)+b_1(Y-Y_S)+c_1(Z-Z_S)}{a_3(X-X_S)+b_3(Y-Y_S)+c_3(Z-Z_S)} \\ y=-f\dfrac{a_2(X-X_S)+b_2(Y-Y_S)+c_2(Z-Z_S)}{a_3(X-X_S)+b_3(Y-Y_S)+c_3(Z-Z_S)} \end{cases} \tag{3.3.63}$$

式中:f 是等效焦距;

(x,y)为图像上像点在像平面坐标系中的坐标;

(X,Y,Z)为对应地面点在地面坐标系中的坐标;

(X_S,Y_S,Z_S)为摄站在地面坐标系中的坐标(外方位线元素);

$(a_i,b_i,c_i,i=1,2,3)$为图像在地面坐标系中的 3 个外方位角元素所确定的旋转矩阵中的 9 个元素(见 3.3.59 式,一般选取 a_2,a_3,b_3 作为其中的 3 个独立元素,其余 6 个元素可用 a_2,a_3,b_3 表示)。

下面给出画幅式图像几何校正的主要步骤。

第一步:求解出给定图像的 6 个外方位元素,即 3 个独立元素 a_2,a_3,b_3 和摄站坐标(X_S,Y_S,Z_S)。

6 个外方位元素可以利用控制点由共线方程式(3.3.63)式求得。但因共线方程式是非线性的,为了实际运算,用泰勒公式把(3.3.63)式线性化,考虑已知控制点满足 $\mathrm{d}X=\mathrm{d}Y=\mathrm{d}Z=0$,可得式(3.3.64)的误差方程组。

$$\begin{cases} v_x=-(\dfrac{x}{f}X'-Z')\mathrm{d}a_3-\dfrac{x}{f}Y'\mathrm{d}b_3+Y'\mathrm{d}a_2+\mathrm{d}X_S+\dfrac{x}{f}\mathrm{d}Z_S-\dfrac{\bar{Z}}{f}(x-x_c) \\ v_y=-\dfrac{y}{f}X'\mathrm{d}a_3-(\dfrac{y}{f}Y'-Z')\mathrm{d}b_3+X'\mathrm{d}a_2+\mathrm{d}Y_S+\dfrac{y}{f}\mathrm{d}Z_S-\dfrac{\bar{Z}}{f}(y-y_c) \end{cases} \tag{3.3.64}$$

式中:(x,y)是控制点的像坐标;

(v_x,v_y)是控制点的像坐标误差。

$$\begin{bmatrix} X' \\ Y' \\ Z' \end{bmatrix} = \begin{bmatrix} X-X_S \\ Y-Y_S \\ Z-Z_S \end{bmatrix};$$

$$\begin{bmatrix} \overline{X} \\ \overline{Y} \\ \overline{Z} \end{bmatrix} = M \cdot \begin{bmatrix} X-X_S \\ Y-Y_S \\ Z-Z_S \end{bmatrix} = \begin{bmatrix} a_1 & a_2 & a_3 \\ b_1 & b_2 & b_3 \\ c_1 & c_2 & c_3 \end{bmatrix} \begin{bmatrix} X-X_S \\ Y-Y_S \\ Z-Z_S \end{bmatrix};$$

$$x_c = -f\frac{\overline{X}}{\overline{Z}};\ y_c = -f\frac{\overline{Y}}{\overline{Z}}$$

每一控制点可生成(3.3.64)式的误差方程式，多个控制点可获得一组误差方程式，在给定图像外方位元素初值的情况下，根据最小二乘法原理可解算出各个外方位元素的一次改正数(dX_S、dY_S、dZ_S、da_2、da_3、db_3)，再进行逐次逼近就可解算出图像的 6 个外方位元素。

第二步：确定校正结果图像的范围。为了保证校正结果图像完全包含待校正图像的内容，分别将(3.3.65)式中的(x,y)用校正前图像上 4 个角点的像平面坐标代入，求出校正结果图像上 4 个角点在地面坐标系的坐标(式中 Z 用控制点的平均高程代替)，再除以正射影像的比例尺分母 M，就可以得到正射影像的 4 个角点坐标。

$$\begin{cases} X = X_S + (Z-Z_S)\dfrac{a_1x+a_2y-a_3f}{c_1x+c_2y-c_3f} \\ Y = Y_S + (Z-Z_S)\dfrac{b_1x+b_2y-b_3f}{c_1x+c_2y-c_3f} \end{cases} \tag{3.3.65}$$

第三步：对校正结果图像上的每一个像元，按照重采样原理计算该像元在像空间的位置，并计算灰度值，最终获得校正结果图像。

在逐点处理过程中，首先应获取当前像点的高程值。对于校正图像上的像点$(\frac{X}{M},\frac{Y}{M})$，$M$ 为正射影像的比例尺分母，可从数字地面模型 DEM 中求出该像点对应的高程值。一般地，若(X,Y)恰好与 DEM 格网点坐标一致，则该点的高程值可以直接从 DEM 取出，否则可采用内插法求出该点的高程值。假如缺少图像对应地区的 DEM，通常采用图像上所有控制点的高程平均值作为对应地区的高程值。在缺少 DEM

数据的情况下,将无法消除图像上的投影误差。

当校正图像上的像点($\frac{X}{M}$,$\frac{Y}{M}$)所对应的地面点坐标(X,Y,Z)已知后,根据 (3.3.63) 式求出(X,Y,Z)所对应的待校正图像上的像点的像平面坐标(x,y),进而可求出该像点的像平面坐标(x,y) 所对应的像素坐标(i,j)。

(2)线阵推扫式图像的几何校正。

对于行中心投影的线阵推扫式图像,每一行都有自己的外方位元素,不同扫描行的外方位元素不同。若定义像坐标系的 x 轴与飞行方向一致,像坐标系的原点在图像的中心位置,则图像上第 l_i 行的像点 p 在像平面坐标系中的坐标(x_i,y_i)与对应地面点 P 在地面坐标系中的坐标(X_i,Y_i,Z_i)之间的关系式为

$$\begin{cases} x_i = -f\dfrac{a_1(X_i-X_{Si})+b_1(Y_i-Y_{Si})+c_1(Z_i-Z_{Si})}{a_3(X_i-X_{Si})+b_3(Y_i-Y_{Si})+c_3(Z_i-Z_{Si})} \\ y_i = -f\dfrac{a_2(X_i-X_{Si})+b_2(Y_i-Y_{Si})+c_2(Z_i-Z_{Si})}{a_3(X_i-X_{Si})+b_3(Y_i-Y_{Si})+c_3(Z_i-Z_{Si})} \end{cases} \tag{3.3.66}$$

式中:f 为等效焦距;X_{Si}、Y_{Si}、Z_{Si} 是 l_i 行的摄站坐标;a_j、b_j、c_j($j=1,2,3$)是由 l_i 行的外方位角元素 α_i、ω_i、κ_i 所确定的旋转矩阵中的 9 个元素(参见 3.3.60 式)。

虽然不同扫描行的外方位元素不同,但当卫星运行速度和姿态非常平稳时(如 SPOT),l_i 行的外方位元素可由(3.3.62)式近似表达。

对于线阵推扫式图像的几何校正,主要是要确定图像外方位元素,其他几何校正步骤与画幅式图像几何校正步骤基本相同,下面介绍线阵推扫式图像外方位元素的确定。

如果不同扫描行的外方位元素用(3.3.62)式近似表达,则(3.3.66)式只包含了 12 个外方位元素,其中 6 个是图像中心行的外方位元素 X_{S0}、Y_{S0}、Z_{S0}、α_0、ω_0、κ_0,另外 6 个是外方位元素的一阶变化率 $\dot{X}_S$、$\dot{Y}_S$、$\dot{Z}_S$、$\dot{\alpha}$、$\dot{\omega}$、$\dot{\kappa}$。对(3.3.66)式利用泰勒公式做线性化处理,并考虑到已知控制点满足 $\mathrm{d}X=\mathrm{d}Y=\mathrm{d}Z=0$,可得式(3.3.67)的误差方程组。

$$
\begin{cases}
v_{xi} = a_{11}\mathrm{d}\alpha_0 + a_{12}\mathrm{d}\omega_0 + a_{13}\mathrm{d}\kappa_0 + a_{14}\mathrm{d}X_{S0} + a_{15}\mathrm{d}Y_{S0} + a_{16}\mathrm{d}Z_{S0} + \\
\quad a_{11}\Delta x\mathrm{d}\dot{\alpha} + a_{12}\Delta x\mathrm{d}\dot{\omega} + a_{13}\Delta x\mathrm{d}\dot{\kappa} + a_{14}\Delta x\mathrm{d}\dot{X}_S + a_{15}\Delta x\mathrm{d}\dot{Y}_S + \\
\quad a_{16}\Delta x\mathrm{d}\dot{Z}_S - l_{xi} \\
v_{yi} = a_{21}\mathrm{d}\alpha_0 + a_{22}\mathrm{d}\omega_0 + a_{23}\mathrm{d}\kappa_0 + a_{24}\mathrm{d}X_{S0} + a_{25}\mathrm{d}Y_{S0} + a_{26}\mathrm{d}Z_{S0} + \\
\quad a_{21}\Delta x\mathrm{d}\dot{\alpha} + a_{22}\Delta x\mathrm{d}\dot{\omega} + a_{23}\Delta x\mathrm{d}\dot{\kappa} + a_{24}\Delta x\mathrm{d}\dot{X}_S + a_{25}\Delta x\mathrm{d}\dot{Y}_S + \\
\quad a_{26}\Delta x\mathrm{d}\dot{Z}_S - l_{yi}
\end{cases}
\tag{3.3.67}
$$

其中：

$$a_{11} = \frac{\partial x}{\partial \alpha} = \left(\frac{y_i^2}{f} + f\right)\cos\kappa_i\cos\alpha_i$$

$$a_{12} = \frac{\partial x}{\partial \omega} = -\left(\frac{y_i^2}{f} + f\right)\sin\kappa_i\cos\alpha_i$$

$$a_{13} = \frac{\partial x}{\partial \kappa} = y_i$$

$$a_{14} = \frac{\partial x}{\partial X_S} = \frac{1}{Z^*}(a_1 f + a_3 y_i)$$

$$a_{15} = \frac{\partial x}{\partial Y_S} = \frac{1}{Z^*}(b_1 f + b_3 y_i)$$

$$a_{16} = \frac{\partial x}{\partial Z_S} = \frac{1}{Z^*}(c_1 f + c_3 y_i)$$

$$a_{21} = \frac{\partial y}{\partial \alpha} = y_i\sin\omega_i + f\sin\kappa_i\sin\omega_i$$

$$a_{22} = \frac{\partial y}{\partial \omega} = -f\cos\kappa_i$$

$$a_{23} = \frac{\partial y}{\partial \kappa} = 0$$

$$a_{24} = \frac{\partial y}{\partial X_S} = \frac{1}{Z^*}a_2 f$$

$$a_{25} = \frac{\partial y}{\partial Y_S} = \frac{1}{Z^*}b_2 f$$

$$a_{26} = \frac{\partial y}{\partial Z_S} = \frac{1}{Z^*}c_1 f$$

$$l_{xi}=0-x_i^*$$
$$l_{yi}=0-y_i^*$$
$$\Delta x=x_i-x_0$$
$$Z^*=a_3(X_i-X_{Si})+b_3(Y_i-Y_{Si})+c_3(Z_i-Z_{Si})$$

式中：x_i^* 和 y_i^* 是用未知参数的当前值代入(3.3.66)式求得的近似值；

x_i 是控制点在飞行方向上的图像坐标；

x_0 是中心行在飞行方向上的图像坐标。

实际计算时，首先从图像数据的“头”文件读取星历参数和姿态角变化率，来计算图像中心行的外方位元素的近似值(包括他们的变化率)，然后利用 6 个以上的控制点并采用逐次逼近法求出该图像的 12 个外方位元素。

三、遥感图像的匹配

在遥感应用中，为了取得良好的处理效果，往往要对工作区不同时相、不同传感器获得的多源遥感数据进行综合研究。这就要求不同来源的图像互相匹配，即要求同一地物的影像在不同图像中的位置相互重叠。

匹配是产生一个空间校准的图像集合或校准某一景物图像的过程。这里涉及到两种类型的图像匹配方式：一是对不同来源的图像进行相互匹配——相对匹配；二是针对某一标准空间(如地理制图空间)，将所有不同来源的图像与之匹配——绝对匹配。从本质上说，匹配与上面介绍的几何校正一样，因为无论是相对匹配还是绝对匹配，首先都需把某一图像作为标准，其次分析其他图像相对于标准图像的几何变形，最后采用某一能够反映这种几何变形的数学模型将其他所有的图像全部校准到这一标准图像上来。为此，在图像匹配中也直接用一个适当的多项式来模拟两幅图像间的相对变形，并以此多项式进行图像间的配准，从而避免了既繁杂又对实际处理毫无帮助的对两幅图像成像的空间几何过程的分析。

第四章　遥感图像的数字镶嵌

在遥感图像的应用中，当研究区处于几幅图像的交界处或研究区较大，需多幅图像才能覆盖时，需要把覆盖研究区的那些图像配准，进而把这些图像镶嵌起来，便于更好地统一处理、解译、分析和研究。尽管手工镶嵌也可以制成镶嵌图像，但实践证明，手工镶嵌图像不仅在接缝和色调上容易出现不一致，而且更重要的是由于相邻图幅在放像制作过程中难免产生比例尺的不完全一致，彼此间总有可能出现细微的影像错位(对于大范围镶嵌，边缘图幅还有可能出现明显的错位)，很容易产生地质界线延伸、连接上的误导，从而影响遥感图像处理分析和解译的质量和可信性。而用计算机进行遥感图像镶嵌则将大大改善镶嵌图像的质量，为后期的图像处理应用打下良好的基础。

第一节　遥感图像数字镶嵌的一般工作程序和内容

所谓数字镶嵌就是对若干幅互为邻接(时相往往可能不同)的遥感数字图像，通过彼此间的几何镶嵌、色调调整、去重叠等数字处理，镶合拼接成一幅统一的新(数字)图像。制作好一幅总体上比较均衡的数字镶嵌图，一般要经历以下工作过程。

1. 准备工作

首先要根据研究对象和专业要求，挑选合适的遥感图像数据。在镶嵌时，应尽可能选择成像时间和成像条件接近的遥感图像，以减轻后续的色调调整工作。选定合适的数据源后，就需要输入到图像处理中对各幅图像分波段进行显示，审查图像是否有条带以及是什么类型的条带，同时了解各幅图像间色调的差异等，据此制定出下一步处理的计划和内容。

2.预处理工作

预处理工作主要包括：

(1)辐射校正；

(2)去条带和斑点；

(3)几何校正。

3.确定实施方案

在进行多幅图像的镶嵌时，镶嵌方案的确定是较为重要的。镶嵌实施方案确定得好，可以节省时间和工作量，否则可能会增加不必要的工作量。为此，首先应确定标准像幅，标准像幅往往选择处于研究区中央的图像，以后的镶嵌工作都以此图像作为基准进行；其次确定镶嵌的顺序，即以标准像幅为中心，由中央向四周逐步进行。值得注意的是，镶嵌工作的着眼点是全部待镶嵌的图像，而落脚点却总是两幅相邻图像间的镶嵌。

4.重叠区确定

遥感图像镶嵌工作的进行主要是基于相邻图像的重叠区。无论是色调调整，还是几何镶嵌，都是将重叠区作为基准进行的。重叠区确定得是否准确直接影响到镶嵌的效果。

5.色调调整

色调调整是遥感图像数字镶嵌技术中的一个关键环节。不同时相或成像条件存在差异的图像，由于要镶嵌的图像辐射水平不一样，图像的亮度差异较大，若不进行色调调整，镶嵌在一起的几幅图像，即使几何位置配准很理想，由于色调各不相同，也不能很好地应用于各个专业上。另外，成像时相和成像条件接近的图像，也会由于传感器的随机误差造成不同像幅的图像色调不一致，从而影响应用的效果。因此必须进行色调调整这一工作。

6.图像镶嵌

在重叠区已确定和色调调整完毕后，即可对相邻图像进行镶嵌了。所谓镶嵌就是在相邻两幅待镶嵌图像的重叠区内找到一条接边线(接缝线)。接缝线的质量直接影响镶嵌图像的效果。在镶嵌过程中,即使对两幅图像进行了色调调整,两幅图像接缝处的色调也不可能完全一致,为此还需对图像的重叠区进行色调的平滑(亮度镶嵌),这样才能使镶嵌后的图像中无接缝存在。

第二节 遥感图像数字镶嵌技术

下面为了叙述的方便,以图 4.2.1 所示的 9 幅遥感图像的镶嵌为例进行说明(假设选择数据工作和预处理工作均已完成)。

一、实施方案的确定

根据实施方案的确定原则,针对图 4.2.1 所示的 9 幅遥感图像,可采用图 4.2.2 所示的图像色调调整方案(箭头表示一幅图像的色调要调整到与另一幅图像相同的色调),以及图 4.2.3 和图 4.2.4 所示的图像几何镶嵌方案(箭头表示一幅图像要与另一幅图像几何镶嵌)。在这 9 幅图像中选取中心幅 E 为标准像幅,利用相邻两幅图像的重叠部分,按箭头所示的顺序依次进行色调调整和几何镶嵌,最终便可使所有 9 幅图像实现以 E 为基准的图像镶嵌。这里,图像镶嵌的着眼点是 9 幅图像,而落脚点却总是两幅相邻图像间的镶嵌,从而使问题变得简单了。

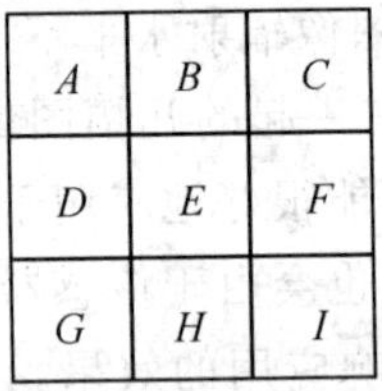

A	*B*	*C*
D	*E*	*F*
G	*H*	*I*

图 4.2.1 镶嵌图像位置关系

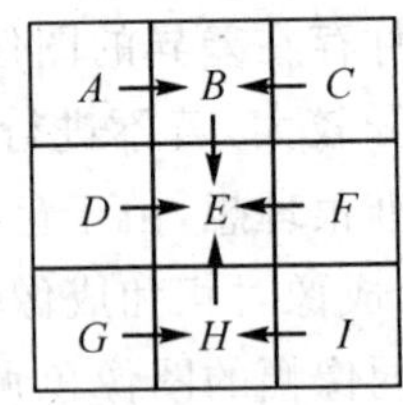

图 4.2.2 色调调整顺序

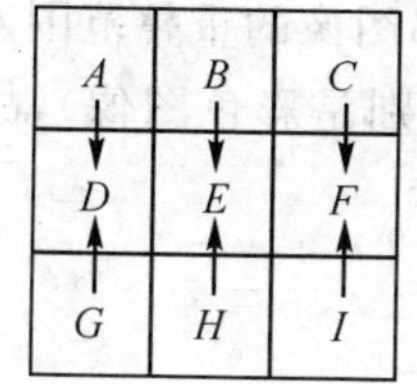

图 4.2.3 几何镶嵌示意之一

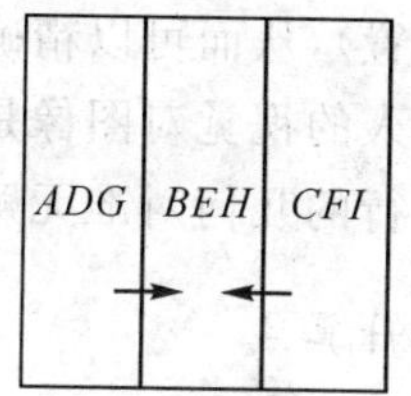

图 4.2.4 几何镶嵌示意之二

二、重叠区的确定

为了进行色调调整和几何镶嵌，必须精确地确定相邻图像的重叠区，也即相邻图像间几何对准。可采用如下方法进行。

（一）移位匹配法

对于两幅相邻图像的重叠区的确定，可以采用移位匹配法来实现，该方法原理简单且方便。以左右两幅图像为例，移位匹配法原理如下：对于两幅图像的重叠部分，可视为图像的两个波段，若彼此已几何对准，则利用它们进行图像合成显示时，图像的各种细节就相吻合，此时两个波段的信息互相增强，如：河流的两岸、山脊线以及各种细小的纹理结构等，均会因为几何对准而互相被增强，从而使纹理结构显示清晰；反之，若未被几何对准，则利用它们进行图像合成显示时，图像的各种细节就不相吻合，河流的岸线、山脊线等均会出现错位，而且由于没有几何对准，所有细小的纹理都不能重合，使得整幅合成图像显得杂乱无章、难以分辨。

用移位匹配法确定的重叠区方法如下：首先将其中一幅图像的重叠部分（利用图像显示功能大致确定的两幅图像的重叠区域）显示于图像监视器上（作为基准）；然后将另一幅图像的重叠部分与之合成，移动后一幅图像，使两幅图像不断地移动相对位置，当所有纹理细节达到最佳吻合时，两幅图像便几何对准了（只要两幅图像的几何位置完全正确，也就是说只要两幅图像经过几何校正，那么一定可以找到这样的几何对准位置),从而可以精确地确定两幅相邻图像的重叠范围。

由于人的视觉对图像是非常敏感的(特别是彩色图像),故利用上述原理进行的几何对准无疑具有较高的精度。

(二)计算法

当相邻两幅图像的色调差异较小,或相邻两幅图像已完成色调调整(因为色调调整时所用的重叠区可不必很精确)时,可采用计算法来确定重叠区域。

要使 $g(x,y)$ 图像向相邻图像 $f(x,y)$ 对准,必须对图像 $g(x,y)$ 进行坐标变换,使 $g(x,y)$ 变成:

$$g[u(x,y),v(x,y)]$$

那么这两幅图像的对准问题就可归结为求 $u(x,y)$ 和 $v(x,y)$,使得泛函:

$$I=\iint[f(x,y)-g(u(x,y),v(x,y))]^2\,\mathrm{d}x\mathrm{d}y \tag{4.2.1}$$

最小,这就是最小平方准则的计算对准。

$u(x,y)$ 和 $v(x,y)$ 可用二元多项式高精度逼近:

$$\begin{cases}u(x,y)=x+u_0+u_1x+u_2y+u_3xy+u_4x^2+u_5y^2+\cdots\\ v(x,y)=y+v_0+v_1x+v_2y+v_3xy+v_4x^2+v_5y^2+\cdots\end{cases} \tag{4.2.2}$$

把 $g[u(x,y),v(x,y)]$ 按泰勒公式展开得到:

$$g[u(x,y),v(x,y)]=g(x,y)+[\frac{\partial g}{\partial x}[u(x,y)-x]+\frac{\partial g}{\partial y}[v(x,y)-y]+\cdots \tag{4.2.3}$$

将(4.2.2)式代入(4.2.3)式可得到:

$$\begin{aligned}g[u(x,y),v(x,y)]=g(x,y)+&\\ &\frac{\partial g}{\partial x}[u_0+u_1x+u_2y+u_3xy+u_4x^2+u_5y^2+\cdots]+\\ &\frac{\partial g}{\partial y}[v_0+v_1x+v_2y+v_3xy+v_4x^2+v_5y^2+\cdots]\end{aligned} \tag{4.2.4}$$

式中略去了$\frac{\partial^2 g}{\partial x^2}$、$\frac{\partial^2 g}{\partial y^2}$、$\frac{\partial^2 g}{\partial x \partial y}$等高阶小量。再把(4.2.4)式代入(4.2.1)式得到：

$$I = \iint [f(x,y) - g(x,y) - \frac{\partial g}{\partial x}(u_0 + u_1 x + u_2 y + u_3 xy + u_4 x^2 + u_5 y^2 + \cdots) - \frac{\partial g}{\partial y}(\upsilon_0 + \upsilon_1 x + \upsilon_2 y + \upsilon_3 xy + \upsilon_4 x^2 + \upsilon_5 y^2 + \cdots)]^2 \mathrm{d}x\mathrm{d}y \tag{4.2.5}$$

根据最小二乘求极值原理，令

$$\begin{cases} \frac{\partial I}{\partial u_i} = 0 & i = 0,1,\cdots \\ \frac{\partial I}{\partial \upsilon_i} = 0 & i = 0,1,\cdots \end{cases}$$

求这组线性方程组之解，可先计算出 $f(x,y)$、$g(x,y)$、$\frac{\partial g}{\partial x}$、$\frac{\partial g}{\partial y}$的值，再得到线性方程组的解 $u_0, u_1, \cdots$ 和 $\upsilon_0, \upsilon_1, \cdots$。用以上所得到的值对 $g(x,y)$作二维坐标变换得到 $g[u(x,y), \upsilon(x,y)]$，这就完成了 $g(x,y)$图像向 $f(x,y)$图像的对准工作。

三、色调调整

目前常采用的色调调整方法主要有以下几种。

(一)方差、均值法

设要进行色调调整的相邻两幅图像为 $f(x,y)$和 $g(x,y)$，x 和 y 是图像上每个像元的采样行号和列号，希望把图像 $f(x,y)$的色调调整到与 $g(x,y)$图像一致。

设 $\alpha(x,y)$是 $f(x,y)$图像相对于 $g(x,y)$图像记录的增益变化，$\beta(x,y)$是 $f(x,y)$图像相对于 $g(x,y)$图像的零线漂移量。为了使问题简化，假设卫星在拍摄同一幅图像时，$\alpha(x,y)$和 $\beta(x,y)$变化很小，即在

同一幅图像中的 $\alpha(x,y)$ 是一个常数 α，$\beta(x,y)$ 也是一个常数 β，这是合理的。

使 $f(x,y)$ 图像的色调调整到 $g(x,y)$ 图像的技术问题，可归结到求 α 和 β。也就是使泛函

$$I=\iint[\alpha f(x,y)+\beta-g(x,y)]^2\mathrm{d}x\mathrm{d}y \tag{4.2.6}$$

为最小，根据最小二乘求极值的原理，也就是使得：

$$\frac{\partial I}{\partial\beta}=0=\iint[\alpha f(x,y)+\beta-g(x,y)]\mathrm{d}x\mathrm{d}y \tag{4.2.7}$$

$$\frac{\partial I}{\partial\alpha}=0=\iint[\alpha f(x,y)+\beta-g(x,y)]f(x,y)\mathrm{d}x\mathrm{d}y \tag{4.2.8}$$

由(4.2.7)式整理得到：

$$\beta=M_g-\alpha M_f \tag{4.2.9}$$

式中：

$$M_g=\frac{1}{S}\iint_s g(x,y)\mathrm{d}x\mathrm{d}y$$

$$M_f=\frac{1}{S}\iint_s f(x,y)\mathrm{d}x\mathrm{d}y$$

S 是图像面积。

由均值的定义可知，M_g 和 M_f 正好是图像灰度的均值。再将(4.2.9)式代入(4.2.8)式，则有：

$$\frac{\partial I}{\partial\alpha}=0=\alpha\iint[f(x,y)-M_f]^2\mathrm{d}x\mathrm{d}y-\iint[g(x,y)-M_g][f(x,y)-M_f]\mathrm{d}x\mathrm{d}y \tag{4.2.10}$$

整理上式有：

$$\alpha=\frac{\iint[g(x,y)-M_g][f(x,y)-M_f]\mathrm{d}x\mathrm{d}y}{\iint[f(x,y)-M_f]^2\mathrm{d}x\mathrm{d}y}=\frac{\sigma_{fg}^2}{\sigma_{ff}^2} \tag{4.2.11}$$

式中：σ_{fg}^2 代表相邻两幅图像的协方差，

σ_{ff}^2 代表图像 $f(x,y)$ 的方差。

α 的值求出后，把它代入(4.2.9)式即可求出 β 值，即：

$$\beta=M_g-\frac{\sigma_{fg}^2}{\sigma_{ff}^2}M_f \tag{4.2.12}$$

实际上，只要 α 和 β 的值确定后，就意味着被调整的图像 $f(x,y)$ 与相邻图像 $g(x,y)$ 色调一致了，或者说这两幅相邻图像的色调差异最小。一幅被调整的图像 $f(x,y)$ 的灰度调整过程用公式表示如下：

$$\hat{f}(x,y)=\alpha f(x,y)+\beta \tag{4.2.13}$$

式中：$\hat{f}(x,y)$ 为 $f(x,y)$ 灰度调整后的图像。

值得注意的是，色调调整都是在单波段上进行的，而且计算 α 和 β 时的 $f(x,y)$ 和 $g(x,y)$ 图像均是重叠部分的图像，即式(4.2.6)是在重叠部分才有效，否则 α 和 β 值不可能正确。

(二)直方图法

当两幅相邻图像进行前述的方差均值调整后，色调差异已经很小了，此时进一步利用直方图这一直观的方法对这两幅相邻图像进行调整，可以使色调调整的效果更加理想(若两幅图像色调相差不大时，也可直接采用此法)。

直方图法进行色调调整的具体步骤如下：

(1)如图 4.2.5，首先取出重叠部分，此时一定要保证 A' 与 B' 和 A 与 B 图像在行数上要一致，一定不要小于 A 和 B 所具有的行数，并且在取样时，要有足够的样本数。利用图像处理系统，分别做出 A' 图像和 B' 图像所包含的所有波段的直方图。然后，在直方图上找出两幅图像相应的频率像元所对应的灰度值对(见图 4.2.6，以一个波段为例)。

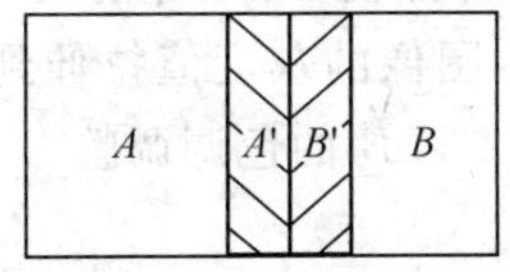

图 4.2.5　相邻图像重叠部分

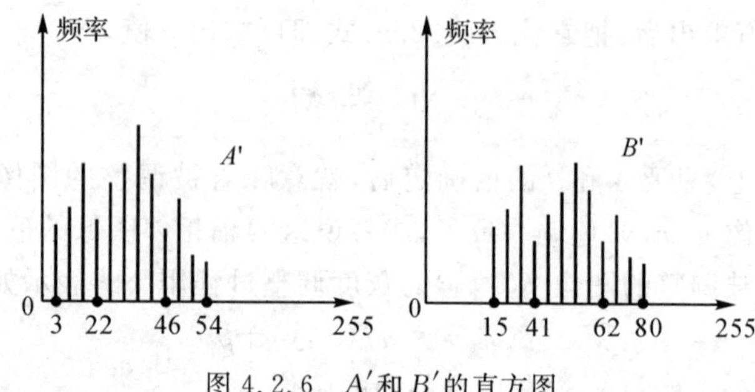

图 4.2.6 A′和 B′的直方图

从直方图上读出灰度值对应的点对，用分段拉伸的功能，把A′图像上的灰度值 0,3,22,46,54 对应地拉伸到相应的B′图像上的灰度值 0,15,41,62,80。这些点中间的灰度值按线性比例内插，经过这样拉伸处理后的A′图像应该与B′图像上的色调一致了。

(2)色调调整效果检查。利用图像处理系统的显示功能，使A′图像和B′图像分别显示于屏幕左右两边(如图 4.2.7 所示)。如果色调调整成功，在屏幕上应看不出左、右两幅图像差别。如果还有差别，则修改拉伸时的点对值，进行拉伸处理，直到在终端屏幕上看不到差异为止。

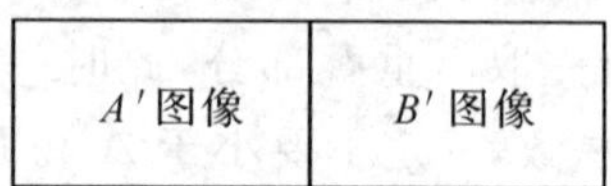

图 4.2.7 A′和 B′色调调整的效果检验

(3)用最后得到的拉伸点值，对相邻的两整幅图像 A 和 B 的色调进行调整，即分波段把 A 图像的灰度值拉伸到 B 图像相应的灰度值，从而完成相邻两幅图像 A 和 B 的色调调整。

四、图像镶嵌

待镶嵌的图像经过上述的几何镶嵌和色调调整后便可以进行图像镶嵌了。

（一）实施方案的确定

对于图 4.2.1 中的 9 幅图像，可采用图 4.2.3 和图 4.2.4 的方案实施镶嵌处理。分以下两个步骤来实现。

(1)分别以图像 D,E,F 为中心，A,G 向 D 对准；B,H 向 E 对准；C,I 向 F 对准。然后把 A,D,G 垂直镶嵌成 ADG；B,E,H 垂直镶嵌成 BEH；C,F,I 垂直镶嵌成 CFI。

(2)对上述三幅图像，再以 BEH 为中心，使 ADG,CFI 依次向 BEH 对准。而后将 ADG,BEH 和 CFI 水平镶嵌在一起，就完成了原 9 幅图像数字镶嵌的工作。也可以先做水平镶嵌，例如分别把 A,B,C；D,E,F；G,H,I 水平镶嵌在一起，得到三个图像，再把这三个图像垂直镶嵌到一起。

（二）接缝线的确定

图像镶嵌的一个很重要的问题是在待镶嵌图像的重叠区内选择出一条曲线，按照这条曲线把图像拼接起来，待镶嵌图像按照这条曲线拼接后，曲线两侧的亮度变化不显著或最小时，就认为找到了接缝线。

如图 4.2.8 所示，假定现在要对左右两幅相邻图像 A 和 B 进行镶嵌，这两幅图像间存在一宽为 L 的重叠区域，要在重叠区内找出一接缝线。此时只要找出这条线在每一行的交点即可。为此可取一长度为 d 的一维窗口，让窗口在一行内逐点滑动，计算出每一点处 A 和 B 两幅图像在窗口内各个对应像元点的亮度值绝对差的和，最小的即为接缝线在这一行的位置，其计算公式为：

$$\sum_{j=0}^{d-1} \left| g_A(i,j_0+j) - g_B(i,j_0+j) \right| \quad (j_0 = 1,2,\cdots,L-d+1) \tag{4.2.14}$$

式中：$g_A(i,j_0+j)$ 和 $g_B(i,j_0+j)$ 为图像 A 和 B 在重叠区 (i,j_0+j) 处的亮度值；

j_0 为窗口的左端点；

i 为窗口所在的图像行数。

满足上述条件的点就是接缝点,所有接缝点的连线就是接缝线。

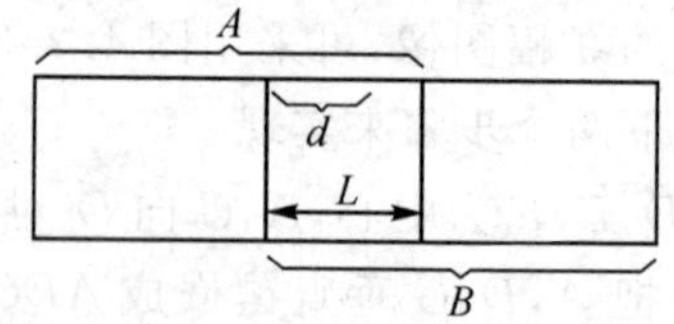

图 4.2.8　图像镶嵌接缝确定示意图

(三)重叠区亮度的确定

我们进行色调调整的毕竟是两幅图像,无论怎样进行处理,两幅图像难免会存在亮度差异(当两幅相邻图像季节相差较大时,特别严重),特别是在两幅图像的对接处,这种差异有时还比较明显,为了消除两幅图像在拼合时的差异,有必要进行重叠区的亮度镶嵌。

下面以图 4.2.9 所示的上下相邻的两幅图像重叠区的亮度值确定为例来进行说明。设重叠区行数为 L,E 的两幅图像的重叠部分为第 K 行到 $L+K-1$ 行,H 幅图像的重叠部分为第 1 行到 L 行,$g_E(i,j)$ 和 $g_H(i,j)$ 分别表示 E 和 H 图像的亮度值,$g(i,j)$ 为重叠区亮度镶嵌后的亮度值,其行数为 1 到 L。此时重叠区亮度值的计算要以列(对于左右镶嵌则要以行为单位)为单位进行,下面以第 j 列的亮度值确定为例说明常用的三种计算方法。

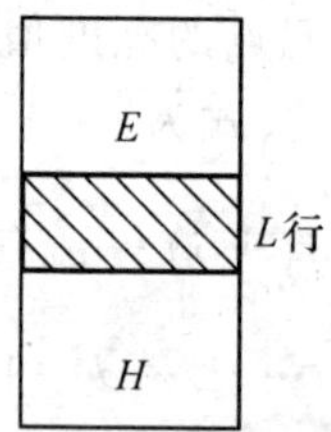

图 4.2.9　重叠区亮度确定示意图

(1)把两幅图像对应像元的平均值作为重叠区像元点的亮度值，即：

$$g(i,j)=\frac{1}{2}[g_E(i+K-1,j)+g_H(i,j)] \quad (i=1,2,\cdots,L) \tag{4.2.15}$$

(2)把两幅待镶嵌图像中最大的亮度值作为重叠区像元点的亮度值，即：

$$g(i,j)=\max[g_E(i+K-1,j),g_H(i,j)] \quad (i=1,2,\cdots,L) \tag{4.2.16}$$

式中：max 表示取最大值运算。

(3)取两幅图像对应像元亮度值的线性加权和，即：

$$g(i,j)=\frac{L-i}{L}g_E(i+K-1,j)+\frac{i}{L}g_H(i,j) \quad (i-1,2,\cdots,L) \tag{4.2.17}$$

对于第三种方法，为了使亮度镶嵌的效果更好，要尽可能使重叠部分最大。进行亮度镶嵌处理后，就可以进行数字镶嵌工作了。

(四)数字镶嵌

数字镶嵌的做法也是由局部到整体。现仍以图 4.2.1 的 E 和 H 两幅为例，介绍怎样实现数字镶嵌，然后用同样的方法推广到整体(这里假设接缝线为直线)。

镶嵌时先要砍去重叠部分的图像。用图像显示系统显示 E 图像。根据前面确定的重叠区，在重叠区任选一个控制点(EL,ES)；同样显示 H 图像，取同上(与 E 幅图像同名的控制点)的控制点坐标(HL,HS)。

现在考虑砍去重叠的像元。设 $ES=175,EL=2270,HS=535,HL=20$。有了这些值就可以砍掉互相重叠部分的像元了。镶嵌对 E 图像只取 1～2270 扫描行。H 图像只取 20～2378 扫描行。2378 是 H 图像原有的扫描行数，H 图像参加镶嵌的行数只有 2358 行。见图

(4.2.10)。

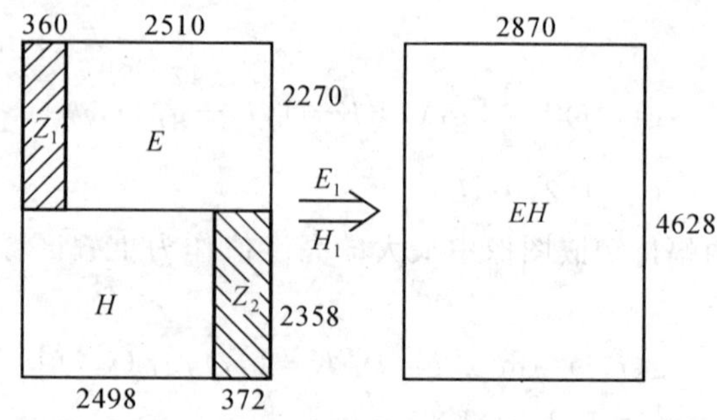

图 4.2.10　数字镶嵌示意图

镶嵌步骤如下:

(1)首先生成两个零值图像。Z_1 的列数为 360,行数为 2270,波段数与 E 图像相同。Z_2 的列数为 372,扫描行数为 2358,波段数与 H 图像相同(见图 4.2.10 的划斜线部分)。

(2)将 Z_1 和 E 两图像水平镶嵌,得到 E_1 图像。把 Z_2 和 H 两图像水平镶嵌,得到 H_1 图像。

(3)将 E_1 和 H_1 垂直镶嵌,得到这两幅对准图像的 EH 图像。

(4)完成所有图像的镶嵌。

通过上面的叙述,了解了相邻两幅图像的镶嵌过程,进而便可用同样的方法把 B 图像对准 E 图像,使 B,E,H 三幅图像垂直镶嵌到一起,命名为 BEH。同理可镶嵌出 ADG 和 CFI;继续把 ADG,BEH,CFI 看成三幅待对准镶嵌的图像,再以中心幅 BEH 图像为标准图像,依次将 ADG 对准 BEH,CFI 对准 BEH 进行镶嵌。于是又回到了两幅图像的镶嵌问题了。所不同的只是图像变大了。另外,上面举例 E、H 图像是垂直对准,现在是水平对准,两者步骤完全一样。到此便完成了多幅图像的数字镶嵌工作。

上面介绍的是以接缝线为直线时的数字镶嵌过程,若为曲线时,要逐行(左右相邻的图像)或逐列(上下相邻的图像)进行数字镶嵌。

第五章　图像变换

图像变换在图像处理中起着关键的作用，而且在图像处理的理论研究及应用工作中，图像变换仍是有意义的课题。

图像变换指的是将图像从空间域转换到变换域的过程，例如频率域。进行图像变换的目的就是为了使图像的处理过程简化。

对于遥感图像的变换处理，在以下两方面有着十分重要的作用：第一，由于图像在变换域进行增强处理要比在空间域进行增强处理简单易行，因而可以通过图像变换简单而有效地实现增强处理，当然以增强为目的的变换处理，其结果还需反变换回空间域；第二，通过图像变换可以对图像进行特征抽取，例如本书第十一章中的利用图像的功率谱特征来分析提取图像中的纹理信息。

本章将介绍遥感图像处理中常用的几种变换方法。

第一节　傅立叶变换

傅立叶变换是一种正式变换，它广泛地应用于很多领域，取得了良好的效果。由于它可将傅立叶变换前的空间域中的复杂的卷积运算转化为傅立叶变换后的频率域的简单的乘积运算，同时，它还可以在频率域中简单而有效地实现增强处理和进行特征抽取，因而在图像处理中也得到了广泛的应用。

一、傅立叶变换的定义及基本概念

傅立叶变换在数学中的定义是严格的。令 $f(x)$ 为实变量 x 的连续函数，如果 $f(x)$ 满足下面的狄里赫莱条件：

(1)有有限个间断点;

(2)有有限个极值点;

(3)绝对可积。

则有以下二式成立

$$F(u)=\int_{-\infty}^{+\infty} f(x)\exp(-i2\pi ux)\mathrm{d}x \tag{5.1.1}$$

$$f(x)=\int_{-\infty}^{+\infty} F(u)\exp(i2\pi ux)\mathrm{d}u \tag{5.1.2}$$

式中 x 为时域变量,u 为频率变量,i 为虚数单位,$i=\sqrt{-1}$。通常把上述两式称为傅立叶变换对。

在本书中,$f(x)$只考虑是实函数的情况,然而,函数 $f(x)$的傅立叶变换通常是一个复数,它可表示如下:

$$F(u)=R(u)+iI(u) \tag{5.1.3}$$

式中:$R(u)$和 $I(u)$分别是 $F(u)$的实部和虚部。也可将(5.1.3)式表示成指数形式,即:

$$F(u)=|F(u)|\exp[\varphi(u)] \tag{5.1.4}$$

式中

$$|F(u)|=\sqrt{R^2(u)+I^2(u)} \tag{5.1.5}$$

和

$$\varphi(u)=\arctan[I(u)/R(u)] \tag{5.1.6}$$

幅度函数$|F(u)|$被称为 $f(x)$的傅立叶谱,而 $\varphi(u)$为相角。傅立叶谱的平方

$$E(u)=|F(u)|^2=R^2(u)+I^2(u) \tag{5.1.7}$$

一般称为 $f(x)$的能量谱。

实际情况表明,傅立叶变换的条件几乎总是可以满足的,而且连续非周期函数的傅立叶谱是连续的非周期函数,连续的周期函数的傅立叶谱是离散的非周期函数。

傅立叶变换可以容易地推广到二维函数 $f(x,y)$。如果二维函数 $f(x,y)$满足狄里赫莱条件,那么将有下面二维傅立叶变换对存在:

$$F(u,v)=\int_{-\infty}^{+\infty}\int_{-\infty}^{+\infty}f(x,y)\exp[-i2\pi(ux+vy)]\mathrm{d}x\mathrm{d}y \quad (5.1.8)$$

$$f(x,y)=\int_{-\infty}^{+\infty}\int_{-\infty}^{+\infty}F(u,v)\exp[i2\pi(ux+vy)]\mathrm{d}u\mathrm{d}v \quad (5.1.9)$$

式中：u,v 是频率变量。

与一维傅立叶变换类似，二维函数的傅立叶变换的相位和能量谱分别由下列关系式给出：

$$|F(u,v)|=\sqrt{R^2(u,v)+I^2(u,v)} \quad (5.1.10)$$

$$\varphi(u,v)=\arctan[I(u,v)/R(u,v)] \quad (5.1.11)$$

和

$$E(u,v)=R^2(u,v)+I^2(u,v) \quad (5.1.12)$$

式中：$I(u,v)$和 $R(u,v)$分别是傅立叶变换的虚部和实部；

$F(u,v)$为傅立叶谱，$\varphi(u,v)$是相位谱；

$E(u,v)$是能量谱。

二、离散的傅立叶变换

由于遥感图像是由灰度值组成的二维离散数据矩阵，对它进行傅立叶变换就必须知道离散的傅立叶变换。离散傅立叶变换使数学方法与计算机技术建立了联系，这就使傅立叶变换这样的数学工具在实用中开辟了一条宽广的道路。

如果 $f(x)$为一离散数字序列$(x=0,1,\cdots,N-1)$，则其离散傅立叶变换定义由下式来表示：

$$F(u)=\frac{1}{N}\sum_{x=0}^{N-1}f(x)\exp[\frac{-i2\pi ux}{N}] \quad (5.1.13)$$

式中，$u=0,1,\cdots,N-1$。而傅立叶反变换定义由下式来表示

$$f(x)=\sum_{u=0}^{N-1}F(u)\exp[\frac{i2\pi ux}{N}] \quad (5.1.14)$$

式中，$x=0,1,\cdots,N-1$。

对于二维离散数据 $f(x,y)(x=0,1,\cdots,M-1;y=0,1,\cdots,$

$N-1$)，其傅立叶变换为：

$$F(u,v)=\frac{1}{MN}\sum_{x=0}^{M-1}\sum_{y=0}^{N-1}f(x,y)\exp[-i2\pi(\frac{ux}{M}+\frac{vy}{N})] \tag{5.1.15}$$

式中，$u=0,1,\cdots,M-1$；$v=0,1,\cdots,N-1$。而反变换式为：

$$f(x,y)=\sum_{u=0}^{M-1}\sum_{v=0}^{N-1}F(u,v)\exp[i2\pi(\frac{ux}{M}+\frac{vy}{N})] \tag{5.1.16}$$

式中，$x=0,1,\cdots,M-1$；$y=0,1,\cdots,N-1$。u,v 可称为空间频率。

在图像处理中，一般总是选择方形数据阵列（即 $M=N$），此时的傅立叶变换对定义为：

正变换

$$F(u,v)=\frac{1}{N}\sum_{x=0}^{N-1}\sum_{y=0}^{N-1}f(x,y)\exp[\frac{-i2\pi(ux+vy)}{N}] \tag{5.1.17}$$

$$(u,v=0,1,2\cdots,N-1)$$

反变换

$$f(x,y)=\frac{1}{N}\sum_{u=0}^{N-1}\sum_{v=0}^{N-1}F(u,v)\exp[\frac{i2\pi(ux+vy)}{N}] \tag{5.1.18}$$

$$(x,y=0,1,2,\cdots,N-1)$$

应注意，在此情况下，两个表达式中都包含 $1/N$ 项。因为 $F(u,v)$ 和 $f(x,y)$ 是一个傅立叶变换对，这些常数倍乘项的组合是任意的。

一维和二维离散函数的傅立叶谱、相位和能量谱也分别由式(5.1.5)～(5.1.7)和式(5.1.10)～(5.1.12)给出。唯一的差别是独立变量是离散的。

因为在离散的情况下，$F(u)$ 和 $F(u,v)$ 两者总是存在的，所以和连续的情况不同，我们不必考虑关于离散傅立叶变换的存在性。

三、二维离散傅立叶变换的性质

傅立叶变换之所以被广泛应用，是因为它有一些良好的性质。在下面的介绍中，为了说明的方便，在没有特别声明的情况下，约定

$f(x,y)$为二维离散函数，它的傅立叶变换为 $F(u,v)$，同时约定离散函数的大小为 $N\times N$。

（一）平均值

傅立叶变换域原点的频谱分量 $F(0,0)$是空间域的平均值的 N 倍，因为在(5.1.17)式中，令 $u=v=0$ 时，有：

$$F(0,0)=\frac{1}{N}\sum_{x=0}^{N-1}\sum_{y=0}^{N-1}f(x,y)=N\left[\frac{1}{NN}\sum_{x=0}^{N-1}\sum_{y=0}^{N-1}f(x,y)\right]$$
$$=N\bar{f}(x,y) \tag{5.1.19}$$

（二）变换域的周期性

设 m,n 为整数，$m,n=0,\pm1,\pm2,\cdots$，将 $u+mN$ 和 $v+nN$ 代入(5.1.17)式中，有：

$$F(u+mN,v+nN)=\frac{1}{N}\sum_{x=0}^{N-1}\sum_{y=0}^{N-1}f(x,y)\times \exp\left[\frac{-i2\pi[(u+mN)x+(v+nN)y]}{N}\right]$$
$$=\frac{1}{N}\sum_{x=0}^{N-1}\sum_{y=0}^{N-1}f(x,y)\times \exp\left[\frac{-i2\pi(ux+vy)}{N}\right]\times\exp[-i2\pi(mx+ny)]$$

上式中，右边第二个指数项 $\exp[-i2\pi(mx+ny)]$为单位值，因此傅立叶变换是周期性的，即

$$F(u+mN,v+nN)=F(u,v) \tag{5.1.20}$$

（三）对称共轭性

由离散傅立叶变换定义可方便地证明，傅立叶变换满足

$$F^{*}(u+mN,v+nN)=F(-u,-v) \tag{5.1.21}$$

式中，m,n 意义同上。

（四）平移性

若 $f(x,y)$ 与 $F(u,v)$ 之间的傅立叶变换对的关系可用双箭头表示，即：

$$f(x,y)\Longleftrightarrow F(u,v)$$

其中用小写字母表示空间域函数，用大写字母表示其频域变换，则平移性是指：

$$f(x,y)\exp\left[\frac{i2\pi(u'x+v'y)}{N}\right]\Longleftrightarrow F(u-u',v-v') \qquad (5.1.22)$$

和

$$f(x-x',y-y')\Longleftrightarrow F(u,v)\exp\left[\frac{-i2\pi(ux'+vy')}{N}\right] \qquad (5.1.23)$$

由于 $\left|F(u,v)\exp\left[\frac{-i2\pi(ux'+vy')}{N}\right]\right| = |F(u,v)|$，因而说明 $f(x,y)$ 的移动并不影响它的傅立叶变换的幅度。

（五）分配性和比例性

设 $f(x,y)$ 可以用离散函数 $f_1(x,y)$ 和 $f_2(x,y)$ 线性表示，即：

$$f(x,y)=af_1(x,y)+bf_2(x,y) \qquad (5.1.24)$$

若 $F_1(u,v)$ 和 $F_2(u,v)$ 分别是 $f_1(x,y)$ 和 $f_2(x,y)$ 的傅立叶变换，则根据傅立叶变换对的定义可直接得到傅立叶变换的分配性，即：

$$F(u,v)=aF_1(u,v)+bF_2(u,v) \qquad (5.1.25)$$

式中，a 和 b 为常数。

同时也可以很容易地证明傅立叶变换的比例性，即：

$$F(au,bv)=\frac{1}{|ab|}F(u/a,v/b) \qquad (5.1.26)$$

（六）可分离性

在(5.1.17)式和(5.1.18)式中给出的离散傅立叶变换对，可表示成分离的形式

$$F(u,v)=\frac{1}{N}\sum_{x=0}^{N-1}\exp(\frac{-i2\pi ux}{N})\times\sum_{y=0}^{N-1}f(x,y)\exp(\frac{-i2\pi vy}{N}) \tag{5.1.27}$$

$$f(x,y)=\frac{1}{N}\sum_{u=0}^{N-1}\exp(\frac{i2\pi ux}{N})\times\sum_{v=0}^{N-1}F(u,v)\exp(\frac{i2\pi vy}{N}) \tag{5.1.28}$$

可分离性的主要优点是可以通过连续两次应用一维傅立叶变换或它的反变换来求得 $F(u,v)$ 或 $f(x,y)$。

(七)卷积定理

设 $f(x,y)$,$g(x,y)$ 是大小分别为 $A\times B$ 和 $C\times D$ 的两个离散函数,则它们的离散卷积定义为:

$$z(x,y)=f(x,y)*g(x,y)=\sum_{m=0}^{M-1}\sum_{n=0}^{N-1}f(m,n)g(x-m,y-n)$$
$$(x=0,1,\cdots,M-1;y=0,1,\cdots,N-1) \tag{5.1.29}$$

式中,$M=A+C-1$,$N=B+D-1$,则卷积定理为(双箭头意义同上):

$$f(x,y)*g(x,y)\Longleftrightarrow F(u,v)G(u,v) \tag{5.1.30}$$

$$f(x,y)g(x,y)\Longleftrightarrow F(u,v)*G(u,v) \tag{5.1.31}$$

为了避免离散卷积中的交叠误差,需对被卷积函数进行延拓和补零,即:

$$f_e(x,y)=\begin{cases}f(x,y) & 0\leqslant x\leqslant A-1 \text{ 及 } 0\leqslant y\leqslant B-1\\ 0 & A\leqslant x\leqslant M-1 \text{ 或 } B\leqslant y\leqslant N-1\end{cases} \tag{5.1.32}$$

$$g_e(x,y)=\begin{cases}g(x,y) & 0\leqslant x\leqslant C-1 \text{ 及 } 0\leqslant y\leqslant D-1\\ 0 & C\leqslant x\leqslant M-1 \text{ 或 } D\leqslant y\leqslant N-1\end{cases} \tag{5.1.33}$$

式中,$M\geqslant A+C-1$,$N\geqslant B+D-1$。

于是欲求的卷积为:

$$z_e(x,y)=f_e(x,y)*g_e(x,y) \tag{5.1.34}$$

四、快速傅立叶变换(FFT)

傅立叶变换是数字图像处理的重要工具。然而由于它的计算量大、运算时间长,在某种程度上限制了它的使用,为此 Cooley-Tukey 提出了快速傅立叶变换。

由前面的傅立叶变换的性质可知,二维离散的傅立叶变换可以通过连续进行两次一维的傅立叶变换来实现。而且傅立叶正变换和反变换只差一个符号,因而傅立叶正反变换的计算方法是一样的。通过前面的分析可知,傅立叶变换的快速实现只需对一维离散的情况实现即可。傅立叶快速变换的基本思想如下。

对于一个有限长序列$\{f(x)\}(0\leqslant x\leqslant N-1)$,它的傅立叶变换如式(5.1.13)所示。令:

$$W_N=\exp[\frac{-i2\pi}{N}] \tag{5.1.35}$$

由于

$$W_N^{(u+mN)(x+nN)}=W_N^{ux} \quad (m,n=0,\pm1,\pm2,\cdots) \tag{5.1.36}$$

因此 W_N^{ux} 是以 N 为周期重复的。例如,当 $N=8$ 时,$W_N^N=1$,$W_N^{N/2}=-1$,$W_N^{N/4}=-i$,$W_N^{N/8}=i$。可见,当 N 为偶数时,离散傅立叶变换中的乘法运算有许多重复内容,在此基础上,令 $N=2M$(M 也为正整数),则傅立叶变换可表示为:

$$\begin{aligned}F(u)&=\frac{1}{N}\sum_{x=0}^{N-1}f(x)W_N^{ux}\\&=\frac{1}{2}[\frac{1}{M}\sum_{x=0}^{M-1}f(2x)W_{2M}^{u(2x)}+\frac{1}{M}\sum_{x=0}^{M-1}f(2x+1)W_{2M}^{u(2x+1)}]\end{aligned} \tag{5.1.37}$$

因为 $W_{2M}^{u(2x)}=W_M^{ux}$,于是(5.1.37)式可表示为:

$$\begin{aligned}F(u)&=\frac{1}{2}[\frac{1}{M}\sum_{x=0}^{M-1}f(2x)W_M^{ux}+\frac{1}{M}\sum_{x=0}^{M-1}f(2x+1)W_M^{ux}W_{2M}^{u}]\\&=\frac{1}{2}[F_1(u)+W_{2M}^{u}F_2(u)]\end{aligned} \tag{5.1.38}$$

式中 $F_1(u)$ 和 $F_2(u)$ 分别是 $f(2x)$ 和 $f(2x+1)$ $(x=0,1,\cdots,M-1)$ 的傅立叶变换。由于 $F_1(u)$ 和 $F_2(u)$ 均是以 M 为周期的，所以

$$\begin{cases} F_1(u+M)=F_1(u) \\ F_2(u+M)=F_2(u) \end{cases} \tag{5.1.39}$$

这说明当 $u\geqslant M$ 时，式(5.1.38)也是重复的。因此

$$F(u)=\frac{1}{2}\{F_1(u)+W_{2M}^{u}F_2(u)\} \quad (u=0,1,\cdots,N-1) \tag{5.1.40}$$

也是成立的。

由上面的分析可见，一个 N(偶数)点的离散傅立叶变换可由两个 $N/2$ 点的傅立叶变换得到。离散傅立叶变换的计算时间主要由乘法决定，分解后所需的乘法次数大为减少。当 N 是 2 的整数幂时，则上式中的 $F_1(u)$ 和 $F_2(u)$ 还可以再分解为两个更短的序列，因此计算时间会更短。由此可见，利用 W_N 的周期性和分解运算，从而减少乘法运算次数是实现快速运算的关键。

基于以上快速傅立叶变换的原理的实现方法很多，可参看有关文献。

第二节　K-L 变换

K-L(Karhunen-Loeve)变换也叫作主成分分析或主分量分析，是在统计特征基础上的多维(如多波段)正交线性变换，它也是遥感数字图像处理中最常用也是最有用的一种变换算法。

由于遥感图像的不同波段之间往往存在着很高的相关性，从直观上看，就是不同波段的图像很相似。因而从提取有用信息的角度考虑，有相当大一部分数据是多余和重复的。K-L 变换的目的就是把原来多波段图像中的有用信息集中到数目尽可能少的新的主成分图像中，并使这些主成分图像之间互不相关，也就是说各个主成分包含的信息内容是不重叠的，从而大大减少总的数据量并使图像信息得到增强。

一、K-L 变换

下面首先说明什么是 K-L 变换。为了叙述的方便，以矩阵的形式表示多波段图像的原始数据如下：

$$X=\begin{bmatrix} x_{11} & x_{12} & \cdots & x_{1n} \\ x_{21} & x_{22} & \cdots & x_{2n} \\ \cdots & & & \\ x_{m1} & x_{m2} & \cdots & x_{mn} \end{bmatrix}=[x_{ik}]_{m\times n} \qquad (5.2.1)$$

矩阵 X 中，m 和 n 分别为波段数(或称变量数)和每幅图像中的像元数；矩阵中的每一行矢量表示一个波段的图像。

一般图像的线性变换可用下式表示：

$$Y=TX \qquad (5.2.2)$$

式中 X 为待变换图像数据矩阵，Y 为变换后的数据矩阵，T 为实现这一线性变换的变换矩阵。

如果变换矩阵 T 是正交矩阵，并且它是由原始图像数据矩阵 X 的协方差矩阵 S 的特征向量所组成，则(5.2.2)式的线性变换称为 K-L 变换，并且称 K-L 变换后的数据矩阵的每一行矢量为 K-L 变换的一个主成分。

K-L 变换的具体过程如下：

第一步，根据原始图像数据矩阵 X，求出它的协方差矩阵 S，X 的协方差矩阵为：

$$S=\frac{1}{n}[X-\overline{X}l][X-\overline{X}l]^T=[s_{ij}]_{m\times n} \qquad (5.2.3)$$

式中：$l=[1,1,\cdots,1]_{1\times n}$；

$\overline{X}=[\overline{x}_1,\overline{x}_2,\cdots,\overline{x}_m]^T$；

$\overline{x}_i=\frac{1}{n}\sum_{k=1}^{n}x_{ik}$(即为第 i 个波段的均值)；

$s_{ij}=\frac{1}{n}\sum_{k=1}^{n}(x_{ik}-\overline{x}_i)(x_{jk}-\overline{x}_j)$；

S 是一个实对称矩阵。

第二步，求 S 矩阵的特征值 λ 和特征向量，并组成变换矩阵 T，具体如下。考虑特征方程：

$$(\lambda I - S)U = 0 \tag{5.2.4}$$

式中，I 为单位矩阵，U 为特征向量。

解上述的特征方程即可求出协方差矩阵 S 的各个特征值 $\lambda_j(j=1,2,\cdots,m)$，将其按 $\lambda_1 \geqslant \lambda_2 \geqslant \cdots \geqslant \lambda_m$ 排列，求得各特征值对应的单位特征向量（经归一化）U_j：

$$U_j = [u_{1j}, u_{2j}, \cdots, u_{mj}]^T \tag{5.2.5}$$

若以各特征向量为列构成矩阵，即：

$$U = [U_1, U_2, \cdots, U_m] = [u_{ij}]_{m \times m}$$

U 矩阵满足：

$$U^T U = UU^T = I(\text{单位矩阵}) \tag{5.2.5}$$

则 U 矩阵是正交矩阵。

U 矩阵的转置矩阵即为所求的 K-L 变换的变换矩阵 T。有了变换矩阵 T，将其代入(5.2.2)式，即得到 K-L 变换的具体表达式：

$$Y = \begin{bmatrix} u_{11} & u_{21} & \cdots & u_{m1} \\ u_{12} & u_{22} & \cdots & u_{m2} \\ \cdots & & & \\ u_{1m} & u_{2m} & \cdots & u_{mm} \end{bmatrix} X = U^T X \tag{5.2.6}$$

式中 Y 矩阵的行向量 $Y_j = [y_{j1}, y_{j2}, \cdots, y_{jn}]$ 为第 j 主成分。

经过 K-L 变换后，得到一组（m 个）新的变量（即 Y 的各个行向量），它们依次被称为第一主成分、第二主成分、……、第 m 主成分。这时若将 Y 矩阵的各行恢复为二维图像时，即可以得到 m 个主成分图像。

二、K-L 变换的性质和特点

K-L 变换是一种线性变换，而且是当取 Y 的前 $p(p<m)$ 个主成分经反变换而恢复的图像 $\hat{X}$ 和原图像 X 在均方误差最小意义上的最佳

正交变换。它具有以下性质和特点：

(1)由于 K-L 变换是正交线性变换，所以变换前后的方差总和不变，变换只是把原来的方差不等量的再分配到新的主成分图像中。

(2)第一主成分包含了总方差的绝大部分(一般在 80%以上)，也就是说 K-L 变换的结果使得第一主成分几乎包含了原来多波段图像信息的绝大部分，即信息量最大，其余各主成分的方差依次减少，因而后面的主成分所包含的信息量也剧减。

(3)可以很容易地证明，变换后各主成分之间的相关系数为零，即各主成分间互相“垂直”，也就是说各主成分所包含的信息内容是不同的。

(4)第一主成分相当于原来各波段的加权和，而且每个波段的加权值与该波段的方差大小成正比(方差大说明该波段图像所包含的信息量大，在第一主成分中占的比重就大)，反映了地物总的反射强度。其余各主成分相当于不同波段组合的加权差值图像。

(5)K-L 变换的第一主成分不仅包含的信息量大，而且降低了噪声，有利于细部特征的增强和分析，适用于进行高通滤波、线性特征增强和提取以及密度分割等处理。

(6)K-L 变换是一种数据压缩和去相关技术，即把原来的多变量数据在信息损失最小的前提下，变换为尽可能少的互不相关的新的变量(主成分)，以减少数据的维数，节省处理时间和费用。然而即使第一主成分包含了 90%以上的总方差，也不能用它来代替多波段信息，而且在很多情况下，不能完全用主成分的顺序(即方差的大小)确定其在图像处理中的价值。因为第一主成分虽然包含了绝大部分信息，但是多数情况下它包含的是地形和植被方面的信息，从这个角度看，第一主成分图像并非是区分地质体的最佳主成分图像，也就是说不能依据主成分图像的方差大小来确定其在地质上的应用价值。其他主成分分量虽然信息少，但可能恰好包含了能够区分某些地物的信息，有时甚至第五、第六主成分对于特定的专题信息都有重要的意义。

(7)由前述可知，在 K-L 变换中起决定作用的是用于计算特征值和特征向量的协方差矩阵 S,如果用于计算协方差矩阵 S 的图像数据是有选择的,然后把得出的变换矩阵 T 应用于整个图像,则所选择图像部分的地物类型就会更加突出。为此,可以在图像中局部地区或者选取的训练区的统计特征基础上作整个图像的 K-L 变换,以重点增强主要的研究对象。

(8)通常进行 K-L 变换是把一幅图像的所有波段一起处理,得出与波段数目相同的主成分图像。然而也可以把所有波段分组进行 K-L 变换,然后由每一组里选取一个适当的主成分图像参加假彩色合成或其他处理。例如,由于 TM 图像具有分组特征(TM1,TM2,TM3 为一组;TM4 为一组;TM5,TM7 为一组;TM6 为一组),利用 K-L 变换的主成分图像进行假彩色合成时,可以首先分别对 TM1,2,3 和 TM5,7 两个波段组进行 K-L 变换,然后用 TM4 和这两个波段组 K-L 变换后的主成分图像进行假彩色合成,以增强研究对象。

(9)对同一信息源的多时相遥感图像,对差分图像进行 K-L 变换生成的图像,可突出地物动态变化信息。

(10)K-L 变换在几何意义上相当于进行空间坐标的旋转,第一主成分取波谱空间中数据散布最大的方向;第二主成分则取与第一主成分正交且数据散布次大的方向,其余依此类推。

第三节　定向变换

一、定向变换原理及实现

定向变换是利用图像之间的相关性,在图像特征空间进行转轴变换,以便分离和消除干扰信息达到提取专题信息的目的。由于进行变换时其转轴的方向是确定和已知的,即相关轴方向,故称定向变换。定向变换在专题信息提取过程中,往往都是在两个变量之间进行的,因为这样各轴的意义易于确定。其原理如下:

在遥感数字图像处理中,每一波段图像经过处理得到的任一变量图像(如各种比值图像等),其像元值就是图像变量的取值。若在研究的图像中包含专题信息 T 和干扰信息 V,为了提取专题信息,可通过定向变换设法求得只含(或者主要反映)专题信息的图像。

$$\begin{cases} x_1 = f(T) + f_1(V) \\ x_2 = f_2(V) \end{cases} \tag{5.3.1}$$

式中:x_1 为专题信息的图像变量(当然也含有干扰信息);

x_2 为反映干扰信息的图像变量;

$f(T)$ 为我们感兴趣的专题信息(如岩石蚀变信息);

$f_1(V)$ 和 $f_2(V)$ 分别为 x_1 和 x_2 中的干扰信息(如植被信息)。

由式(5.3.1)可知,x_1 和 x_2 由于都包含着相同的干扰信息,所以 x_1 和 x_2 是两个相关的变量。它们的散点图如图 5.3.1 所示。由式(5.3.1)可知,$f(T)$ 越小,则 x_1 和 x_2 的相关性越大,散点 $P(x_1,x_2)$ 就越聚集在相关轴线 y_1 附近。此时相关信息就可用 $P(x_1,x_2)$ 点在相关轴线上的投影来代替,因此,y_1 就是经过转轴变换后集中相关信息(干扰信息)的新变量;$P(x_1,x_2)$ 在相关轴垂直线上的投影代表着独立信息,y_2 就是集中独立信息(专题信息)的新变量,即我们所要提取的专题信息。下面介绍定向变换的具体实现。

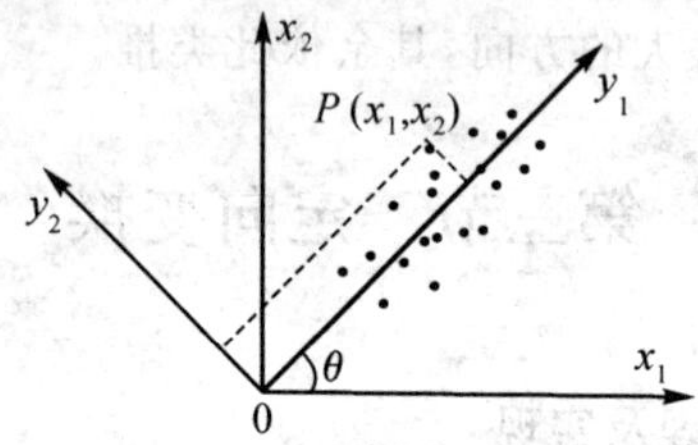

图 5.3.1　x_1、x_2 散点图

由前面的介绍可知,定向变换即为转轴变换,而且在旋转角方向上的新变量由方向轴上的单位向量决定,即:

$$\begin{cases} y_1 = a_{11}x_1 + a_{12}x_2 \\ y_2 = a_{21}x_1 + a_{22}x_2 \end{cases} \tag{5.3.2}$$

$$\begin{cases} a_1=[a_{11},a_{12}] \\ a_2=[a_{21},a_{22}] \end{cases} \tag{5.3.3}$$

式中:a_1 和 a_2 分别为 y_1 和 y_2 轴上的单位向量;

a_{11},a_{12}为 a_1 在 x_1 和 x_2 轴上的投影;

a_{21},a_{22}为 a_2 在 x_1 和 x_2 轴上的投影。

若 y_1 轴的方向角为 θ,y_2 轴的方向角为 $90°+\theta$,则:

$$\begin{cases} a_{11}=\cos\theta, a_{12}=\sin\theta \\ a_{21}=-\sin\theta, a_{22}=\cos\theta \end{cases} \tag{5.3.4}$$

所以

$$\begin{cases} y_1=x_1\cos\theta+x_2\sin\theta=g_1(V) \\ y_2=-x_1\sin\theta+x_2\cos\theta=g_2(T) \end{cases} \tag{5.3.5}$$

这样就可以消除干扰信息而将专题信息提取出来。

在实际处理中,旋转方向上的单位向量及其方向角可根据 x_1 和 x_2 的协方差矩阵的特征向量来计算,或者直接用拟合的相关线来确定。下面分别予以介绍。

(一)特征向量法

从图 5.3.1 可知,在相关轴 y_1 方向上,散点投影的离散度最大,即方差最大,而在 y_2 上的方差则最小。因此,y_1 和 y_2 就是对 x_1 和 x_2 作 K-L 变换求出的第一、二主成分。a_1 和 a_2 就是从 x_1 和 x_2 协方差矩阵中求出的对应于第一和第二特征值(按从大到小顺序排列)的特征向量(需进行归一化)。

理论与实践表明,对于标准化或规格化的数据而言,$\theta=45°$,则式(5.3.5)可写成:

$$\begin{cases} y_1=\dfrac{\sqrt{2}}{2}(x_1+x_2) \\ y_2=\dfrac{\sqrt{2}}{2}(-x_1+x_2) \end{cases} \tag{5.3.6}$$

由此可见,定向变换公式既简单,运算速度又快。

(二)相关线法

定向变换的转轴方向角也可直接采用求相关线的方法来确定。根据 x_1 和 x_2 平面上散点的分布,用二元线性回归就能求出相关线和它的方向角。

为了提高相关线的精度,在拟合相关线时,应正确选点 $p(x_1, x_2)$,剔除那些含已知专题信息的点,使散点的分布自然地集中在相关线附近。求出相关线及其方向角后,反映专题信息的新变量轴也就确定了。

如前所述,定向变换的目的明确、公式简单、计算方便。但必须指出,在遥感图像变换处理中,由于具体情况比较复杂,若事先不对图像作某些预处理,变换效果就可能受到影响。所以变换前应对变量作某些预处理工作,包括在研究中剔除一些不感兴趣和对变换有不利影响的地区,再对图像变量作标准化处理等等。总之设法使变量满足定向变换的要求,定向变换才能取得良好效果。

二、定向变换实例

应用定向变换方法,我们曾对浙江新昌、富阳地区的粘土化蚀变信息进行了提取。新昌地处我国东部新华夏构造隆起带上,火山活动频繁,构造复杂,属亚热带气候,植被发育。试验区有金银矿化和银铅锌矿化带,岩石蚀变呈分带现象,矿化两侧发育有绢英岩化、绢云母化和碳酸盐化。在富阳地区银铅锌矿外围,同样有绢云母和碳酸盐蚀变带。因此,提取上述蚀变信息对金、银等贵金属勘查有重要意义。

研究中采用卫星遥感 TM 数字图像。因为绢云母等粘土矿物在 TM5 波段有较强的光谱反射率,而在 TM7 波段上有羟基吸收带,反射率较小。因此可用比值 TM5/TM7 来增强(比值增强见第六章)粘土化蚀变信息,但由于植被在 TM5 和 TM7 波段上有与粘土矿物相似的光谱特征,使比值中包含着干扰的植被信息,必须设法消除。从植被光谱特征分析可知,植被在可见光区 $0.45\mu m$ 和 $0.66\mu m$ 处有强烈的叶绿素吸收带,而在近红外区有很强的红外反射带,所以比值 TM4/TM3

(通常称植被指数)中主要是植被信息。因此用定向变换法时,可令:

$$\begin{cases} x_1 = \text{TM5/TM7} \\ x_2 = \text{TM4/TM3} \end{cases} \tag{5.3.7}$$

进行变换处理,就可将蚀变信息提取出来。

上述方法在研究区的试验中取得了良好的效果,它克服了由于植被信息干扰严重而导致常规比值增强无法突出蚀变信息的缺点。必须注意,提取出来的蚀变信息通常呈离散状,其中存在某些随机噪声的干扰信息,可用滤波法(见第六章)加以处理。

第四节　典型成分变换

在遥感图像分类过程中,为了在减少各类的类内亮度(灰度)方差的同时,增大类间亮度方差以提高分类精度,需要选择恰当的投影方向(即变换),使同类的像元尽可能集中,不同类的像元尽可能分开,这样处理后的分类,将有利于分类精度的提高,这就是典型成分变换的基本思想。由于典型成分变换是在用训练样本取得的分类统计特征基础上的正交性变换,因而也可以用一般性变换式 $Y=TX$ 来表示。问题的关键是在于如何找到一个适合于典型成分变换要求的变换矩阵 T。

一、典型成分变换原理

典型成分变换需要满足的条件可以具体描述如下:首先,典型成分变换是通过类似于 K-L 变换的处理(即坐标变换或坐标轴旋转),使得在新的坐标轴上最大限度地体现类与类之间的差异,而且坐标轴之间互不相关(即正交关系);第二,与 K-L 变换不同的是在变换中还需对坐标轴进行适当调整,以使得同一类在每个新的坐标轴上的方差都相同。

一个类别内部可以认为是均一的,其内部像元之间亮度值的差异可以认为是纯属随机变化,并可用其协方差矩阵来度量的,因此我们可以把所有类的协方差矩阵平均或合并在一起,得出一个共同的类内协方差矩阵 W,用以表示每一类别内部的差异。另外,各类的均值向量之间也有差异，可以用类间的协方差矩阵 A 表征这种差异。此时上述的典型成分变换的条件可具体表示为：

$$\begin{cases} TAT^T = D \\ TWT^T = I \end{cases} \tag{5.4.1}$$

其中：D 是一个对角线矩阵，类似于 K-L 变换中以特征值 $\lambda_1, \lambda_2, \cdots$ 为对角线，其他各项为零的矩阵，其作用是保证新的坐标轴之间互不相关(即协方差为零)，并使它们按变换后的方差(即原来变量的特征值)的大小顺序排列。I 是单位矩阵，其作用是迫使类内的协方差变小并归一化。

图 5.4.1(a)所示为四种地物类别在两个波段上的分布情况，其中有些类别(如 B 类和 C 类)在两个坐标轴上都难以区分。图 5.4.1(b)是经过典型成分变换后，将 x_1——x_2 坐标系旋转到 y_1——y_2 坐标系的情形。由于对 y_1 及 y_2 轴上的量度单位作了调整，因而椭圆形的密度分布变成了圆形。于是，区分不同类别的能力显著地提高了。

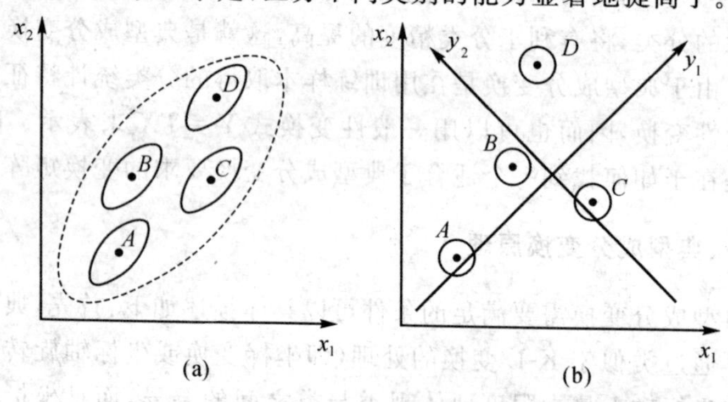

图 5.4.1 典型成分分析

图 5.4.1 中，(a)为变换前的四个类别 A, B, C 及 D，小椭圆代表类内协方差，大的虚线椭圆代表类间差异。(b)为变换后新的坐标轴方向，由类间协方差决定(即图(a)中大椭圆的轴)，类内协方差调整到各个轴都一致。

二、典型成分变换的实现

由前述可知，典型成分变换的关键问题是如何通过训练样本数据找到一个理想的变换矩阵 T。下面介绍获得变换矩阵 T 的具体步骤。

1. 训练样本的选取

在待研究的图像中，按照不同的地物类型选取训练场地及训练样本，和一般监督分类方法（第九章）所采用的训练程序是相似的，但选择的地物类别不一定包括所有的自然类别。设有 p 个变量（波段），选取 G 个类别，第 g 类选取 n_g 个标本，x_{igk} 为在 g 类训练样本中的第 k 个像元第 i 个变量的观测值。

2. 计算类内及类间的协方差矩阵 W 和 A

首先根据所选定的训练样本，计算总的均值向量 $\overline{X}$ 以及各类的均值向量 $\overline{X}_g$ 和协方差矩阵 S_g，即：

$$\overline{X}=[\overline{x}_1,\overline{x}_2,\cdots,\overline{x}_p]^T \tag{5.4.2}$$

$$\overline{X}_g=[\overline{x}_{1g},\overline{x}_{2g},\cdots,\overline{x}_{pg}]^T \tag{5.4.3}$$

$$S_g=[s_{ij}^g]_{p\times p}\quad(i,j=1,2,\cdots,p) \tag{5.4.4}$$

式中：$N=\sum_{g=1}^{G}n_g$；

$\overline{x}_i=(\sum_{g=1}^{G}\sum_{k=1}^{n_g}x_{igk})/N$；

$\overline{x}_{ig}=(\sum_{k=1}^{n_g}x_{igk})/n_g$；

$s_{ij}^g=[\sum_{k=1}^{n_g}(x_{igk}-\overline{x}_{ig})(x_{jgk}-\overline{x}_{jg})]/(n_g-1)$。

总的类内协方差矩阵 W 和类间协方差矩阵 A 可用下式计算：

$$W=[\sum_{g=1}^{G}(n_g-1)S_g]/(N-G) \tag{5.4.5}$$

$$A=[a_{ij}]_{p\times p} \tag{5.4.6}$$

其中 $a_{ij}=\sum_{g=1}^{G}(\overline{x}_{ig}-\overline{x}_i)(\overline{x}_{jg}-\overline{x}_j)$。

3. 构成特征向量矩阵

求出 W 的特征值 $w_1, w_2, \cdots, w_p$，并按大小顺序排列，然后求出与各特征值相对应的归一化特征量 $e_1, e_2, \cdots, e_p$，即特征向量满足：

$$e_i^T e_i = 1 \quad (i=1,2,\cdots,p) \tag{5.4.7}$$

构成特征向量矩阵 E

$$E = [e_1, e_2, \cdots, e_p] \tag{5.4.8}$$

4. 计算变换矩阵 T

（1）计算 $\sqrt{w_i}, i=1,2,\cdots,p$，并构成矩阵

$$D^{1/2} = \begin{bmatrix} \sqrt{w_1} & 0 & \cdots & 0 \\ 0 & \sqrt{w_2} & \cdots & 0 \\ \cdots & & & \\ 0 & 0 & \cdots & \sqrt{w_p} \end{bmatrix} \tag{5.4.9}$$

（2）计算 $Q = ED^{1/2}$，Q^{-1} 及 $V = Q^{-1}A(Q^{-1})^T$。

（3）求 V 的特征值 $\lambda_1, \lambda_2, \cdots, \lambda_p$，以及与之相对应的特征向量 $f_1, f_2, \cdots, f_p$，并构成矩阵

$$F = [f_1, f_2, \cdots, f_p]^T \tag{5.4.10}$$

（4）求出变换矩阵 T：

$$T = FQ^{-1} \tag{5.4.11}$$

5. 最后用矩阵 T 进行典型成分变换

$$Y = TX \tag{5.4.12}$$

第五节　缨帽变换

缨帽变换是 R J Kauth 和 G S Thomas 通过分析陆地卫星 MSS 图像反映农作物和植被生长过程的数据结构后提出的一种经验性的多波段图像的正交线性变换，又称 K-T 变换。

一、遥感图像的数据特征

Kauth 和 Thomas 通过对陆地卫星 MSS 图像反映农作物和植被

的生长过程的研究发现，MSS图像信息随时间变化的空间分布形态是呈规律性形状的。它像一个顶部有缨子的毡帽，即植被信息的波谱数据点随时间变化的轨迹是一个缨帽(Tasselled Cap)形状(因而把分析这种信息结构的正交线性变换叫做缨帽变换)，且具有较明显的三维结构，而缨帽的底面恰好反映了土壤信息的数据特征，称为土壤面，它与植被的波谱特征互不相关(如图5.5.1所示)。

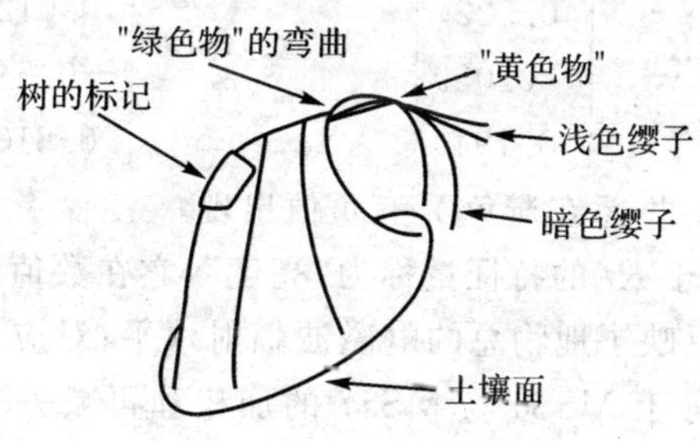

图5.5.1　缨帽结构

缨帽结构反映出如下事实，即植被开始生长于土壤平面，随着植被的成长，它向绿色植被区方向逼近，在达到发展的顶点后，植物开始衰落、变黄，波谱特征又向七壤面回落。

二、MSS图像的缨帽变换

为了增强和提取前述各种地物特征，Kauth 和 Thomas 在总结了MSS图像的数据特征的基础上，提出了适用于MSS图像数据的一种固定的经验线性变换，使波谱空间旋转到几个有意义的方向上，即：

$$Y=R^TX+r \tag{5.5.1}$$

式中：X 为由MSS图像四个波段数据组成的矩阵，每一行为一个波段的像元组成的向量；

Y 为缨帽变换后的数据矩阵；

R 为缨帽变换的正交变换矩阵，$R=[R_1,R_2,R_3,R_4]$。

R_1,R_2,R_3,R_4 是相互正交的单位列向量，Kauth 和 Thomas 根据

MSS 图像实例得出的各个单位列向量为：

$$R_1=\begin{bmatrix}0.433\\0.632\\0.586\\0.264\end{bmatrix}\qquad R_2=\begin{bmatrix}-0.290\\-0.562\\0.600\\0.491\end{bmatrix}$$

$$R_3=\begin{bmatrix}-0.829\\0.522\\-0.039\\0.194\end{bmatrix}\qquad R_4=\begin{bmatrix}0.223\\0.012\\-0.543\\0.810\end{bmatrix}$$

式中：r 为补偿向量，意在避免 Y 有负值出现。

变换后对应于 R_1 的特征量称为"亮度"，它在数值上是 MSS 四个波段的加权和，反映了地物总的电磁波辐射水平；对应于 R_2 的特征称为"绿色物"，它等于 MSS6 与 MSS7 的加权和再减去 MSS4 与 MSS5 的加权和，反映了植被的生长状况；对应于 R_3 的特征叫做"黄色物"，它是 MSS5 与 MSS7 的加权和减去 MSS4 与 MSS6 的加权和；对应于 R_4 的特征叫做"其他"。

三、TM 图像的缨帽变换

MSS 图像的缨帽变换被提出后，Crist 和 Cicone 在 1984 年通过对 TM 图像数据特征的研究，认为 TM 数据的基本结构可用三维空间中的一个植被面、与之垂直的一个土壤面和介于这两个面之间的过渡带来表示（如图 5.5.2 所示）。

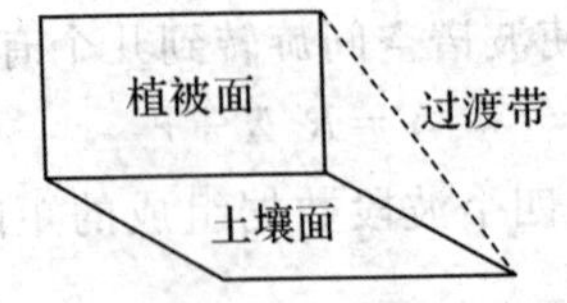

图 5.5.2　TM 图像数据的基本结构

Crist 和 Cicone 根据三个地区 TM 图像的研究，给出了 TM 图像的缨帽变换系数(不包括热红外波段)，如表 5.5.1 所示。TM 图像 6 个波段变换后的前 3 个变量反映的信息内容有明显差别(其他 3 个变量的信息特征还有待于进一步研究)，按顺序分别为亮度、绿度和湿度：

(1)亮度：它是 TM 图像 6 个波段的加权和，代表总的电磁波辐射水平；

(2)绿度：反映了可见光波段与近红外波段之间的差异；

(3)湿度：反映的是 TM1，TM2，TM3，TM4 波段与 TM5，TM7 波段之间的对比，这是 MSS 图像没有的新信息，但“湿度”值并不代表水分多少。

表 5.5.1 TM 图像缨帽变换系数表

特征	TM1	TM2	TM3	TM4	TM5	TM7
亮度	0.3037	0.2793	0.4743	0.5585	0.5082	0.1863
绿度	−0.2848	−0.2435	−0.5436	0.7243	0.0840	−0.1800
湿度	0.1509	0.1973	0.3279	0.3406	−0.7112	−0.4572
第四	−0.8242	0.0849	0.4392	−0.0580	0.2012	−0.2768
第五	−0.3280	0.0549	0.1075	0.1855	−0.4357	0.8085
第六	0.1084	−0.9022	0.4120	0.0573	−0.0251	0.0238

植物面包含了绿度和亮度信息的组合；土壤面包含了亮度和湿度信息的组合；过渡带是植物面与土壤面之间的过渡或转化带。可以考虑测量这两个面之间的角度来确定任何植被与土壤的混合情况。

第六节 小波变换

一、小波变换概述

小波变换是当前数学领域中迅猛发展的一门新兴学科，它已得到十分广泛的应用。小波变换与前面介绍的傅立叶变换有着惊人的相似,其基本的数学思想来源于经典的调和分析,其雏形形成于 20 世纪 50 年代初的纯数学领域。小波的概念是由法国地球物理学家 J. Morlet于 1984 年提出的,他在分析地质资料时,首先引进并使用了小波(Wavelet)这一术语,顾名思义,“小波”就是小的波形。所谓“小”是指它具有衰减性;而称之为“波”则是指它的波动性,其振幅呈正负相间的震荡形式。

傅立叶变换可以把信号分解成不同尺度上连续重复的成分,因而成为现代工程中应用最广泛的数学方法之一。然而傅立叶变换存在不能同时进行时—频局部分析的缺点,为了弥补该缺点,Gabor 在 1946 年提出了信号的时—频局部化分析方法,即所谓的 Gabor 变换。小波变换是在继承局部化思想的基础上发展起来的一种新的数学方法,它是通过伸缩和平移等处理对信号进行多尺度细化分析来有效地从中提取信息,因而它是信号的时—频多尺度自适应局部变换。

小波变换在时域和频域具有的局部分析与细化的能力使其在信号分析、语音合成、图像识别、计算机视觉、数据压缩、CT 成像、地震勘探、大气与海洋波的分析、分形力学、流体湍流以及天体力学等方面均已取得了具有科学意义和应用价值的重要成果。原则上,能用傅立叶变换的地方均可用小波变换,甚至能获得更好的结果。限于篇幅,本书仅介绍小波变换的基本概念。

二、连续小波变换

与傅立叶变换一样,小波变换中同样存在着一维、二维的连续小波变换。

(一)一维连续小波变换

一维信号 $f(t)$的小波变换定义为:

$$W_f(a,b) = \langle f(t), \varphi_{a,b}(t) \rangle \triangleq \frac{1}{\sqrt{a}}\int_{\mathbf{R}} f(t)\varphi\left(\frac{t-b}{a}\right)\mathrm{d}t = \int_{-\infty}^{+\infty} f(t)\varphi_{a,b}(t)\mathrm{d}t \tag{5.6.1}$$

式中：$\varphi(t)$为小波函数(母函数)；

$\varphi_{a,b}(t)=\frac{1}{\sqrt{a}}\varphi(\frac{t-b}{a})$为小波，$a(>0)$是小波的尺度因子，$b(\in\mathbf{R})$是小波的平移因子；

$\{\varphi_{a,b}(t)\}_{a,b\in\mathbf{R}}$为小波基；

$\langle\cdots,\cdots\rangle$表示内积。

当a、b连续变化时，称$\varphi_{a,b}(t)$为连续小波，此时称(5.6.1)式为连续小波变换。

(5.6.1)式给出的实际是信号$f(t)$的一种多尺度表示，即可将小波变换视为求函数$f(t)$在$\varphi_{a,b}(t)$的各尺度和平移信号上的投影。如果$\varphi_{a,b}(t)$是复变函数时，(5.6.1)式采用复共轭小波$\varphi^*_{a,b}(t)$。

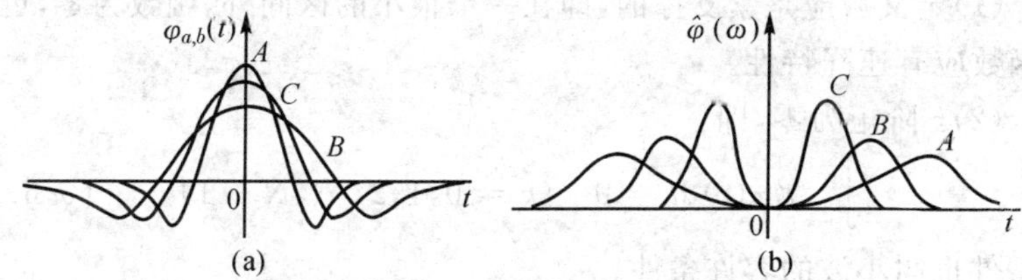

图 5.6.1　尺度因子a对小波$\varphi_{a,b}(t)$和$\hat{\varphi}(\omega)$的影响

如图 5.6.1 所示，若$a>l$，则$\varphi_{a,b}(t)$具有伸展作用，a越大，表示小波越宽，度量的是信号的粗糙程度(低频信号)；$a<1$时，$\varphi_{a,b}(t)$具有收缩作用，a越小，表示小波越窄，度量的是信号的细节变化(高频信号)。而$\varphi_{a,b}(t)$的傅立叶变换$\hat{\varphi}(\omega)$则恰好相反。这就为自适应局部分析创造了条件，即当信号频率增高时，时窗宽度变窄，而频窗宽度增大，有利于提高时域分辨率，反之亦然。

$\varphi_{a,b}(t)$随a和b(平移就是小波的延迟或超前)而变化如图 5.6.2 所示，图中小波函数为$\varphi(t)=te^{-t^2}$。$\varphi_{2,15}(t)$的波形从原点向右移至$t=15$处且波形展宽，$\varphi_{0.5,-10}(t)$的波形从原点向左平移至$t=-10$处且波形收缩。

由小波变换的定义可见小波变换的关键在于小波函数$\varphi(t)$的选

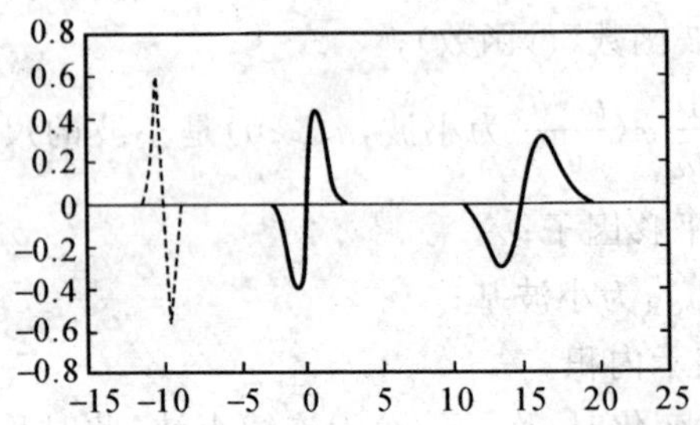

图 5.6.2　小波 $\varphi_{a,b}(t)$的波形随参数 a、b 变化的情形

择，它的选择既不是惟一的，也不是任意的。小波变换要求 $\varphi(t)$是归一化的具有单位能量的解析函数，所以 $\varphi(t)$应满足以下条件：

(1)定义域应是紧支撑的，即在一个很小的区间外，函数为零，也就是函数应有速降特性。

(2)k 阶矩为零，即：

$$\int_{-\infty}^{+\infty} t^k \varphi(t)\mathrm{d}t = 0 \quad (k = 0,1,2,\cdots,N-1) \tag{5.6.2}$$

该条件也叫小波的容许条件。

当(5.6.2)式中的 $k=0$ 时，有：

$$\int_{-\infty}^{+\infty} \varphi(t)\mathrm{d}t = 0 \tag{5.6.3}$$

(5.6.3)式表明 $\varphi(t)$的均值为零。另外由(5.6.2)式有：

$$C_\varphi = \int_{-\infty}^{+\infty} \frac{|\hat{\varphi}(\omega)|^2}{\omega}\mathrm{d}\omega < +\infty \tag{5.6.4}$$

式中，$\hat{\varphi}(\omega)$是 $\varphi(t)$的傅立叶变换。(5.6.4)式表明 C_φ 是有限值。

根据(5.6.3)式和傅立叶变换定义有：

$$\hat{\varphi}(0) = \int_{-\infty}^{+\infty} \varphi(t)\mathrm{d}t = 0 \tag{5.6.5}$$

上式表明，小波函数 $\varphi(t)$在 t 轴上取值有正有负才能保证式(5.6.5)积分为零。所以 $\varphi(t)$应有正负交替的振荡性，即直流分量为零。

由此可见，小波是一个振荡和迅速衰减的波。

对于所有的 $f(t)$、$\varphi(t)\in L^2(\mathbf{R})$（模平方可积函数空间，即能量有限的信号空间），连续小波逆变换（重构公式）由（5.6.6）式给出：

$$f(t)=\frac{1}{C_\varphi}\int_{-\infty}^{+\infty}\int_{-\infty}^{+\infty}a^{-2}W_f(a,b)\varphi_{a,b}(t)\mathrm{d}a\mathrm{d}b \tag{5.6.6}$$

对于小波基 $\{\varphi_{a,b}(t)\}_{a,b\in\mathbf{R}}$，如果满足以下条件，即：

$$\langle\varphi_{a,b}(t),\varphi_{a',b'}(t)\rangle=\int_{\mathbf{R}}\varphi_{a,b}(t)\varphi_{a',b'}(t)\mathrm{d}t=\begin{cases}\lambda & a=a'\text{ 且 }b=b',\lambda\neq 0\\ 0 & \text{其他}\end{cases} \tag{5.6.7}$$

则称 $\{\varphi_{a,b}(t)\}_{a,b\in\mathbf{R}}$ 为构成空间 $L^2(\mathbf{R})$ 的一组正交小波基。此时，若 $\lambda=1$，则称 $\{\varphi_{a,b}(t)\}_{a,b\in\mathbf{R}}$ 为构成空间 $L^2(\mathbf{R})$ 的一组标准正交小波基。

（二）一维小波变换的基本性质

1. 线性

小波变换是线性变换，它把一维信号分解成不同尺度的分量。设 $\varphi_{a,b}(t)$ 是小波，$W_f(a,b)=\langle f(t),\varphi_{a,b}(t)\rangle$，$W_{f_1}(a,b)=\langle f_1(t),\varphi_{a,b}(t)\rangle$，$W_{f_2}(a,b)=\langle f_2(t),\varphi_{a,b}(t)\rangle$，若：

$$f(t)=\alpha f_1(t)+\beta f_2(t) \tag{5.6.8}$$

则有

$$W_f(a,b)=\alpha W_{f_1}(a,b)+\beta W_{f_2}(a,b) \tag{5.6.9}$$

2. 平移和伸缩的共变性

若 $f(t)\leftrightarrow W_f(a,b)$ 是一对小波变换关系，则 $f(t-b_0)\leftrightarrow W_f(a,b-b_0)$ 也是小波变换对，即连续小波变换在任何平移之下是共变的；同时 $f(a_0t)\leftrightarrow\frac{1}{\sqrt{a_0}}W_f(a_0a,a_0b)$ 也是小波变换对，即连续小波变换对于任何伸缩也是共变的。

3. 内积定理

设 $\varphi_{a,b}(t)$ 为小波，$f_1(t)$ 和 $f_2(t)$ 为两个一维信号，且 $W_{f_1}(a,b)=\langle f_1(t),\varphi_{a,b}(t)\rangle$ 和 $W_{f_2}(a,b)=\langle f_2(t),\varphi_{a,b}(t)\rangle$，则：

$$\langle W_{f_1}(a,b),W_{f_2}(a,b)\rangle=C_\varphi\langle f_1(t),f_2(t)\rangle \tag{5.6.10}$$

式中，$C_\varphi=\int_{\mathbf{R}}\frac{|\hat{\varphi}(\omega)|^2}{\omega}\mathrm{d}\omega$，$\hat{\varphi}(\omega)$ 为 $\varphi(t)$ 的傅立叶变换。

除上述性质外，小波变换还有诸如局部正则性、能量守恒性、空间—尺度局部化等特性。

（三）二维连续小波变换

若 $\varphi(x,y)$ 是一个二维小波函数，$f(x,y)$ 是一个二维信号函数，则它的二维连续小波变换是：

$$W_f(a,b_x,b_y)=\int_{-\infty}^{+\infty}\int_{-\infty}^{+\infty}f(x,y)\varphi_{a,b_x,b_y}(x,y)\mathrm{d}x\mathrm{d}y \tag{5.6.11}$$

式中，b_x 和 b_y 分别表示在 x 轴和 y 轴的平移。

二维连续小波逆变换为：

$$f(x,y)=\frac{1}{C_\varphi}\int_0^{+\infty}a^{-3}\mathrm{d}a\int_{-\infty}^{+\infty}\int_{-\infty}^{+\infty}W_f(a,b_x,b_y)\varphi_{a,b_x,b_y}(x,y)\mathrm{d}b_x\mathrm{d}b_y \tag{5.6.12}$$

式中：$\varphi_{a,b_x,b_y}(x,y)=\frac{1}{a}\varphi(\frac{x-b_x}{a},\frac{y-b_y}{a})$；

$C_\varphi=\frac{1}{4\pi^2}\int_{\mathbf{R}}\frac{|\hat{\varphi}(\omega_1,\omega_2)|^2}{\omega_1^2+\omega_2^2}\mathrm{d}\omega_1\mathrm{d}\omega_2$，$\hat{\varphi}(\omega_1,\omega_2)$ 为 $\varphi(x,y)$ 的傅立叶变换。

同理可以给出多维连续小波变换。

三、离散小波变换

由于连续小波变换计算量相当大，且产生的数据量惊人（有许多数据是无用的），因此主要用于理论分析。在实际应用中，往往采用离散化处理的 a 和 b。一般选取 $a=a_0^j$，$j\in\mathbf{Z}$（$\mathbf{Z}$ 是整数集合），a_0 是大于 1 的固定伸缩步长；选取 $b=nb_0a_0^j$，其中 $n\in\mathbf{Z}$，$b_0>0$ 且与小波 $\varphi_{a,b}(t)$ 的具体形式有关。

把 a 和 b 离散化处理的小波变换称为离散小波变换（DWT）。此时，离散小波为：

$$\varphi_{j,n}(t)=a_0^{-j/2}\varphi(a_0^{-j}t-nb_0) \tag{5.6.13}$$

相应的离散小波变换为：

$$W_f(j,n)=\int_{-\infty}^{+\infty}f(t)\varphi_{j,n}(t)\mathrm{d}t=a_0^{-j/2}\int_{-\infty}^{+\infty}f(t)\varphi(a_0^{-j}t-nb_0)\mathrm{d}t \tag{5.6.14}$$

另外，在每个可能的缩放因子和平移参数下进行离散小波变换，计算量同样相当大。如果在(5.6.13)式中，令 $a_0=2,b_0=1$，也就是只选择部分缩放因子和平移参数来进行离散小波变换，那么就会使分析的数据量大为减少，称具有这种缩放因子和平移参数的离散小波变换为二进小波变换。二进小波对信号的分析具有变焦的作用，假定对于一观测到的信号，其某部分内容的放大倍数为 2^{-j}，如果想进一步观看信号更小的细节，就需要增加放大倍数，即减少 j 的值；反之，若想了解信号更粗的内容，则可以减少放大倍数，即加大 j 的值。正是在这个意义上，小波变换被称为数学显微镜。

后面的介绍若无特别声明，小波变换均指二进小波变换。

四、小波多分辨率分析

多分辨率分析理论是 Mallat 提出的，它是建立在函数空间概念基础上的理论。多分辨率分析不仅为 $L^2(R)$空间正交小波基的构造提供了一个简便的方法，而且为小波的分解和重构提供了快速算法，即 Mallat 算法。

定义：若函数 $\phi(t)\in L^2(\mathbf{R})$，则把 $\{\phi_{j,n}(t)=2^{-\frac{j}{2}}\phi(2^{-j}t-n)\}_{n\in \mathbf{Z}}$ 中的所有函数张成的空间称为尺度空间，其中 $j\in\mathbf{Z}$。记为：

$$V_j=\overline{\mathrm{Span}\{\phi_{j,n}(t)\}_{n\in\mathbf{Z}}} \tag{5.6.15}$$

由定义可知，所有尺度空间$\{V_j\}_{j\in\mathbf{Z}}$均为由函数 $\phi(t)$经伸缩平移的函数系列张成的空间，因此称 $\phi(t)$为尺度函数。

定义：设$\{V_j\}_{j\in\mathbf{Z}}$为尺度空间系列，若满足下列五个条件，则称$\{V_j\}_{j\in\mathbf{Z}}$为 $L^2(\mathbf{R})$的一个正交多分辨率分析（正交 MRA）：

(1)一致单调性：

$$\cdots\subset V_2\subset V_1\subset V_0\subset V_{-1}\subset V_{-2}\cdots\subset L^2(\mathbf{R}) \tag{5.6.16}$$

(2)渐进完全性：

$$V_{-\infty}=\{0\},\ V_{+\infty}=L^2(\mathbf{R}) \tag{5.6.17}$$

(3)伸缩完全性：

$$f(t)\in V_j\leftrightarrow f(2t)\in V_{j-1}\quad (j\in\mathbf{Z}) \tag{5.6.18}$$

(4)平移不变性：

$$f(t)\in V_0\leftrightarrow f(t-n)\in V_0\quad (\forall n\in\mathbf{Z}) \tag{5.6.19}$$

(5)标准正交基存在性：

存在 $\phi(t)\in V_0$，使得 $\{\phi_{0,n}(t)\}_{n\in\mathbf{Z}}$ 是 V_0 的标准正交基，可以证明此时 $\{\phi_{j,n}(t)\}_{n\in\mathbf{Z}}$ 也必是 V_j 的标准正交基($j\neq 0$)。

多分辨率分析的基础是信号在连续分辨率 2^{j-1} 和 2^j 中存在的信息差别，因此可以直接利用不同分辨率时的信息差别对信号进行分析。称分辨率 2^{j-1} 和 2^j 存在的信息差别为在分辨率 2^{j-1} 下的细节分量。由于对信号在分辨率 2^{j-1} 和 2^j 的分析分别等于在 V_{j-1} 和 V_j 向量空间的投影，因此细节分量也可以用正交投影的概念来定义。

设 W_j 是 V_j 在 V_{j-1} 上的正交补空间，即：

$$\begin{cases} V_{j-1}=V_j\oplus W_j \\ W_j\perp V_j \end{cases} \tag{5.6.20}$$

则存在以下事实：

(1) $W_j\perp W_k\ (j,k\in\mathbf{Z},j\neq k)$，且 $L^2(R)=\bigoplus_{j\in\mathbf{Z}}W_j$，即 $\{W_j\}_{j\in\mathbf{Z}}$ 构成了 $L^2(\mathbf{R})$ 的一系列正交子空间，并且有 $W_j=V_{j-1}-V_j$；

(2)若 $f(t)\in W_0$，则由 $W_0=V_{-1}-V_0$ 和(5.6.18)式可得 $f(2^{-j}t)\in V_{j-1}-V_j$，即有 $f(t)\in W_0\leftrightarrow f(2^{-j}t)\in W_j$。

此时，若设 $\{\varphi_{0,k}(t)\}_{k\in\mathbf{Z}}$ 为空间 W_0 的一组标准正交基，则所有尺度 $j\in\mathbf{Z}$ 的 $\{\varphi_{j,k}(t)\}_{k\in\mathbf{Z}}$ 必为空间 W_j 的标准正交基。进而，由 $L^2(\mathbf{R})=\bigoplus_{j\in\mathbf{Z}}W_j$，$\{\varphi_{j,k}(t)\}_{j,k\in\mathbf{Z}}$ 必构成 $L^2(\mathbf{R})$ 的一组标准正交基，这里称 $\phi(t)$ 为小波函数，$\{W_j\}_{j\in\mathbf{Z}}$ 为小波空间。

由(5.6.20)式可知，多分辨率的几何意义是：$V_0=V_1\oplus W_1=V_2\oplus$

$W_2 \oplus W_1 = V_3 \oplus W_3 \oplus W_2 \oplus W_1 = \cdots$，对于 $\forall f(t) \in V_0$，我们可以把它分解为细节分量 W_1 和近似分量 V_1，然后将近似分量 V_1 进一步分解，不断重复就可得到任意尺度(或分辨率)上的近似分量和细节分量。这就是多分辨率分析的框架。

设 $\phi(t)$ 和 $\varphi(t)$ 分别为尺度空间 V_0 和小波空间 W_0 的一个标准正交基的母函数，由于 $V_0 \subset V_{-1}$，$W_0 \subset V_{-1}$，所以 $\phi(t)$ 和 $\varphi(t)$ 也必然属于 V_{-1} 空间，也即 $\phi(t)$ 和 $\varphi(t)$ 可用 V_{-1} 空间的正交基 $\{\phi_{-1,n}(t)\}_{n \in \mathbf{Z}}$ 线性展开：

$$\varphi(t) = \sum_n H(n) \phi_{-1,n}(t) = \sqrt{2} \sum_n H(n) \phi(2t - n) \tag{5.6.21}$$

$$\phi(t) = \sum_n G(n) \phi_{-1,n}(t) = \sqrt{2} \sum_n G(n) \phi(2t - n) \tag{5.6.22}$$

由线性代数知识可知展开系数 $H(n)$，$G(n)$ 分别为：

$$\begin{cases} G(n) = \langle \phi(t), \phi_{-1,n}(t) \rangle \\ H(n) = \langle \varphi(t), \phi_{-1,n}(t) \rangle \end{cases} \tag{5.6.23}$$

公式(5.6.21)和(5.6.22)描述的是相邻两尺度空间基函数之间的关系，也称为双尺度差分方程，展开系数 $H(n)$，$G(n)$ 分别称为高通和低通滤波器系数。

双尺度差分关系存在于任意两相邻尺度 $j-1$ 与 j 之间，可以证明 $II(n)$，$G(n)$ 与 j 的具体值无关，即不论对哪两个相邻尺度其值都相同。

设任意 $f(t) \in V_{j-1}$ 在 V_{j-1} 空间的展开式为：

$$f(t) = \sum_k c_{j-1,k} 2^{(-j+1)/2} \phi(2^{-j+1} t - k) \tag{5.6.24}$$

将 $f(t)$ 分解一次(即分别投影到 V_j，W_j 空间)，得：

$$f(t) = \sum_k c_{j,k} 2^{-j/2} \phi(2^{-j} t - k) + \sum_k d_{j,k} 2^{-j/2} \varphi(2^{-j} t - k) \tag{5.6.25}$$

式中，

$$c_{j,k} = \langle f(t), \phi_{j,k}(t) \rangle = \int_{\mathbf{R}} f(t) 2^{-j/2} \phi(2^{-j} t - k) \mathrm{d}t \tag{5.6.26}$$

$$d_{j,k}=\langle f(t),\varphi_{j,k}(t)\rangle=\int_{\mathbf{R}} f(t)2^{-j/2}\varphi(2^{-j}t-k)\mathrm{d}t \tag{5.6.27}$$

一般称 $c_{j,k}$ 为尺度(近似)系数，$d_{j,k}$ 为小波系数。

由式(5.6.22)可得：

$$\begin{aligned}\phi(2^{-j}t-k)&=\sqrt{2}\sum_{n}G(n)\phi(2^{-j+1}t-2k-n)\\&=\sqrt{2}\sum_{m}G(m-2k)\phi(2^{-j+1}t-m)\quad(m=n+2k)\end{aligned} \tag{5.6.28}$$

将式(5.6.28)代入式(5.6.26)得：

$$\begin{aligned}c_{j,k}&=\sum_{m}G(m-2k)\int_{\mathbf{R}} f(t)2^{(-j+1)/2}\phi(2^{-j+1}t-m)\mathrm{d}t\\&=\sum_{m}G(m-2k)\langle f(t),\phi_{j-1,m}(t)\rangle\\&=\sum_{m}G(m-2k)c_{j-1,k}\end{aligned} \tag{5.6.29}$$

用同样方法可得：

$$d_{j,k}=\sum_{m}H(m-2k)c_{j-1,k} \tag{5.6.30}$$

j 尺度空间的尺度系数 $c_{j,k}$ 和小波系数 $d_{j,k}$ 可由 $j-1$ 尺度空间的尺度系数 $c_{j-1,k}$ 经滤波器系数 $G(n)$ 和 $H(n)$ 加权求和得到。递推式(5.6.29)和(5.6.30)即为 Mallat 小波分解算法公式。

利用同样的思路，可得下面的 Mallat 小波重构算法公式：

$$c_{j-1,m}=\sum_{k}c_{j,k}G(m-2k)+\sum_{k}d_{j,k}H(m-2k) \tag{5.6.31}$$

五、二维图像的可分离小波变换

设在 $L^2(\mathbf{R})$ 中已给定一个多尺度分析 $\{V_j\}_{j\in z}$ 及相应的尺度函数 $\phi(t)$，定义 j 尺度下的二维空间 $\widetilde{V}_j$ 为：

$$\widetilde{V}_j=V_j\otimes V_j \tag{5.6.32}$$

若$\{\phi_{j,n}(x)=2^{-\frac{j}{2}}\phi(2^{-j}x-n)\}_{n\in Z}$是$V_j$的标准正交基，则可知$\{\phi_{j,n}(x)\phi_{j,m}(y)\}_{n,m\in Z}$一定是$\widetilde{V}_j$的标准正交基。

令W_j为V_j在V_{j-1}中的正交补空间，则有：

$$\begin{aligned}\widetilde{V}_{j-1}&=V_{j-1}\otimes V_{j-1}=(V_j\oplus W_j)\otimes(V_j\oplus W_j)\\&=(V_j\otimes V_j)\oplus(W_j\otimes V_j)\oplus(V_j\otimes W_j)\oplus(W_j\otimes W_j)\\&=\widetilde{V}_j\oplus\widetilde{W}_j^1\oplus\widetilde{W}_j^2\oplus\widetilde{W}_j^3\end{aligned}\tag{5.6.33}$$

式中，$\widetilde{W}_j^1$，$\widetilde{W}_j^2$和$\widetilde{W}_j^3$分别称为二维小波空间。显然，$\{\varphi_{j,n}(x)\phi_{j,m}(y)\}_{n,m\in Z}$，$\{\phi_{j,n}(x)\varphi_{j,m}(y)\}_{n,m\in Z}$和$\{\varphi_{j,n}(x)\varphi_{j,m}(y)\}_{n,m\in Z}$分别为构成$\widetilde{W}_j^1$，$\widetilde{W}_j^2$和$\widetilde{W}_j^3$的标准正交基，且空间$\widetilde{V}_j$，$\widetilde{W}_j^1$，$\widetilde{W}_j^2$和$\widetilde{W}_j^3$两两正交。

假设$s_{n,m}^j$为对应于尺度空间$\widetilde{V}_j$的展开系数；$\alpha_{n,m}^j$，$\beta_{n,m}^j$，$\gamma_{n,m}^j$分别为对应于小波空间$\widetilde{W}_j^1$，$\widetilde{W}_j^2$和$\widetilde{W}_j^3$的小波展开系数；$H(n)$，$G(n)$分别为高通和低通滤波器系数，则有下列二维小波变换的分解公式：

$$\begin{cases}\alpha_{i,l}^j=\sum\limits_{k,m}H(k-2i)G(m-2l)s_{k,m}^{j-1}\\\gamma_{i,l}^j=\sum\limits_{k,m}H(k-2i)H(m-2l)s_{k,m}^{j-1}\\\beta_{i,l}^j=\sum\limits_{k,m}G(k-2i)H(m-2l)s_{k,m}^{j-1}\\s_{i,l}^j=\sum\limits_{k,m}G(k-2i)G(m-2l)s_{k,m}^{j-1}\end{cases}\tag{5.6.34}$$

其重构公式为：

$$\begin{aligned}s_{k,m}^{j-1}=&\sum_{i,l}s_{i,l}^jG(k-2i)G(m-2l)+\sum_{i,l}\alpha_{i,l}^jH(k-2i)G(m-2l)+\\&\sum_{i,l}\beta_{i,l}^jG(k-2i)H(m-2l)+\sum_{i,l}\gamma_{i,l}^jH(k-2i)H(m-2l)\end{aligned}\tag{5.6.35}$$

第七节　其他图像变换

在遥感数字图像处理中，虽然傅立叶变换、K-L变换、缨帽变换、小波变换等是最常用的变换，但除此之外，在遥感图像处理中还有一些其他的使人感兴趣的有用变换。

一、离散余弦变换

由于任何一个对坐标轴是偶对称图像的傅立叶变换将只有余弦分量，把这种思想用于图像变换，先采用如图 5.7.1 所示的两种拼图格式之一，则其傅立叶变换的结果只有余弦分量，这就是余弦变换。余弦变换是一种正交变换，当取图 5.7.1(a)拓展的余弦变换为偶数点余弦变换，取图 5.7.1(b)拓展的余弦变换为奇数点余弦变换。下面只介绍偶数点余弦变换。

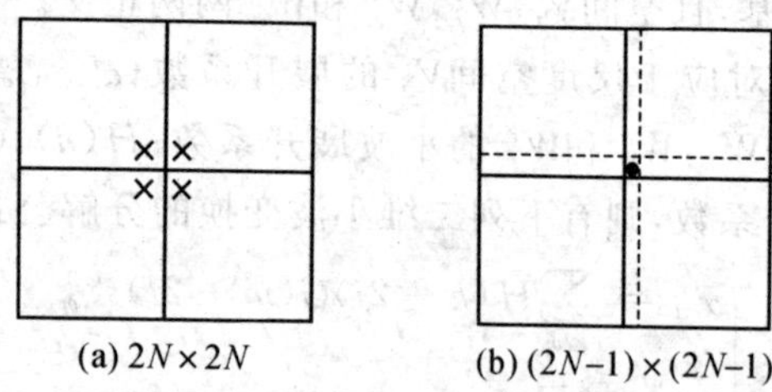

图 5.7.1　余弦变换数据对称拓展

设 $f(x,y)$为二维空间的离散图像函数，大小为 $N\times N$，其偶数点拓展为：

$$f_s(x,y)=\begin{cases} f(x,y) & x\geqslant 0,y\geqslant 0 \\ f(-x-1,y) & x<0,y\geqslant 0 \\ f(x,-y-1) & x\geqslant 0,y<0 \\ f(-x-1,-y-1) & x<0,y<0 \end{cases} \tag{5.7.1}$$

此时，$2N\times 2N$ 新图像的对称中心是$(-1/2,-1/2)$。对新图像 $f_s(x,y)$以对称点作为坐标原点进行傅立叶变换可得：

$$F_s(u,v)=\frac{1}{2N}\sum_{x=-N}^{N-1}\sum_{y=-N}^{N-1}f_s(x,y)\exp\{-i2\pi[\frac{u(x+1/2)+v(y+1/2)}{2N}]\}$$

$$(u,v=-N,\cdots,-1,0,1,\cdots,N-1) \tag{5.7.2}$$

由于 $f_s(x,y)$ 是实对称函数，所以上式可简化为：

$$F_s(u,v)=\frac{2}{N}\sum_{x=0}^{N-1}\sum_{y=0}^{N-1}f_s(x,y)\cos\left[\frac{\pi u(x+1/2)}{N}\right]\cos\left[\frac{\pi v(y+1/2)}{N}\right]$$

$$(u,v=-N,\cdots,-1,0,1,\cdots,N-1) \tag{5.7.3}$$

由于变换系数是偶函数，故四个象限的变换结果完全相同。因此，变量 u,v 可仅取正值。于是得到二维离散余弦变换为：

$$\begin{cases}F(0,0)=\dfrac{1}{N}\displaystyle\sum_{x=0}^{N-1}\sum_{y=0}^{N-1}f(x,y)\\ \qquad (u=v=0)\\ F(u,v)=\dfrac{2}{N}\displaystyle\sum_{x=0}^{N-1}\sum_{y=0}^{N-1}f(x,y)\cos\left[\dfrac{\pi u(2x+1)}{2N}\right]\cos\left[\dfrac{\pi v(2y+1)}{2N}\right]\\ \qquad (u,v=1,2,\cdots,N-1)\end{cases} \tag{5.7.4}$$

反变换与正变换有同样的表达式，即：

$$\begin{cases}f(0,0)=\dfrac{1}{N}\displaystyle\sum_{u=0}^{N-1}\sum_{v=0}^{N-1}F(u,v)\\ \qquad (x=y=0)\\ f(x,y)=\dfrac{2}{N}\displaystyle\sum_{u=0}^{N-1}\sum_{v=0}^{N-1}F(u,v)\cos\left[\dfrac{\pi u(2x+1)}{2N}\right]\cos\left[\dfrac{\pi v(2y+1)}{2N}\right]\\ \qquad (x,y=1,2,\cdots,N-1)\end{cases} \tag{5.7.5}$$

正反偶数点余弦变换均可用快速傅立叶变换算法计算，从而可以实现余弦变换的快速计算。

二、沃尔什(Walsh)变换·哈达玛(Hadamard)变换

由于傅立叶变换和余弦变换在快速算法中都要用到复数乘法，所以占用的时间仍然比较多。而在某些应用领域中，需要更为便利、更为有效的变换方法，沃尔什变换和哈达玛变换就是属于这种类型的变换，而且也都是正交变换。

对于 $N\times N(N=2^n,n$ 为正整数)大小的图像 $f(x,y)$,沃尔什变换和哈达玛变换如下。

(一)沃尔什变换

正变换为:

$$W(u,v)=\frac{1}{N}\sum_{x=0}^{N-1}\sum_{y=0}^{N-1}f(x,y)\prod_{i=0}^{n-1}(-1)^{[b_i(x)b_{n-1-i}(u)+b_i(y)b_{n-1-i}(v)]}$$

$$(u,v=0,1,\cdots,N-1) \tag{5.7.6}$$

反变换为:

$$f(x,y)=\frac{1}{N}\sum_{u=0}^{N-1}\sum_{v=0}^{N-1}W(u,v)\prod_{i=0}^{n-1}(-1)^{[b_i(x)b_{n-1-i}(u)+b_i(y)b_{n-1-i}(v)]}$$

$$(x,y=0,1,\cdots,N-1) \tag{5.7.7}$$

式中,$b_k(z)$等于当 z 用二进制表示时的第 k 位值。例如当 $z=6$ 时(二进制为 110),有 $b_0(z)=0$。

(二)哈达玛变换

正变换为:

$$H(u,v)=\frac{1}{N}\sum_{x=0}^{N-1}\sum_{y=0}^{N-1}f(x,y)(-1)^{\sum_{i=0}^{n-1}[b_i(x)b_i(u)+b_i(y)b_i(v)]}$$

$$(u,v=0,1,\cdots,N-1) \tag{5.7.8}$$

反变换为:

$$f(x,y)=\frac{1}{N}\sum_{u=0}^{N-1}\sum_{v=0}^{N-1}H(u,v)(-1)^{\sum_{i=0}^{n-1}[b_i(x)b_i(u)+b_i(y)b_i(v)]}$$

$$(x,y=0,1,\cdots,N-1) \tag{5.7.9}$$

同傅立叶变换一样,二维沃尔什变换和二维哈达玛变换都可通过分解为两次一维变换来实现,即先做行(列)的一维变换再做列(行)的一维变换。对于它们的反变换也同样。

三、斜(Slant)变换

斜变换也是一种正交变换。设 $f(x,y)$ 是一幅大小为 $N\times N$

($N=2^n$，n 为正整数)的图像，S_N 表示 $N\times N$ 的斜矩阵，则 $f(x,y)$ 的斜变换对为：

正变换：

$$F=SfS^T \tag{5.7.10}$$

反变换：

$$f=S^TFS \tag{5.7.11}$$

$N=2$ 的斜矩阵为：

$$S_2=1/\sqrt{2}\begin{bmatrix}1 & 1\\ 1 & -1\end{bmatrix} \tag{5.7.12}$$

对于其他高阶(N 阶)的斜矩阵可由低阶($N/2$ 阶)的斜矩阵获得，即：

$$S(N)=\frac{1}{\sqrt{2}}\left(\begin{array}{cccc|cccc}
\begin{matrix}1 & 0\\ a_N & b_N\end{matrix} & & & 0 & \begin{matrix}1 & 0\\ -a_N & b_N\end{matrix} & & & 0\\
 & I_2 & & & & I_2 & & \\
 & & \ddots & & & & \ddots & \\
0 & & & I_2 & 0 & & & I_2\\
\hline
\begin{matrix}0 & 1\\ -b_N & a_N\end{matrix} & & & 0 & \begin{matrix}0 & -1\\ b_N & a_N\end{matrix} & & & 0\\
 & I_2 & & & & I_2 & & \\
 & & \ddots & & & & \ddots & \\
0 & & & I_2 & 0 & & & I_2
\end{array}\right)\begin{pmatrix}S(N/2) & 0\\ 0 & S(N/2)\end{pmatrix} \tag{5.7.13}$$

式中：I_2 为 2×2 的单位矩阵；

$a_1=1$；

$a_N=2b_Na_{N/2}$；

$b_N=\dfrac{1}{\sqrt{1+4a_{N/2}^2}}$；

$N=4,8,\cdots,2^n$。

第六章　图像增强

图像增强是数字图像处理最基本的方法之一，在数字图像处理中受到广泛重视，是具有重要实用价值的技术。其目的是突出图像中的有用信息，扩大不同影像特征之间的差别，从而提高对图像的解译和分析能力。图像增强处理可能改善图像的视觉效果，或将图像转换成一种更适合于人或机器进行分析处理的形式。然而图像增强处理是不以图像保真为原则的，也不能增加原图像的信息，而是通过增强处理设法有选择地突出某些对人或机器分析感兴趣的信息，抑制一些无用信息，以提高图像的使用价值。换句话说，增强处理只是增强了对某些信息的辨别能力。也就是说在用图像增强方法增强某些信息的同时，其他信息实际上被压缩了。例如最基本的图像增强方法是扩大不同亮度值之间的差别，但是这种扩大是有限度的，一般最多只能达到 256 个等级（人眼能够识别的灰度级数还要少），因此扩展一部分亮度区间，势必要压缩其他亮度区间。

到目前为止，图像处理工作者提出了不少颇有成效的增强算法，其中相当一部分已付诸实用。但是，图像增强是一个相对的概念，增强效果的好坏，除与算法本身的优劣有一定关系外，还与图像的数据特征有直接关系，同时由于评价图像质量的优劣往往凭观察者的主观而定，没有通用的定量判据，因此增强技术大多属于试探式和面向问题，以致对某类图像效果较好的增强方法未必一定适合于另一类图像，使用时必须注意选择。因此在实际应用中，针对某个应用场合的具体图像，可同时挑选几种适当的增强算法进行试验，从中选出视觉效果比较好的、计算复杂性相对小的、又合乎应用要求的一种算法。

图像增强方法可根据不同的目的、内容、方法等分为以下几类。

1. 点处理和邻域处理

这是按照增强处理的数学形式划分的。点处理是把图像中的每一像元值，按照特定的数学变换模式转换成输出图像的一个新的亮度值，如增强处理中的反差增强、直方图均衡化等；邻域处理是针对一个像元点周围的一个小邻域的所有像元而进行的，输出值的大小不仅与像元点在图像中的亮度值有关，而且还与它邻近的所有像元有关，如中值滤波、图像平滑等。当邻域不断扩大直至整幅图像则就成了全图处理。

2. 空间域法增强和频率域法增强

这是按照增强处理的技术范畴划分的。从本质来说，空间域法和频率域法没有太大差别，只是频率域法一般无边缘像元点损失，而以窗口方法为主的空间域法，常常要造成图像边缘像元点的损失。

3. 波谱信息增强、空间信息增强和时间信息增强

这是按照增强处理的信息内容划分的。波谱信息增强主要是突出不同地物之间的波谱特征的差别；空间信息增强主要是突出空间形态特征、边缘、线条及结构特征等；时间信息增强主要是提取多时相图像中波谱信息和空间信息随时间变化的特征信息。

第一节　反差增强

图像反差增强又称对比度增强。

图像中不同地物的反差大小取决于相邻像元亮度值(或灰度)之间的差别大小。我们知道，人们对黑白影像的识别是通过各像元之间的亮度值(灰度)差异来实现的，但并不是只要存在灰度差异就能识别，而是只有当这种差异达到一定程度时(当然有时还取决于影像分布的空间形态)人眼才能识别。卫星遥感检测系统所设计的动态范围包含了整个地球表面从白到黑的全部亮度值，为此局部地区图像亮度值范围只占整个动态范围的一小部分，因而图像呈低对比度。另外由于存在大气散射等作用，图像的对比度更加降低，这些都将影响图像分析处理的效果。为了突出图像中某些地物的细微结构，可扩大目标与背景的

对比度。

反差增强处理是一种点处理方法，它是通过对像元亮度值（又称灰度级或灰度值）的变换来实现的，也就是说，它将输入图像中某点(x,y)的像元值$f(x,y)$，通过映射函数$T(\cdot)$，映射成输出图像中的像元值$g(x,y)$，即$g(x,y)=T[f(x,y)]$。

根据映射方式的不同，反差增强可分为灰度扩展法和直方图调整法。前者又可分为线性和非线性的灰度扩展，后者又可分为直方图均衡化和直方图规定化。

一、灰度扩展

灰度扩展法是一种简单而实用的方法。

（一）线性扩展

线性扩展是对单波段逐个像元进行处理的，它是将原图像亮度值动态范围按线性关系式扩展至指定范围或整个动态范围。线性扩展在算法上是最简便的，相当于一个直线方程$y=cx+d$。在实际计算中给定的是两个亮度值区间，即要把输入图像的某个亮度值区间$[a,b]$扩展为输出图像的亮度值区间$[a',b']$。具体应用时线性扩展又可分为按比例线性扩展和分段线性扩展。

1. 按比例线性扩展

假定图像的亮度值变量为z，要扩展的亮度值区间为$[a,b]$，其中$a\leqslant z\leqslant b$，输出图像的亮度值变量为z'，扩展后的亮度值区间为$[a',b']$，一般要求$a'<a,b'>b$，则有：

$$z'=\frac{z-a}{b-a}(b'-a')+a' \tag{6.1.1}$$

一般情况下，a'和b'分别取0和127（或255），则有：

$$z'=\frac{z-a}{b-a}\times 127(\text{或 }255) \tag{6.1.2}$$

关于a和b的取值有以下两种情况（见图6.1.1）：

(1)原图像的最小(z_{min})和最大(z_{max})亮度值，即对原图像中的灰度范围不加区别地扩展；

(2)人为规定的最小和最大值(即阈值)，此时有：

$$z'=\begin{cases} a' & z\leqslant a \\ \dfrac{z-a}{b-a}(b'-a')+a' & a<z\leqslant b \\ b' & z>b \end{cases} \tag{6.1.3}$$

(6.1.3)式说明把区间$[a,b]$以外的像元亮度值分别压缩为a'和b'，该方法又称为“去头去尾”线性扩展，它把图像的低亮度值和高亮度值像元的灰度级进行了适当的归并。

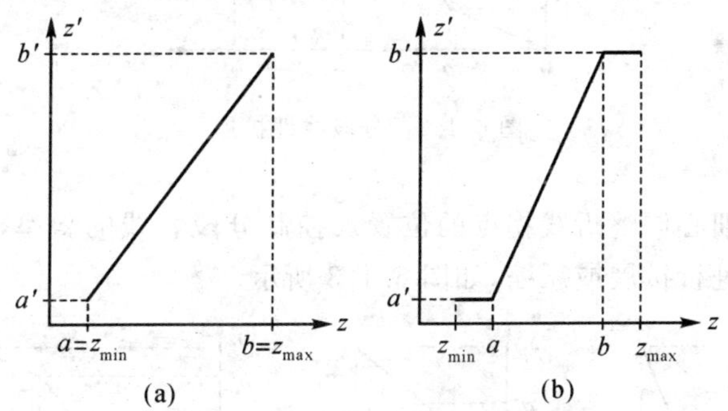

图 6.1.1　按比例线性扩展示意图

2.分段线性扩展

为了弥补图像显示系统、观测成像系统对亮度值范围的局部衰减，以及为了突出人们感兴趣的目标或亮度值区间，要求局部扩展亮度值范围，即分段线性扩展。分段线性扩展可以有效地利用有限个灰度级，达到最大限度增强图像中有用信息的目的。常用的是三段线性扩展，如图 6.1.2 所示，z 为原图像亮度值，z'为扩展后图像的亮度值，其数学表达式为：

$$
z'=\begin{cases}\dfrac{a'}{a}\cdot z & 0\leqslant z\leqslant a\\ \dfrac{b'-a'}{b-a}\cdot(z-a)+a' & a\leqslant z<b\\ \dfrac{M'-b'}{M-b}\cdot(z-b)+b' & b\leqslant z<M\end{cases}\tag{6.1.4}
$$

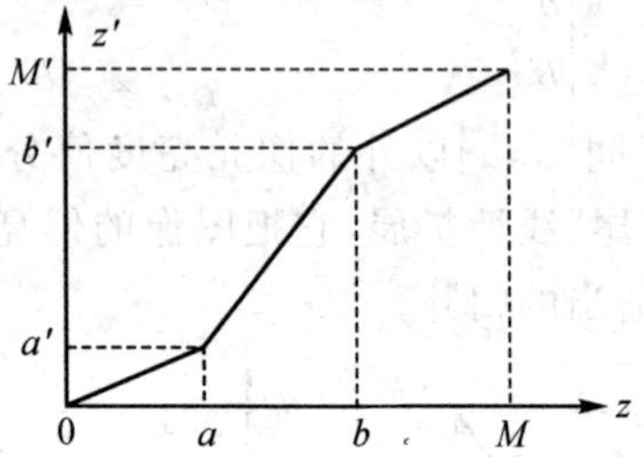

图 6.1.2　分段线性扩展

通过细心调整折线拐点的位置及控制分段直线的斜率，可对任一亮度区间进行扩展或压缩，如图 6.1.3 所示。

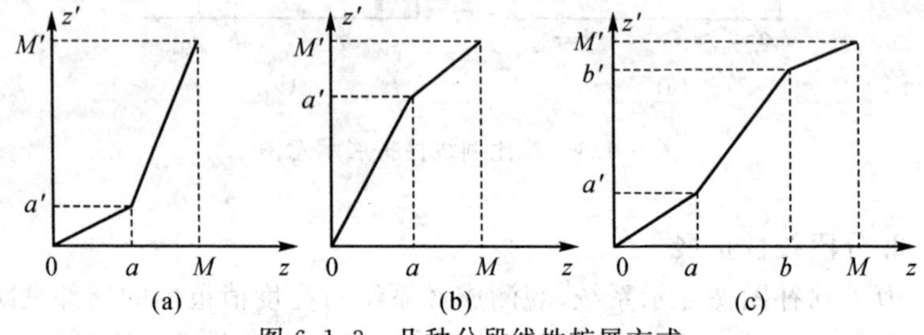

图 6.1.3　几种分段线性扩展方式

(a)扩展高亮度值区　　(b)为扩展低亮度值区

(c)为扩展中部亮度区(实际应用时可根据要求选择扩展段)

(二)非线性扩展

非线性扩展对于要进行扩展的亮度值范围是有选择的，扩展的程度是随亮度值的变化而连续变化的。实质上，前面介绍的分段线性增强就是非线性增强的简化处理，因为一条变换曲线可以用分段直线近似地逼近。下面介绍几种常用的非线性扩展方法。

1. 对数扩展

对数变换的基本形式为：

$$z' = \log_a z \tag{6.1.5}$$

式中，z'为变换后输出的像元亮度值，z 为待变换的输入像元亮度值，对数的底可任意选。在实际应用中，为了增加变换的动态范围和灵活性，往往取自然对数变换，并加入一些调制参数，以控制变换曲线的起点、变换速度等。

$$z' = a + \frac{\ln(z+1)}{b\ln c} \tag{6.1.6}$$

其中，ln 为自然对数符号，用$(z+1)$是为了避免对零求对数，参数 c 用于改变对数的底，a 和 b 用于调节动态范围。当希望对图像的低亮度区有较大的扩展而对高亮度区压缩时，可采用此种变换。

2. 指数扩展

指数扩展的基本形式为：

$$z' = b^{z} \tag{6.1.7}$$

式中，z'为变换后输出的像元亮度值，z 为原图像的亮度值，b 为底数。同样，为了增加变换的动态范围，对上式也可加入一些调制参数，以便可以修改变换曲线的起始位置和变化速率等。为此，采用公式如下：

$$z' = b^{c(z-a)} - 1 \tag{6.1.8}$$

其中，a,b,c 都是可选择的参数，当 $z=a$ 时，$z'=0$，这时指数曲线交于 z 轴，可见参数 a 可以改变变换曲线的起始位置，而参数 c 可以决定变换曲线的陡度，即决定变换曲线的变化速率。指数扩展可以对图像的高亮度区给予较大的扩展。

二、直方图调整

直方图是对图像每一亮度间隔内像元频数的统计，亮度间隔可人为确定，既可以是均匀的，也可以是不均匀的。图像的亮度直方图给出了该幅图像概貌的总的描述，如一幅图像的明暗状况及对比度等，通过直方图可反映出来。一般情况下，由于遥感图像的灰度分布集中在较窄的区间，从而引起图像细节的模糊，为了使图像细节清晰，并使一些目标得到突出，达到增强图像的目的，可通过改善各部分亮度的比例关系，即可通过改造直方图的方法来实现。常用的直方图调整方法有以下两种：直方图均衡化和直方图规定化。

(一)直方图均衡化

直方图均衡化又称直方图平坦化，是将一已知灰度概率密度分布的图像，经过某种变换，变成一幅具有均匀灰度概率密度分布的新图像，其结果是扩展了像元取值的动态范围。一般遥感图像的概率密度函数曲线为一起伏的曲线，直方图均衡化就是使变换后的图像的概率密度函数曲线变为一平坦的直线。下面先讨论连续变化图像的均衡化问题，然后再推广到离散的数字图像上。

图 6.1.4 所示的就是连续情况下非均匀概率密度函数 $P_r(r)$ 经变换函数 $T(r)$ 转换为均匀概率分布 $P_s(s)$ 的情形。图中 r 为变换前的归一化灰度值，$0\leqslant r\leqslant 1$，$T(r)$ 为变换函数，$s=T(r)$ 为变换后的灰度值，也归一化为 $0\leqslant s\leqslant 1$。

由前述可知，对图像进行直方图均衡化处理的关键是求得变换函数 $T(r)$。

设 r 是已经进行过归一化处理的连续图像函数灰度值，即 $0\leqslant r\leqslant 1$，$P_r(r)$ 是此图像的概率密度函数，$T(r)$ 为进行直方图均衡化处理的变换函数，图像均衡化处理后的灰度值为 $s[=T(r)]$，概率密度函数 $P_s(s)$，假定变换函数 $T(r)$ 满足下述条件：

(1)变换函数 $T(r)$ 在区间 $0\leqslant r\leqslant 1$ 内是一单调递增函数，且满足 $0\leqslant T(r)\leqslant 1$；

(2)反变换 $r=T^{-1}(s)$ 存在，$0\leqslant s\leqslant 1$，且也满足类似(1)的条件，也就是使变换后的灰度仍保持由黑到白的单一变化顺序，且变化范围与原图像一致。

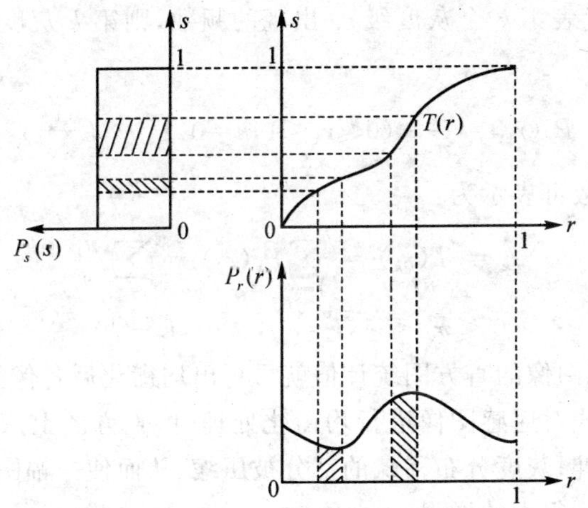

图 6.1.4　将非均匀密度变换为均匀密度

由概率论知识有：

$$P_s(s)=P_r(r)\frac{\mathrm{d}r}{\mathrm{d}s} \tag{6.1.9}$$

在直方图均衡化时有 $P_s(s)=\dfrac{1}{L}$，这里 L 为均衡化后的灰度变化范围。归一化表示时 $L=1$，则有 $P_s(s)=1$，此时式(6.1.9)简化为 $\mathrm{d}s=P_r(r)\mathrm{d}r$，即：

$$\mathrm{d}s=\mathrm{d}T(r)=P_r(r)\mathrm{d}r$$

两边取积分得：

$$s=T(r)=\int_0^r P_r(r)\mathrm{d}r \tag{6.1.10}$$

由上面的推导可见，经(6.1.10)式变换后的变量 s 在定义域内的概率密度是均匀分布的，因此式(6.1.10)就是所要求的连续图像函数均衡化处理的变换函数 $T(r)$，它表明变换函数是原图像的累积概率密度函数，是一个非负递增函数，这也说明只要知道原图像的概率密度函数，就很容易确定变换函数。

上述结论可推广到离散情况。设一幅图像总像元数为 n、分 L 个灰度级，n_k 代表第 k 个灰度级 r_k 出现的频数，则第 k 灰度级出现的概率为：

$$P_r(r_k)=\frac{n_k}{n} \quad (0\leqslant r_k\leqslant 1, k=0,1,\cdots,L-1) \qquad (6.1.11)$$

此时变换函数可表示为：

$$s_k = T(r_k) = \sum_{j=0}^{k} P_r(r_j) = \sum_{j=0}^{k} \frac{n_j}{n} \qquad (6.1.12)$$

$$(0 \leqslant r_k \leqslant 1, k = 0,1,\cdots,L-1)$$

因此，根据原图像的直方图统计值就可算出均衡化后各像元的灰度值。按(6.1.12)式对遥感图像进行均衡化处理时，直方图上灰度分布较密的部分被拉伸；灰度分布稀疏的部分被压缩，从而使一幅图像的对比度在总体上得到很大的增强。

下面用一个例子说明直方图均衡化的过程。设一幅图像大小为 64×64，有 8 个灰度级，其灰度分布直方图 $P_r(r_k)$ 示于图 6.1.5(a)，灰度概率分布列于表 6.1.1 中。根据变换函数公式(6.1.12)可算出 s_k，计算如下：

$$s_{0计算} = T(r_0) = \sum_{j=0}^{0} P_r(r_j) = P_r(r_0) = 0.19$$

$$s_{1计算} = T(r_1) = \sum_{j=0}^{1} P_r(r_j) = P_r(r_0) + P_r(r_1) = 0.19 + 0.25 = 0.44$$

仿此可得：

$s_{2计算}=0.65$　　$s_{3计算}=0.81$　　$s_{4计算}=0.89$

$s_{5计算}=0.95$　　$s_{6计算}=0.98$　　$s_{7计算}=1.00$

图 6.1.5(b)示出了 $s_{k计算}$ 和 r_k 之间的阶梯状关系。

由于原图像的灰度只有 8 级，因此上述各 $s_{k计算}$ 需以 1/7 为量化单位进行舍入运算，得到：

$s_{0舍入}=1/7$　　$s_{1舍入}=3/7$　　$s_{2舍入}=5/7$

$s_{3舍入}=6/7$　　$s_{4舍入}=6/7$　　$s_{5舍入}=1$

$s_{6舍入}=1$　　$s_{7舍入}=1$

表 6.1.1　64×64 大小的图像灰度分布表

r_k	n_k	n_k/n
$r_0=0$	790	0.19
$r_1=1/7$	1023	0.25
$r_2=2/7$	850	0.21
$r_3=3/7$	656	0.16
$r_4=4/7$	329	0.08
$r_5=5/7$	245	0.06
$r_6=6/7$	122	0.03
$r_7=1$	81	0.02

由上述数值可见，新图像只有 5 个不同的灰度级别，取为：

$$s_0=1/7 \qquad s_1=3/7 \qquad s_2=5/7 \qquad s_3=6/7 \qquad s_4=1$$

因为 $r_0=0$ 经变换得 $s_0=1/7$，所以有 790 个像元取 s_0 这个灰度值；r_1 映射到 $s_1-3/7$，所以有 1023 个像元取 $s_1=3/7$ 这一灰度值。以此类推，有 850 个像元取 $s_2=5/7$ 这一灰度值。但是，因为 r_3 和 r_4 均映射到 $s_3=6/7$ 这一灰度级，所以有 656＋329＝985 个像元取这个值；同样有 245＋122＋81＝448 个像元取 $s_4=1$ 这个新灰度值。均衡后的新直方图示于图 6.1.5(c)。

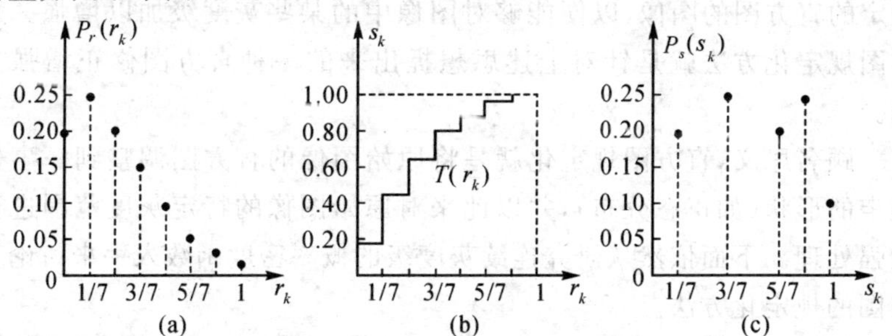

图 6.1.5　直方图均衡化示例

由此可见，在离散情况下，直方图仅能接近于平坦的概率密度函数，很少能在均衡后获得完全平直的直方图，但比原始图像的直方图平坦得多，而且其动态范围也大大地扩展了。

直方图均衡化实质上是减少图像的灰度等级以换取对比度的扩大。在上例中，原来的 8 个灰度级已缩减成了 5 个。由于在均衡化过程中，原直方图上频数较小的灰度级被并入少数几个或一个灰度级中，对应的图像部分得不到增强。若这些灰度级所构成的图像细节较重要，则采用局部自适应的直方图均衡化较为适宜，简称为 LAHE(Local Adaptive Histogram Equalization)。本法用一个滑动窗口，先计算该窗口的直方图，再对这个局部直方图进行均衡以实现对窗口中心像元灰度级的修整。窗口从左至右和自上而下移动，完成对整幅图像灰度的修整。选用的窗口可为正方形或矩形，也可为圆形或椭圆形，窗口大小可变，在进行直方图运算时，可计算窗口内所有像元，也可仅取水平、垂直及对角方向的像元。

(二)直方图规定化

虽然直方图均衡化是行之有效的增强方法，但是由于它只能产生一种结果——近似均匀的直方图，从而限制了这种方法的效能。因为在不同的情况下，并不是总需要具有均匀直方图的图像，有时需要具有特定的直方图的图像，以便能够对图像中的某些灰度级加以增强。直方图规定化方法就是针对上述思想提出来的一种直方图修正增强方法。

顾名思义，直方图规定化就是将原始图像的直方图调整到一事先规定的形状(如正态分布)，并以此来对原始图像的特定灰度范围进行增强处理。下面依然从研究连续灰度级的概率密度函数入手来讨论直方图的规定化方法。

假设 $P_r(r)$是原始图像灰度分布的概率密度函数，$P_z(z)$是希望得到的图像的概率密度函数，如何建立 $P_r(r)$和 $P_z(z)$之间的联系是直方图规定化处理的关键。

首先对原始图像进行直方图均衡化处理，即：

$$s = T(r) = \int_0^r P_r(\omega)\mathrm{d}\omega \tag{6.1.13}$$

假定已经得到了所希望的图像，并且它的概率密度函数是 $P_z(z)$。对这幅图像也作直方图均衡化处理，即：

$$v = G(z) = \int_0^z P_z(\omega)\mathrm{d}\omega \tag{6.1.14}$$

因为对两幅图像（注意：这两幅图像只是灰度分布的概率密度不同）同样作了直方图均衡化处理，所以 $P_s(s)$ 和 $P_v(v)$ 具有相同的均匀密度。由于式(6.1.14)的逆过程是 $z=G^{-1}(v)$，这样，如果用从原始图像中得到的均匀灰度级 s 来代替逆过程中的 v，其结果灰度级 $z=G^{-1}(v)=G^{-1}(s)$ 将是所要求的概率密度函数 $P_z(z)$ 的灰度级。

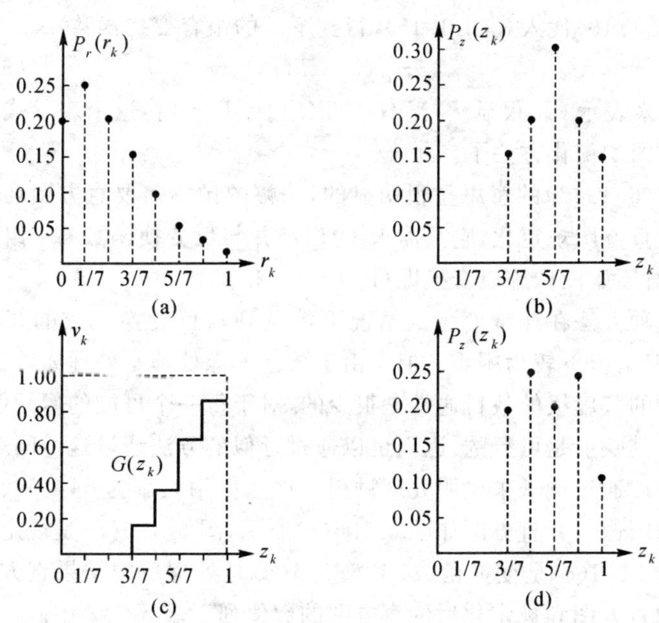

图 6.1.6　直方图规定化示例

根据以上的分析，可以总结出直方图规定化增强处理的步骤如下：

(1)用式(6.1.10)把原始图像的灰度级均衡化；

(2)规定希望的密度函数，并用式(6.1.14)得到变换函数 $G(z)$；

(3)将逆变换函数 $z=G^{-1}(s)$ 用到步骤(1)中所得到的灰度级。

以上三个步骤得到了原始图像的另一种处理方式，在这种处理方法中得到的新图像的灰度级具有事先规定的概率密度函数 $P_z(z)$。

虽然直方图规定化方法中包括两个变换函数，这就是 $T(r)$ 和 $G^{-1}(s)$，但可将这两个增强步骤简单地组合成一个函数关系，利用它可从原始图像产生所希望的灰度分布。从上面的讨论中，我们得到：

$$z=G^{-1}(s) \tag{6.1.15}$$

将式(6.1.10)代入式(6.1.15)，得到下面的组合变换函数：

$$z=G^{-1}[T(r)] \tag{6.1.16}$$

它用 r 来表示 z。很显然，当 $G^{-1}[T(r)]=T(r)$ 时，这个表示式就简化为直方图均衡化方法了。

式(6.1.16)的意思是很明显的，一幅图像不需要直方图均衡化就可实现直方图规定化，它只需求出 $T(r)$ 并与反变换函数 G^{-1} 组合在一起，再对原始图像施以变换即可。

这种方法在连续变量的情况下涉及到求反变换函数的解析式问题，一般情况下较为困难。但是由于数字图像处理是处理离散变量，而且离散的灰度级的数目通常是很少的，对于每一个可能的像元值，计算和存贮其映射是可行的，因而可以通过近似的方法绕过这个问题。

下面通过例子来说明处理过程。这里仍用大小为 64×64、灰度级为 8 的图像。其直方图如图 6.1.6(a)所示，图 6.1.6(b)是规定的直方图，图 6.1.6(c)是变换函数，图 6.1.6(d)是处理后的结果直方图。原始图像直方图和规定化后的直方图的数值列于表 6.1.2 中。

表 6.1.2　原始与规定的直方图数据

原始直方图数据			规定的直方图数据	
r_k	n_k	n_k/n	z_k	$P_z(z_k)$
$r_0=0$	790	0.19	$z_0=0$	0.00
$r_1=1/7$	1023	0.25	$z_1=1/7$	0.00
$r_2=2/7$	850	0.21	$z_2=2/7$	0.00
$r_3=3/7$	656	0.16	$z_3=3/7$	0.15
$r_4=4/7$	329	0.08	$z_4=4/7$	0.20
$r_5=5/7$	245	0.06	$z_5=5/7$	0.30
$r_6=6/7$	122	0.03	$z_6=6/7$	0.20
$r_7=1$	81	0.02	$z_7=1$	0.15

计算步骤如下：

(1) 对原始图像进行直方图均衡化处理，处理结果列于表 6.1.3 中。

表 6.1.3　直方图均衡化处理后的直方图数据

$r_j \to s_k$	n_k	$p_s(s_k)$
$r_0 \to s_0=1/7$	790	0.19
$r_1 \to s_1=3/7$	1023	0.25
$r_2 \to s_2=5/7$	850	0.21
$r_3, r_4 \to s_3=6/7$	985	0.24
$r_5, r_6, r_7 \to s_4=1$	448	0.11

(2)利用(6.1.12)式计算变换函数

$$\upsilon_k = G(z_k) = \sum_{j=0}^{k} P_z(z_j)$$

得到的数值为：

$$\upsilon_0=G(z_0)=0.00 \qquad \upsilon_4=G(z_4)=0.35$$

$$\upsilon_1=G(z_1)=0.00 \qquad \upsilon_5=G(z_5)=0.65$$

$$\upsilon_2=G(z_2)=0.00 \qquad \upsilon_6=G(z_6)=0.85$$

$$\upsilon_3=G(z_3)=0.15 \qquad \upsilon_7=G(z_7)=1.00$$

变换函数如图 6.1.6(c)所示。

(3)用直方图均衡化中的 s_k 进行 G 的反变换来求得 z：

$$z_k = G^{-1}(s_k)$$

因为我们研究的是离散值的情况，在反映射中常常必须进行近似。例如，最接近于 $s_0 = 1/7 \approx 0.14$ 的是 $G(z_3) = 0.15$，所以可以写成 $G^{-1}(0.15) = z_3$。用这样的方法可得到下列映射：

$$s_0 = 1/7 \rightarrow z_3 = 3/7$$

$$s_1 = 3/7 \rightarrow z_4 = 4/7$$

$$s_2 = 5/7 \rightarrow z_5 = 5/7$$

$$s_3 = 6/7 \rightarrow z_6 = 6/7$$

$$s_4 = 1 \rightarrow z_7 = 1$$

(4)用 $z = G^{-1}[T(r)]$ 找出 r 与 z 的映射关系：

$$r_0 = 0 \rightarrow z_3 = 3/7 \qquad r_4 = 4/7 \rightarrow z_6 = 6/7$$

$$r_1 = 1/7 \rightarrow z_4 = 4/7 \qquad r_5 = 5/7 \rightarrow z_7 = 1$$

$$r_2 = 2/7 \rightarrow z_5 = 5/7 \qquad r_6 = 6/7 \rightarrow z_7 = 1$$

$$r_3 = 3/7 \rightarrow z_6 = 6/7 \qquad r_7 = 1 \rightarrow z_7 = 1$$

(5)根据这些映射重新分配像元，并用 $n = 4096$ 去除，得到直方图的最后结果，如图 6.1.6(d)所示，其数值列于表 6.1.4 中。

表 6.1.4 结果直方图数据

z_k	n_k	$p_z(z_k)$
$z_0 = 0$	0	0.00
$z_1 = 1/7$	0	0.00
$z_2 = 2/7$	0	0.00
$z_3 = 3/7$	790	0.19
$z_4 = 4/7$	1023	0.25
$z_5 = 5/7$	850	0.21
$z_6 = 6/7$	985	0.24
$z_7 = 1$	448	0.11

必须指出，虽然每一个规定级都填满了，但结果直方图并不是很接

近所希望的形状，而且在灰度级数减少时，规定的和最后得到的直方图之间的误差还会趋向于增加。就像在直方图均衡化中的情况一样，这种误差是由于只有在连续情况下才能保证变换得到准确的结果所致。然而，尽管用一个近似于所希望的直方图也能得到很有用的增强效果。

实际上，从 s 到 z 的反变换有时不是单值的，当在规定的直方图中没有填满的灰度级或在 $G^{-1}(s)$取最接近的可能的灰度级的过程中，就会产生这种情况。处理这种情况的方法一般是指定一个灰度级，使这个灰度级尽可能与给定的灰度级相配合。

第二节　空间域滤波

地学工作者往往对遥感影像中的地物边界、纹理、地面形迹等信息感兴趣，因此需要增强遥感图像中的这些信息。图像中的这些信息在空间位置上具有一定的延伸方向、延伸距离、宽度以及反差等特点，这些特点可以用一定的物理模式来描述，例如具有长距离(数十公里)、宽线条的形迹呈低频率特征；细小的边界、纹理、断裂等长度在数百米内的窄线条的形迹呈高频率特征；介于两者之间的呈中频率特征。为此根据地学判释的需要，可以分别增强高频、中频和低频特征，这种频率增强技术称为图像滤波。实现高频增强的称为高通滤波；实现低频增强的称为低通滤波；增强中间频段的则称为带通滤波。此外可以增强图像某些方向的形迹特征的称为定向滤波(匹配滤波)。例如，研究遥感图像中的水系时，当要突出细微部分时，可将图像经高频增强(高通滤波)处理，若要突出水系的主干部分，则可进行低频增强(低通滤波)处理。

滤波增强处理是一种邻域处理方法。滤波处理技术可分为两类，即空间域滤波和频率域滤波。空间域滤波运算简便，而频率域滤波运算量大且比较复杂。

一、边缘增强

遥感数字图像中地物的边缘包括地物的边界、地质线性构造和环状构造等，在对图像进行解译和识别时，常需要突出目标的轮廓或边缘信息，这可以通过图像边缘增强处理来实现。

(一)微分法

因为图像微分运算是求像元值变化率的，其有加强高频分量的作用，从而使图像轮廓清晰。图像处理中最常用的微分方法有梯度法和拉普拉斯算子法。

1. 梯度法

对于图像函数 $f(x,y)$，它在点 (x,y) 处的梯度定义为一个矢量：

$$G[f(x,y)]=[\frac{\partial f}{\partial x},\frac{\partial f}{\partial y}]^T \tag{6.2.1}$$

式中：$\frac{\partial f}{\partial x}$ 和 $\frac{\partial f}{\partial y}$ 分别为 $f(x,y)$ 对应于 x 和 y 的偏导数。

梯度的两个重要性质是：

(1)矢量 $G[f(x,y)]$ 指向 $f(x,y)$ 在 (x,y) 点的最大变化率方向；

(2)用 $G_M[f(x,y)]$ 表示 $G[f(x,y)]$ 的幅度(梯度的模)，并由下式给出：

$$G_M[f(x,y)]=\sqrt{\left(\frac{\partial f}{\partial x}\right)^2+\left(\frac{\partial f}{\partial y}\right)^2} \tag{6.2.2}$$

这就是说，$G_M[f(x,y)]$ 等于在 $G[f(x,y)]$ 的方向上每单位距离 $f(x,y)$ 的最大变化率。

对于数字图像用微分运算不便，一般用差分来近似。常用的梯度差分法有两种：

第一种为：

$$G_M[f(i,j)]=\sqrt{[f(i,j)-f(i+1,j)]^2+[f(i,j)-f(i,j+1)]^2} \tag{6.2.3}$$

为运算简便，上式可简化为：

$$G_M[f(i,j)] \approx |f(i,j)-f(i+1,j)|+|f(i,j)-f(i,j+1)| \tag{6.2.4}$$

第二种为 Robert 梯度算子，它是：

$$G_M[f(i,j)]=\sqrt{[f(i,j)-f(i+1,j+1)]^2+[f(i+1,j)-f(i,j+1)]^2} \tag{6.2.5}$$

可简化为：

$$G_M[f(i,j)] \approx |f(i,j)-f(i+1,j+1)|+|f(i+1,j)-f(i,j+1)| \tag{6.2.6}$$

2. 拉普拉斯算子法

设一连续图像函数 $f(x,y)$，其拉普拉斯运算定义为：

$$\nabla^2 f=\frac{\partial^2 f}{\partial x^2}+\frac{\partial^2 f}{\partial y^2} \tag{6.2.7}$$

其中：∇^2 表示拉普拉斯算子；

$\frac{\partial^2 f}{\partial x^2}$ 和 $\frac{\partial^2 f}{\partial y^2}$ 分别为 $f(x,y)$ 对应于 x 和 y 的二阶偏导数。

对于数字图像 $f(i,j)$，其在 (i,j) 点处的拉普拉斯运算为：

$$\nabla^2 f(i,j)=f(i,j+1)+f(i,j-1)+f(i+1,j)+f(i-1,j)-4f(i,j) \tag{6.2.8}$$

上式表明，(i,j) 点与相邻四点的总差值代表该点的拉普拉斯算子值，这样便可以用一个 3×3 的矩阵（见式(6.2.9)）对全图像 $f(i,j)$ 卷积运算得到拉普拉斯值，见式 6.2.10。

$$H=\begin{bmatrix}0 & 1 & 0\\1 & -4 & 1\\0 & 1 & 0\end{bmatrix} \tag{6.2.9}$$

$$\nabla^2 f(i,j)=H * f(i,j) \tag{6.2.10}$$

式中：* 为卷积运算符。

边缘增强的另一种方法是从原图像上减去拉普拉斯计算值，即有：

$$f'(i,j)=5f(i,j)-[f(i,j+1)+f(i,j-1)+f(i+1,j)+f(i-1,j)] \tag{6.2.11}$$

式中：$f'(i,j)$为增强的图像。

拉普拉斯算子除了有边缘增强的作用外，还可以有效地消除图像上因扩散作用产生的模糊，使图像清晰化。

二、平滑滤波

平滑滤波是低频增强的空间域滤波技术。它可以滤掉由于孤立的单点噪声而引起的灰度偏差。空间域的平滑滤波一般采用简单平均法进行，就是求邻近像元点的平均亮度值。邻域的大小与平滑的效果直接有关，邻域越大平滑的效果越好，但邻域越大，平滑会使边缘信息损失得越大，从而使输出的图像变得模糊，因此需合理地选择邻域的大小。

假设 $f(i,j)$和 $g(i,j)$分别为图像平滑前和平滑后的灰度值，则平滑公式为：

$$g(i,j)=\frac{1}{M}\sum_{m,n\in s}f(m,n) \tag{6.2.12}$$

式中 S 为所取邻域中各邻近像元的坐标集合，M 是邻域中包含的邻近像元数。邻域可以有不同的选取方法，如图 6.2.1 所示。

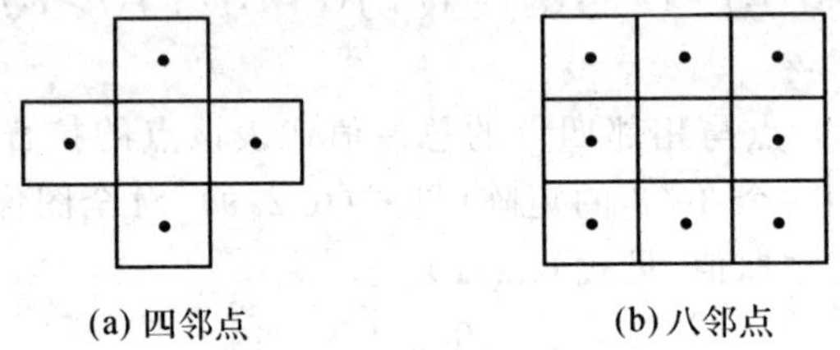

图 6.2.1 邻域选取示意图

有时也可采用对某些灰度值范围内的像元进行平滑滤波，它可在一定程度上减少上述普通平滑滤波随着邻域范围的扩大，图像模糊效应也越来越大的现象。具体步骤如下：

(1)给定一个阈值 T，并按式(6.2.12)计算邻域内的灰度平均值 G；

(2)计算 G 与邻域中心点像元灰度值的绝对差 D；

(3)比较 T 与 D 的大小，若 D 大于 T，则邻域中心像元的输出灰度值取 G；若 D 小于或等于 T，则邻域中心像元灰度值保持不变。

三、定向滤波

定向滤波又称匹配滤波。它通过一定尺寸的方向模板对图像进行卷积运算，并以卷积值代替各像元点灰度值，其强调的是某一些方向的地面形迹，例如水系、线性影像。所谓方向模板是一个各元素大小按一定的规律取值，并对某一方向灰度变化最敏感的矩阵。定向滤波的原理为：将方向模板的中心沿图像像元依次移动，在每一位置上把模板中每个点的值与图像上相对应的像元值点相乘后相加。设 f_i 为相应图像区域各像元值，g_i 为方向模板元素值，且有 M 个元素，k 为输出的定向滤波值，则定向滤波计算式为：

$$k = f_1 g_1 + f_2 g_2 + \cdots + f_M g_M \tag{6.2.13}$$

方向模板分零模板和非零模板两种，所谓零模板就是模板各元素值的和为零，非零模板就是模板各元素值的和不为零(如图 6.2.2 所示)。

零值方向模板

-1	-1	-1
2	2	2
-1	-1	-1

-1	-1	2
-1	2	-1
2	-1	-1

-1	2	-1
-1	2	-1
-1	2	-1

2	-1	-1
-1	2	-1
-1	1	2

非零值方向模板

1	1	1
2	2	2
1	1	1

1	1	2
1	2	1
2	1	1

1	2	1
1	2	1
1	2	1

2	1	1
1	2	1
1	1	2

图 6.2.2 方向模板

定向滤波技术的关键是模板的选择，除了模板方向选择外，模板内元素间的差值大小也要影响增强的强度。

四、中值滤波

平滑滤波的输出值是邻域内的所有像元值的平均值，而中值滤波是把邻域内的所有像元从小到大排序，取中间值作为邻域中心像元点的输出值。中间值取法如下：当邻域内的像元数为奇数时，取排序后的中间像元值；当邻域内的像元数为偶数时，取排序后的中间两像元值的平均值，其邻域也可选择不同方式（如图 6.2.1 所示）。

显然，中值滤波是一种非线性滤波，其突出的优点是在消除噪声的同时，还能防止边缘模糊。

第三节　频率域滤波

频率域滤波的基础是傅立叶变换及卷积定理，即：

$$g(x,y)=h(x,y)*f(x,y) \tag{6.3.1}$$

从卷积定理我们得到下述频率域关系：

$$G(u,v)=H(u,v)F(u,v) \tag{6.3.2}$$

式中 G,H,F 分别是 g,h,f 的傅立叶变换。称 $H(u,v)$ 为传递函数，传递函数也称滤波因子或滤波器函数。

在典型图像增强问题中，$f(x,y)$ 是给定了的，即待增强的图像。在计算 $F(u,v)$ 之后，目的是要选择 $H(u,v)$，使得对 $G(u,v)$ 求傅立叶反变换得到所需的增强后的图像 $g(x,y)$。$g(x,y)$ 具有 $f(x,y)$ 的某种鲜明的特征，如利用 $H(u,v)$ 强调 $F(u,v)$ 的高频分量，使 $f(x,y)$ 的边缘信息得到增强，即高通滤波。或者相反，利用函数 $H(u,v)$ 使 $F(u,v)$ 的高频成分衰减，即低通滤波。下面分别予以介绍。

一、低通滤波

在频率域中，低频信息畅通无阻，而通过滤波器函数衰减高频信息的过程称为低通滤波。在一幅图像中，边缘和其他尖锐的跳跃（例如噪声）对频率域的高频分量有很大贡献，所以低通滤波抑制了反映灰度聚变边界特征的高频信息以及包括在高频中的孤立点噪声，起到平滑图像去噪声的增强作用。下面将介绍常用的几种滤波器函数，由于它们以完全相同的方式修改图像频谱的实部和虚部，而不改变频谱的相位，故而被称为零相位移滤波器函数。

(一)理想滤波器

二维理想低通滤波器(ILPF)函数如下：

$$H(u,v)=\begin{cases}1 & \text{当 } D(u,v)\leqslant D_0 \\ 0 & \text{当 } D(u,v)>D_0\end{cases} \tag{6.3.3}$$

式中 D_0 是一个规定的非负的量，$D(u,v)$ 是从点 (u,v) 到频率平面的原点的距离，也就是：

$$D(u,v)=\sqrt{u^2+v^2} \tag{6.3.4}$$

理想滤波器的名字来源于：以 D_0 为半径的圆内的所有频率分量无损地通过，圆外的所有频率分量完全衰减。

本章讨论的所有滤波器函数都是以原点径向对称的。这种滤波器函数的样子是在规定的剖面上，从原点出发沿半径方向画出一个随距离变化的函数，然后利用剖面绕原点旋转 360°，便得到了滤波器函数。应当指出，在 $N\times N$ 频率矩阵的中心，径向对称滤波器函数的规定化是以如下假设为根据的，即傅立叶变换的原点已经处在这个矩形的中心。对于理想低通滤波器的剖面，在 $H(u,v)=1$ 和 $H(u,v)=0$ 之间的跳跃点(D_0)通常称为截止频率。

(二)巴特沃斯滤波器(Butterworth)

当截止频率点的 $H(u,v)$ 等于最大值的 $1/\sqrt{2}$ 时，n 阶巴特沃斯低通滤波器(BLPF)函数由下式决定：

$$H(u,v)=\frac{1}{[1+0.414(D(u,v)/D_0)]^{2n}} \tag{6.3.5}$$

式中 $D(u,v)$ 由式(6.3.4)给定。与理想低通滤波器不同，巴特沃斯低通滤波器函数的特点是在通过频率与滤去频率之间没有明显的不连续性。

(三)指数滤波器

当截止频率点的 $H(u,v)$ 等于最大值的 $1/\sqrt{2}$ 时，指数低通滤波器(ELPF)函数由下式决定：

$$H(u,v)=\exp[-0.347(D(u,v)/D_0)^n] \tag{6.3.6}$$

式中 $D(u,v)$ 由式(6.3.4)决定，n 决定指数函数的衰减率。

(四)梯形滤波器

梯形低通滤波器(TLPF)函数是理想低通滤波器函数和完全平滑低通滤波器函数的折衷，它由下式来定义：

$$H(u,v)=\begin{cases}1 & \text{若 } D(u,v)<D_0 \\ \dfrac{D(u,v)-D_1}{D_0-D_1} & \text{若 } D_0\leqslant D(u,v)\leqslant D_1 \\ 0 & \text{若 } D(u,v)>D_1\end{cases} \tag{6.3.7}$$

式中 $D(u,v)$ 由式(6.3.4)决定，D_0 和 D_1 是事先规定的，且 $D_0<D_1$。为了实现方便，我们将滤波器函数第一个转换点 D_0 定义为截止频率，第二个变量 D_1 是任意的，只要它大于 D_0 即可。

应当指出，傅立叶变换的主要能量集中在能谱中心。对于一幅 256×256 的图像，当截止频率到原点的距离 $D_0=5$ 时，理想低通滤波将保存能量的 90%；D_0 稍许加大，通过的能量迅速增加，如 $D_0=22$，通过的能量为变换总能量的 98%。合理地选取 D_0 是低通滤波平滑图像效果好坏的关键。

二、高通滤波

衰减或抑制低频分量，让高频分量畅通的滤波称为高通滤波。因为边缘及灰度急剧变化部分与高频分量相关联，在频率域中进行高通滤波将使图像得到锐化处理。下面介绍的几种滤波器函数与低通滤波相同，也是零相位移滤波器函数。

(一)理想滤波器

二维理想高通滤波器(IHPF)函数为：

$$H(u,v)=\begin{cases}0 & 若\ D(u,v)\leqslant D_0\\ 1 & 若\ D(u,v)>D_0\end{cases} \tag{6.3.8}$$

式中 D_0 是频率平面上从原点算起的截止距离,$D(u,v)$由式(6.3.4)给出。应当指出,这个滤波器函数正好和低通滤波中讨论的理想低通滤波器函数相反,因为它把半径为 D_0 的圆内所有频率完全衰减掉,而圆外所有频率无损失地通过。

(二)巴特沃斯滤波器(Butterworth)

当截止频率点的 $H(u,v)$等于最大值的 $1/\sqrt{2}$时,n 阶巴特沃斯高通滤波器(BHPF)函数由下式决定：

$$H(u,v)=\frac{1}{[1+0.414(D_0/D(u,v))]^{2n}} \tag{6.3.9}$$

式中 $D(u,v)$由式(6.3.4)给定。

(三)指数滤波器

当截止频率点的 $H(u,v)$等于最大值的 $1/\sqrt{2}$时,指数高通滤波器(EHPF)函数由下式决定：

$$H(u,v)=\exp[-0.347(D_0/D(u,v))^n] \tag{6.3.10}$$

式中 $D(u,v)$由式(6.3.4)决定,参量 n 控制着从原点算起的距离函数 $H(u,v)$的增长率。

(四)梯形滤波器

梯形高通滤波器(THPF)函数如下：

$$H(u,v)=\begin{cases}1 & 若\ D(u,v)>D_0 \\ \dfrac{D(u,v)-D_1}{D_0-D_1} & 若\ D_1\leqslant D(u,v)\leqslant D_0 \\ 0 & 若\ D(u,v)<D_1\end{cases} \tag{6.3.11}$$

式中 $D(u,v)$ 由式(6.3.4)决定，D_0 和 D_1 是事先规定的，且 $D_0>D_1$。为了实现方便，我们将 D_0 定义为截止频率，第二个变量 D_1 是任意的，只要它小于 D_0 即可。

实践经验表明，有时对图像进行高频率增强处理之后，再对其进行直方图均衡化，可以使图像得到很大改善。

三、带通滤波

通常使用的带通滤波器函数为高斯滤波器函数。高斯滤波器函数 $H(u,v)$ 如下：

$$H(u,v)=A\exp\left[-\frac{D^2(u,v)}{2\alpha_1^2}\right]-B\exp\left[-\frac{D^2(u,v)}{2\alpha_2^2}\right] \tag{6.3.12}$$

式中 A,B 为可选择的参数，$D(u,v)$、α_1 和 α_2 是共同决定高斯函数形态的参数。

可见函数 $H(u,v)$ 是由两个宽度不同的高斯函数叠加合成的。由于 $H(u,v)$ 在频率域的高频和低频部分均有衰减，所以称之为带通滤波，其截止频率 D_0 也可定义为 $H(u,v)$ 从最大值下降到 $1/\sqrt{2}$ 处所对应的 $D(u,v)$ 值。

以上介绍了各种低通、高通和带通滤波器，究竟选择哪种滤波器较好，选择什么参数合适，这要根据图像处理时需要增强的内容来确定。

四、同态滤波(Homomorphic Image Enhancement)

图像的对数亮度域称为图像的密度域。实际例子表明，图像在密度域中处理有时会比在亮度域中处理的效果更好，这是因为人的视觉系统对图像亮度的响应具有类似于对数运算的非线性形式，这一点为 Weber 定律所证实。它说明人眼对图像亮度刚能察觉的差别 JND

(Just Noticeable Difference)是与亮度成正比的，换句话说，在图像密度域中的JND与密度无关。因此在某种意义上说，图像密度域比亮度域更接近于人的视觉系统要求。同态滤波增强就是在密度域中应用成功的一种增强技术。

同态滤波增强是把频率过滤和灰度变换结合起来的一种处理方法。它是把图像的照明反射模型作为频域处理的基础，利用压缩灰度范围和增强对比度来改善图像的一种处理技术。

一幅图像 $f(x,y)$ 可以看成由两个分量组合而成，即：

$$f(x,y)=i(x,y)\cdot r(x,y) \tag{6.3.13}$$

式中：$i(x,y)$ 为照明分量（入射分量），是入射到景物上的光强度；

$r(x,y)$ 称为反射分量，是受到景物反射的光强度。

因为傅立叶变换是线性变换，所以对于式(6.3.13)中具有相乘关系的两个分量无法分开，也就是说：

$$F\{f(x,y)\}\neq F\{i(x,y)\}\cdot F\{r(x,y)\}$$

如果把式(6.3.13)的两边取对数就可以把式中的乘法关系变成加法关系，然后再加以进一步处理，即：

$$z(x,y)=\ln f(x,y)=\ln i(x,y)+\ln r(x,y) \tag{6.3.14}$$

此后，对式(6.3.14)两端再进行傅立叶变换，得：

$$F\{z(x,y)\}=F\{\ln f(x,y)\}=F\{\ln i(x,y)\}+F\{\ln r(x,y)\} \tag{6.3.15}$$

令

$$Z(u,v)=F\{z(x,y)\}$$
$$I(u,v)=F\{\ln i(x,y)\}$$
$$R(u,v)=F\{\ln r(x,y)\}$$

则

$$Z(u,v)=I(u,v)+R(u,v) \tag{6.3.16}$$

如果用一个滤波器函数 $H(u,v)$ 来处理 $Z(u,v)$，那么，如前面所讨论的那样，则：

$$S(u,v)=H(u,v)\cdot Z(u,v)=H(u,v)\cdot I(u,v)+H(u,v)\cdot R(u,v) \tag{6.3.17}$$

处理后，将式(6.3.17)再施以傅立叶反变换，则：

$$\begin{aligned}s(x,y)&=F^{-1}\{S(u,v)\}\\&=F^{-1}\{H(u,v)\cdot I(u,v)\}+F^{-1}\{H(u,v)\cdot R(u,v)\}\end{aligned} \tag{6.3.18}$$

令

$$i'(x,y)=F^{-1}\{H(u,v)\cdot I(u,v)\}$$
$$r'(x,y)=F^{-1}\{H(u,v)\cdot R(u,v)\}$$

式(6.3.18)可写成如下形式：

$$s(x,y)=i'(x,y)+r'(x,y) \tag{6.3.19}$$

因为 $z(x,y)$ 是 $f(x,y)$ 的对数，为了得到所要求的增强图像 $g(x,y)$，还要进行一次相反的运算，即：

$$\begin{aligned}g(x,y)&=\exp\{s(x,y)\}=\exp\{i'(x,y)+r'(x,y)\}\\&=\exp\{i'(x,y)\}\cdot\exp\{r'(x,y)\}\end{aligned} \tag{6.3.20}$$

令

$$i''(x,y)=\exp\{i'(x,y)\}$$
$$r''(x,y)=\exp\{r'(x,y)\}$$

则

$$g(x,y)=i''(x,y)+r''(x,y) \tag{6.3.21}$$

式中 $i''(x,y)$ 是处理后的照明分量，$r''(x,y)$ 是处理后的反射分量。

一幅图像的照明分量通常用慢变化来表征，而反射分量则倾向于急剧变化。这个特征使我们有可能把一幅图像取对数后的傅立叶变换的低频分量和照明分量联系起来，而把反射分量与高频分量联系起来。这样的近似虽然是粗糙的，但是却可以收到有效的增强效果。

用同态滤波方法进行增强处理的流程框图如图 6.3.1 所示。

一般情况下，照明决定了图像中像元灰度的动态范围，而对比度是图像中某些内容反射特性的函数。用同态滤波器可以理想地控制这些分量，适当地选择滤波器函数 $H(u,v)$ 将会对傅立叶变换中的低频分

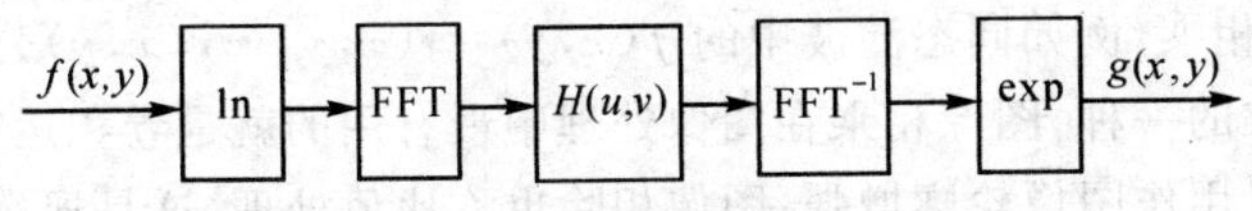

图 6.3.1　同态滤波流程框图

量和高频分量产生不同的响应。处理结果会使像元灰度的动态范围或图像对比度得到增强。

当处理一幅由于照射光不均匀而产生黑斑暗影的图像时(摄像机常常会有这种缺陷),想要去掉这些暗影又不失去图像的某些细节,则这种处理是很有效的。

第四节　代数运算增强

图像的代数运算是指对覆盖同区域的两幅(或两幅以上)输入图像的对应像元逐个地进行和、差、积、商的四则运算,以产生有增强效果的图像。图像的代数运算是一种比较简单和有效的增强处理,是遥感图像增强处理中常用的一种方法。图像的代数运算可表示成(以两幅图像为例):

$$g(x,y)=f_1(x,y)\ ::f_2(x,y) \tag{6.4.1}$$

式中 $f_1(x,y)$和 $f_2(x,y)$为输入图像,$g(x,y)$为输出图像。“::”代表加、减、乘或除。对上述关系式还可进行适当组合,形成复杂的代数运算式,例如:

$$g'(x,y)=\frac{1}{f_1(x,y)+f_2(x,y)+g(x,y)} \tag{6.4.2}$$

图像相加可以把同一景物的多重影像加起来求平均,以便减少图像的随机噪声,也可以为某种增强效果的需要而把多幅图像有目的地叠加在一起;图像相减可以用来消除影像中不希望的附加模式,可以缓慢地改变背景的阴影模式、周期性噪声模式或在影像中每一像元点上所知的任何附加混杂信息。同时图像相减也可以用来探测影像之间的变化,这对于应用时间序列的图像来研究宏观环境的动态变化特别有用;图像相乘,例如同态滤波中的 $f(x,y)=i(x,y)\cdot r(x,y)$ 公式就是图像相乘的一种,图像相乘在图像处理中最有用的就是卷积运算,卷积运算一般用作图像轮廓增强;图像相除也称比值处理,这是遥感图像处理中比较常用和有效的方法。

应当注意,进行代数处理的遥感图像必须进行大气辐射校正、噪声抑制、几何精纠正等预处理。

由于图像相减和图像相除在遥感图像增强处理中应用较多,下面分别进行介绍。

一、图像的相减运算

相减法处理主要用于:

(1)提取多时相图像中随时间而变化的信息,例如河口和海岸带沉积物的变化;

(2)增强多波段图像不同波段之间的差别。

相减运算的差值可能既有正值也有负值,在显示时要经过适当的调整和扩展,使差值为 0 的部分处于数值域(如 0～255)的中部。一般的算式可以是:

$$DK=a(g_i-g_j)+b \tag{6.4.3}$$

这里 DK 是差值图像,g_i,g_j 为两个不同时相或不同波段的图像,a 和 b 为调节系数。应选择适当的 a 和 b 值,使差值为零的像元点取中间值(对于用 8 位表示灰度的遥感图像而言取 128)。

用两个时相的遥感图像的差值运算最容易识别的是水体、植被及土壤湿度的变化。通过植被的变化可以识别油气微渗漏等地质异常。

应当指出,当进行差值运算的遥感图像时相不同时,必须进行如下预处理:

第一,不同季节的遥感图像太阳高度角差别较大,从而在地形起伏显著的地区造成影像上的明显差异,这对于增强地物的真正随时间的变化是一种干扰,因此在进行差值运算之前应先作太阳高度角校正(地形阴影校正),从而削弱地形影响;

第二，一般来说，两幅不同时相的遥感图像，在几何方面总会有差异，因而在差值运算前先要作几何配准；

第三，遥感图像的差值运算还与它们的平均亮度水平有关，如果各幅参加差值运算的遥感图像的平均亮度值或反差有显著差异，可能在差值运算后的图像中造成很多假象，使真正的差异不易辨认，因此，在差值运算前要把各幅图像的反差调整到比较一致，例如作等均值反差扩展。在条件允许的情况下，也可以用相应波段的野外波谱测量数据，对不同时相的遥感图像数据进行校正之后，再进行代数运算处埋。

二、图像的相除运算

图像相除又称比值处理，是遥感图像处理中常用的方法，它是由两个波段对应像元的灰度值之比或几个波段组合的对应像元灰度值之比获得。利用比值处理可以扩大不同地物的光谱差异，区分在单波段中容易发生混淆的地物，同时可以消除或减弱地形阴影、云影影响和植被干扰以及显示隐伏构造等。

(一)比值处理扩大不同地物的光谱差异

在同态滤波中曾提到，图像的亮度可以理解为照明分量和反射分量的乘积。对于多光谱图像而言，各波段图像的照明分量几乎相同，对它们作比值处理，就能把它补偿掉，而对反应地物细节的反射分量，经比值后能把差异扩大，有利于地物的识别。有些地物在单波段图像中的灰度差异极小，用常规方法难以区分它们。但若选择适当波段的比值，则可有效地扩大不同地物之间的差异。如图 6.4.1 所示，MSS7/5 与 MSS5/4 构成的空间中，就可较好地区分植被与铁帽信息。

(二)消除或减弱地形阴影、云影等的影响

遥感成像过程中，地形、云等的影响使光照条件发生变化，势必在图像中形成阴影。由于阴影的存在，往往会使光照区与阴影区的同一地物被误判为两类地物。但是同一地物的某种亮度比值常常保持不

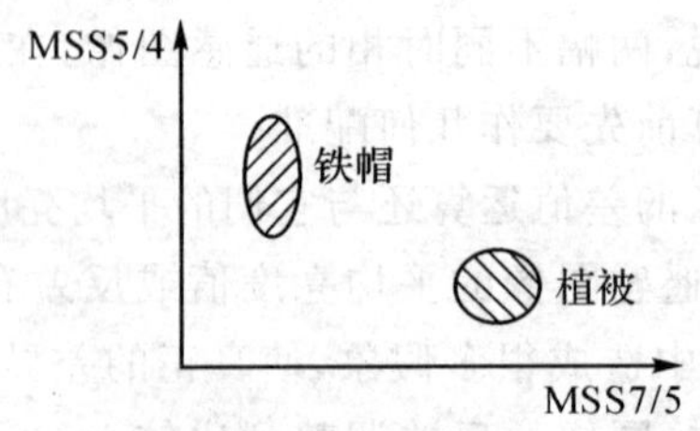

图 6.4.1 利用比值处理扩大植被与铁帽的差异

变,因而比值图像能消除某些干扰因素,突出目标信息。如图 6.4.2 所示,阴坡与阳坡的砂岩灰度值在 MSS4 和 MSS5 波段中截然不同,但从 MSS4 和 MSS5 的比值可以看出,它们属于同一地物,从而消除了阴影对地物判别的影响。但该法要求地形起伏不能过大,若山太高,阴影区亮度为零,则比值处理无法进行,也就无法消除阴影。

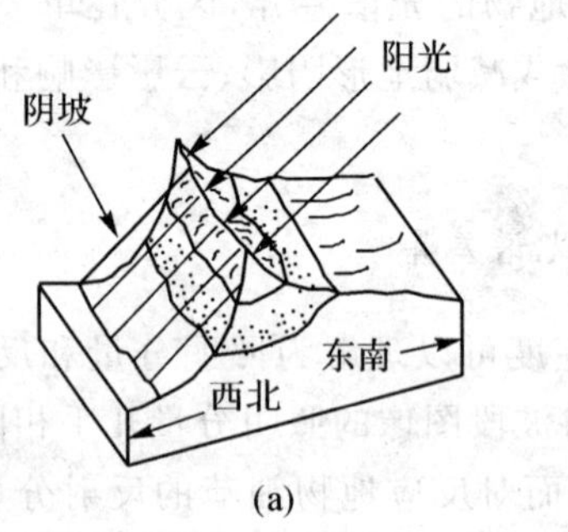

(a)

光照情况	MSS4	MSS5	MSS4/5
阳坡	28	42	0.66
阴坡	22	34	0.65

(b)

图 6.4.2 比值图像消除光照差异影响

另外,如 TM4/TM3 能很好地反应植被信息,利用这种比值处理就能突出植被信息,或在某些处理中剔除植被影响。

比值处理除了可进行前述的简单比值外,还可以进行组合比值,以提高比值的效果。所谓组合比值是波段组合的比值,常用的组合比值方法如下。

1.和差组合比值

$$\frac{b_i-b_j}{b_i+b_j};\frac{b_i-b_j}{b_i};\frac{b_i-b_j}{b_j} \tag{6.4.4}$$

这类比值相当于对基本比值进行不同程度的非线性扩展。

2.交叉组合比值

它是由三个或更多波段构成的比值,其中分子和分母所包含的波段是不同的,如:

$$\frac{b_i+b_j}{b_k}=\frac{b_i}{b_k}+\frac{b_j}{b_k} \tag{6.4.5}$$

这种比值实际上相当于两个相同分母的单比值的和,如果 b_i,b_j 两个波段相关程度较高,上面等式两边的三个比值没有显著的差别(此处指的是三者的值呈比例关系,而不是说三者在数值上严格相等),很显然这种比值的和有利于随机噪声的抑制。

3.标准化比值

它是以单个波段为分子,以所有波段的和为分母得出的比值。如果取 n 个波段,则其标准化比值为:

$$R_i=b_i/\sum_{j=1}^{n}b_j \tag{6.4.6}$$

这种比值的分母相当于总的亮度,比值中反映了这方面的信息,其有利于区分色调相似而亮度不同的岩石或土壤。

在比值图像处理中,选择最佳比值图像是重要的。从多个比值图像中选择最佳比值图像的方法是以波谱特征为依据,选择有利于识别研究区内不同地物的最佳波段,并根据波段间波谱特征的差异对这些波段作比值处理。

值得注意的是比值图像有以下主要缺点:

(1)比值处理使得原来图像的独立波谱意义不存在了,失去了地物的总的反射强度(反照率)信息(例如暗色岩石与浅色岩石的明显差别、地形信息等),为了补救这一不足,可利用一个波段图像和两个比值图像作彩色合成;

(2)比值处理常常放大了噪声,因而比值处理前应充分做好消除噪声的工作。

当然，图像的代数运算除了以上所介绍的内容外，还应包括最大值运算、最小值运算、均值运算以及逻辑运算（逻辑与、逻辑或、逻辑非）等等。

总之，图像的代数运算增强处理可以有很多组合形式，效果也各不相同，但代数运算增强处理突出了某些信息，也掩盖了另外一些信息，因此实际使用时要根据应用的目的调试选用代数算式。

第五节　彩色增强

彩色增强在图像处理中应用十分广泛且效果显著。众所周知，人的视觉系统对彩色相当敏感，人眼一般能区分的灰度等级只有二十多个，但是却能区分有不同亮度、色调和饱和度的几千种彩色，而且人看彩色图像要比看黑白图像舒服得多。彩色增强就是根据人的这个特点，将彩色用于图像增强之中，从而提高图像的可鉴别性。

目前在图像处理中采用的彩色增强处理技术主要有三种：

(1)真彩色增强技术；

(2)伪彩色增强技术；

(3)假彩色增强技术。

一、真彩色增强处理

一般把能真实反映或近似反映地物本来颜色的图像叫做真彩色图像。例如 TM 图像的三个可见光波段 TM1（蓝光波段）、TM2（绿光波段）和 TM3（红光波段）的合成图像就近似真彩色图像，另外真彩色航空照片也是真彩色图像。

二、伪彩色增强处理

伪彩色增强是将一个波段或单一的黑白图像变换为彩色图像，从而把人眼不能区分的微小的灰度差别显示为明显的色彩差异，便于解译和提取有用信息。

(一)密度分割

密度分割或密度分层是伪彩色增强中最简单的一种方法,它是对图像亮度范围进行分割,使一定亮度间隔对应某一类地物或几类地物从而有利于图像的增强和分类。如图 6.5.1 所示,假定把一幅图像看成是一个二维的强度函数,可以假想一个平面,不妨叫做密度分割平面,使其平行于图像的坐标平面,这样密度分割平面和二维亮度函数相交,就把亮度函数进行横割分层,密度分割平面在 $f(x,y)=L_i$ 处把亮度函数分为上、下两部分,也就是分成了两个级别。若用多个密度分割平面(平行于 $x-y$ 平面)来分割 $f(x,y)$,那么在亮度函数 $f(x,y)$ 的亮度轴上就可以得到多个不同的 L_i 级别,对于这些不同的 L_i 级别规定以不同的彩色,那么原来的单波段图像就变为彩色图像了。

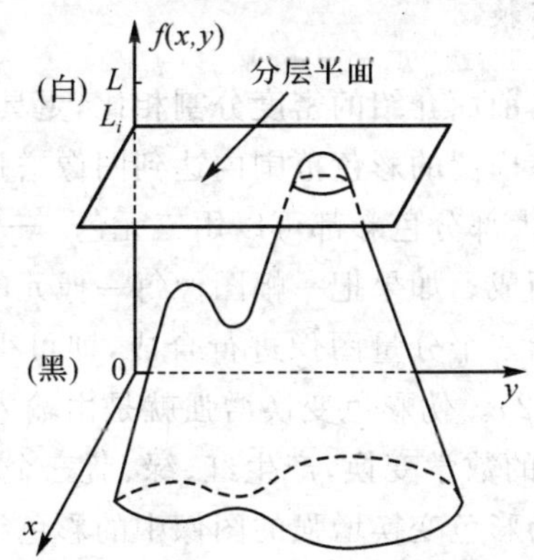

图 6.5.1　密度分层技术的几何解释

密度分割具体做法如下:若将亮度函数 $f(x,y)$ 分为 K 层,其间要有 $K-1$ 个密度分割平面,分隔面的亮度值为 $L_i(i=1,2,\cdots,K-1)$,用 C_i 表示赋予每一层的颜色 $(i=1,2,\cdots,K)$,则有:

$$g(x,y)=\begin{cases}C_1 & \text{当 } f(x,y)\leqslant L_1 \\ C_i & \text{当 } L_{i-1}<f(x,y)\leqslant L_i \quad i=2,3,\cdots,K-1 \\ C_k & \text{当 } f(x,y)>L_{k-1}\end{cases} \tag{6.5.1}$$

进行密度分割后，色彩的调配主要以突出和增强图像信息为目的，当然这里的色彩并不一定与地物的实际色彩一致。

在具体应用时，密度分割平面之间可以是等间隔的（线性密度分割），也可以是不等间隔的（非线性密度分割），而且密度分割平面数也可不同，其选取要根据专业知识和经验，同时考虑到地物波谱特征和待研究突出的目标等来决定。例如可根据图像直方图峰点和谷点的具体值来决定分割级数和分割点；也可根据各类地物亮度值，求出各类地物的均值、标准差，从而确定分割级数和分割点。

（二）伪彩色变换

伪彩色变换与前面介绍的密度分割相比，更具有通用性，因为它比密度分割更易于在广泛的彩色范围内达到图像增强的目的。

我们知道，绝大部分色彩都可以用三元色——红、绿、蓝三色，按不同比例进行组合而成。如果把一幅图像每一像元的灰度值经过三种不同彩色变换得到的三个分量图像进行合成，即可得到一幅含有多种彩色的图像（图 6.5.2）。伪彩色变换增强就是由输入的亮度（单波段）图像，通过三个独立的数学变换，产生红、绿、蓝三个分量图像，然后合成为伪彩色图像。伪彩色变换增强的图像中的彩色组合情况取决于三个彩色变换函数的搭配关系。图 6.5.3 表示了一组典型的彩色变换函数，其中 L 是最大的亮度值，对应于红、绿、蓝三个分量采用三个不同的分段线性变换。由此变换关系可知，最低的亮度变为蓝色，最高的亮度变为红色，中间亮度（$\frac{L}{2}$）为绿色（即只有两端点和中心点的亮度才是纯三元色），而介于三者之间的是渐变的中间色调。显然用这种组合方案，将使整个亮度范围内的任何两种亮度都具有不同的色彩。

应当注意，在伪彩色变换中，色彩与像元亮度值的对应关系是人为设定的，在其具体实现中可以用输入参数来选择不同颜色对应的亮度值范围和变化梯度，从而可以调整色调、饱和度和亮度。通常，为了加强伪彩色变换的效果，在进行伪彩色增强以前，可事先对原图像进行一些其他增强处理。例如，先进行一次直方图均衡等等。

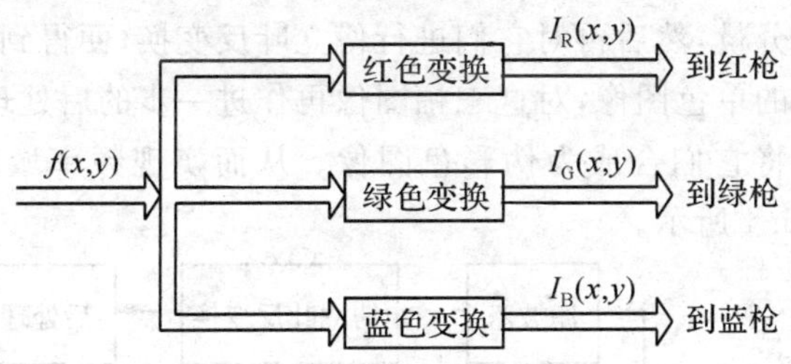

图 6.5.2　灰度—彩色变换流程图

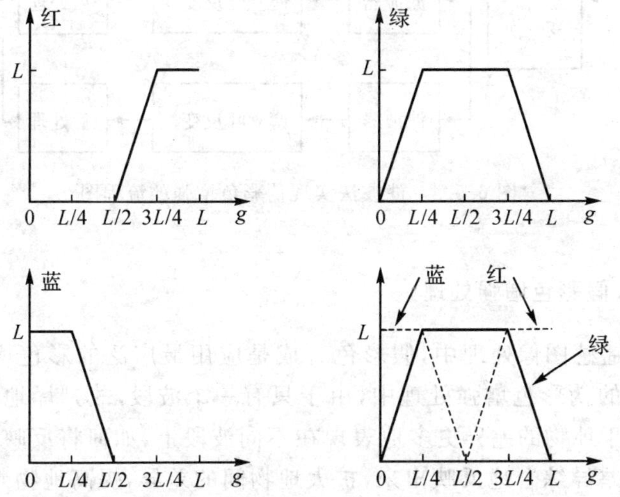

图 6.5.3　一组典型的伪彩色变换函数

(三)滤波法伪彩色增强

滤波法伪彩色增强不是对亮度域直接进行伪彩色变换,而是先把黑白图像经傅立叶变换到频率域,在频率域内用三个不同传递特性的滤波器(通常所用的三个滤波器分别是低通、带通和高通滤波器)分离成三个独立分量,然后再对它们进行傅立叶反变换,便得到三幅代表不同频率分量的单色图像,对这三幅图像再作进一步的后处理(如直方图均衡),然后将它们合成为伪彩色图像。从而实现频率域的伪彩色增强,如图 6.5.4 所示。

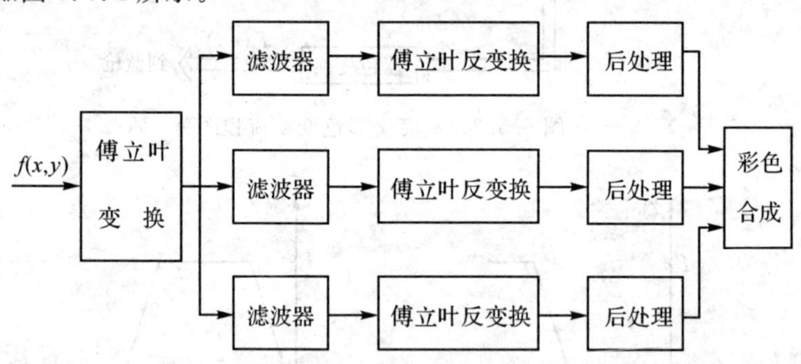

图 6.5.4 滤波法实现伪彩色增强的流程图

三、假彩色增强处理

在遥感图像处理中,假彩色合成是应用最广泛的彩色增强方法。在前述的伪彩色增强处理中,由于只有一个波段,故判译地物精度不高。由于地物的差异更多地表现在不同波段上,如何将反映在不同波段上的差异综合地反映出来,扩大地物间的差异,提高地物判译效果,就是假彩色合成的目的。其方法是选定三个波段图像,例如 TM5,TM4,TM3,并分别指定为红、绿、蓝三个颜色,建立每个波段的亮度与彩色的变换表,再将变换结果合成便得到了假彩色合成图像,如图 6.5.5所示,$\sum$ 表示加色作用。假彩色合成关键在于正确选择彩色变换表，其选择应尽可能扩大彩色级的动态范围。

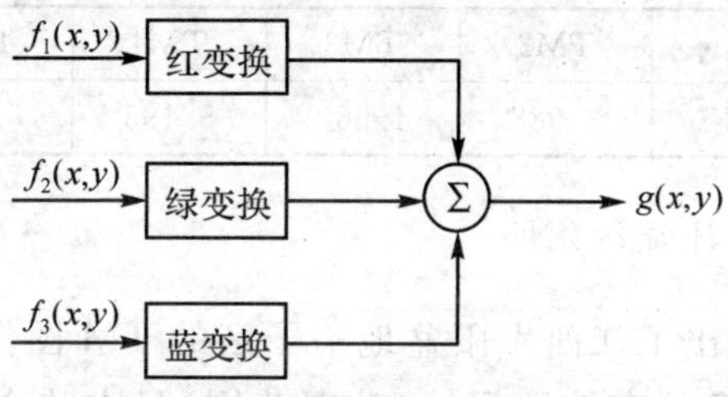

图 6.5.5　假彩色合成示意图

在任何数字图像处理系统中，三个通道分别用红、绿、蓝三原色作合成显示是最基本的功能。图像彩色增强处理中最主要的工作是选择哪三个波段或已处理的分量（如比值图像、差值图像、主成分图像等等）作为假彩色合成的分量，以便使假彩色合成取得最佳的效果。实际图像彩色增强处理中，更多采用的是这种假彩色增强方法。

最佳假彩色合成变量的选择依赖于对遥感图像信息特征的分析。下面对一些有效的变量选择方法进行介绍（多光谱图像为例）。

（一）信息量分析

设一幅图像有 $g_1, g_2, \cdots, g_G$，共 G 阶灰度值，并且各级灰度值出现的概率分别为 $p_1, p_2, \cdots, p_G$，则根据第二章信息量的定义，该幅图像的信息量为：

$$H = -\sum_{i=0}^{G} p_i \log_2 p_i \tag{6.5.2}$$

表 6.5.1 给出了江西弋阳盆地一子区的 TM 图像（除热红外波段）的计算结果。不难看出，信息量的大小与波段有关，近红外波段的信息量（TM4，TM5，TM7）大于可见光波段（TM1，TM2，TM3），且 TM5 最大，TM2 最小。当然，进行假彩色增强时需选用信息量大的波段。

表 6.5.1 研究区 TM 图像各波段的信息量

波　段	TM1	TM2	TM3	TM4	TM5	TM7
信息量	4.345	3.988	4.560	5.195	5.905	4.933

(二)图像统计特征分析

表 6.5.2 给出了江西弋阳盆地一子区的 TM 图像统计特征。可以看出,TM 图像的有效数据域(动态范围)只占整个动态范围(0～255)的一小部分,大多在 1/10～3/10 之间,三个红外波段(TM4, TM5,TM7)的有效数值域相对较大,是包含信息较多的波段。

表 6.5.2 研究区 TM 图像统计特征

波段	动态范围	均值	标准差
TM1	64～115	77.825	5.174
TM2	22～61	33.045	3.993
TM3	19～79	32.606	6.125
TM4	19～105	52.716	9.082
TM5	14～142	67.982	14.545
TM6	112～141	124.939	3.974
TM7	5～75	27.476	7.616

(三)各波段的相关系数分析

表 6.5.3 给出了江西弋阳盆地一子区的 TM 图像各波段相关系数,由表可见,三个可见光波段之间具有较高的相关性;TM4 波段相对比较"独立",与其他波段的相关系数 $r<0.684$;TM5 和 TM7 相关程度亦较高,它们与其他波段相关程度相对较低;热红外波段(TM6)是最"独立"的波段。在假彩色增强时,应选择相关性小的波段。

表 6.5.3　研究区 TM 图像各波段的相关系数

波段	TM1	TM2	TM3	TM4	TM5	TM6	TM7
TM1	1						
TM2	0.933	1					
TM3	0.925	0.952	1				
TM4	0.519	0.648	0.545	1			
TM5	0.529	0.610	0.657	0.684	1		
TM6	0.488	0.479	0.515	0.449	0.655	1	
TM7	0.625	0.670	0.751	0.546	0.947	0.643	1

(四)最佳波段组合指数法

最佳波段组合指数法是 Chavez(1982)提出的,即用三个波段的标准差及两两之间的相关系数计算一个最佳指数因子 OIF(Optimum Indcx Factor):

$$\mathrm{OIF}=\sum_{i=1}^{3}\left(s_i/\sum_{j=1}^{3}|r_{ij}|\right) \qquad (6.5.3)$$

式中,s_i 为 i 波段的标准差,r_{ij} 是第 i 波段与第 j 波段之间的相关系数。

在众多的组合中,OIF 越大说明此三个波段包含的信息量越大,波段间的相关性越小。因此,可选用最佳指数因子 OIF 最高的波段组合作为最佳组合。

(五)方差——协方差矩阵特征值法

Charlles Sheffield(1985)提出一种从 p 维中选择 n 子维的方法($n<p$)。它根据数据子集的最大熵原理而得。即:

$$S=\frac{n}{2}+\frac{n}{2}\cdot\ln(2\pi)+\frac{1}{2}\cdot\ln|M_s| \qquad (6.5.4)$$

其中:S 为 n 维数据子集的熵;

M_s 为 $n\times n$ 的 n 维数据子集方差——协方差矩阵。

因为选择最佳 n 个波段组合的子集,即为选择具有最大熵的子集,也就相当于选择最大的 $|M_s|$ 值(M_s 的行列式值)。

（六）多维亮度重叠指数法

前面介绍的方法是从信息总量的角度来选择最佳波段。Zhen Kuima(1989)等提出了地物间光谱重叠的量度方法——多维亮度重叠指数法(MBVOI)，它是针对特定地物提取而设计的，表示了该地物在该波段组合中与其他地物的可分离性，这对突出某些专题信息是有利的。例如在遥感找矿中，我们只关心地矿信息或它的指示信息，其他地物信息在图像上反映的优劣并不重要，此时可用 MBVOI 来确定能够比较好地识别反映地矿信息的最佳波段。MBVOI 的原理是计算特定地物的空间分布和其他地物分布的重叠像元数与特定地物分布的总像元数之比。从理论上讲，各地物的分布近于正态分布，对于二维分布来讲，这种分布呈椭圆形；对于三维分布，呈椭球体。计算重叠像元时，最好采用接近实际的正态分布比较法，但由于其计算复杂，因而一般可采用平行切割比较的方法，具体算法如下：

(1)计算地物样本在各波段的极值、均值、方差；

(2)计算特定地物与其他地物在各波段组合中交叠构成的多面体范围；

(3)统计属于各交叠多面体的各类重叠像元总数，并求其总和；

(4)统计特定地物本身构成的多面体内的特定地物像元总数，称为基数；

(5)将(3)的值除以(4)的基数，即为 MBVOI。

前面介绍了一些最佳波段的选择方法，但在具体图像处理时，往往需多种方法综合分析，而且还需结合研究区的具体情况和所要突出的专题信息来合理选择最佳波段。

四、IHS 变换增强

IHS 变换也称彩色变换或蒙塞尔(Munsell)变换。在图像处理中通常应用的有两种彩色坐标系(或称彩色空间)：一是由红(R)、绿(G)、蓝(B)三原色构成的彩色空间(RGB 坐标系或 RGB 空间)；另一种是由色调(颜色的类别,如红、绿、蓝等,记为 H)、饱和度(颜色的纯度,亦即浓淡程度,记为 S)及亮度(人眼感受到的颜色的明亮程度,记为 I)三个变量构成的彩色空间(IHS 坐标系或 IHS 空间),也称蒙塞尔彩色空间。也就是说一种颜色既可以用 RGB 空间内的 R,G,B 来描述,也可以用 IHS 空间的 I,H,S 来描述,前者是从物理学角度出发描述颜色,后者则是从人眼的主观感觉出发描述颜色。IHS 变换就是 RGB 空间与 IHS 空间之间的变换。RGB 空间在图像处理中简单有效,因此在图像处理时经常使用。但由于 RGB 空间用红、绿、蓝三原色的混合比例定义不同的色彩,使得不同的色彩难以用准确的数值来表示,从而难以进行定量分析;而且,当彩色合成图像通道之间的相关性很高时,会使合成图像的饱和度偏低,色调变化不大,图像的视觉效果差。对相关性较高的图像作对比度扩展,通常也只是扩大了图像的明亮度,对增强色调差异作用较小;此外,人眼不能直接感觉红、绿、蓝三色的比例,只能通过感知颜色的亮度、色调和饱和度来区分物体。所以在图像处理中可以利用 IHS 变换,使图像在 I,H,S 坐标系中进行有目的的处理,然后再反变换到 R,G,B 坐标系进行显示,使图像彩色增强获得更佳的效果,并可使不同分辨率的图像进行融合获得最佳的综合显示效果。

(一)IHS 变换原理

要实现 IHS 变换就要实现 IHS 空间与 RGB 空间的相互转换,也就是说要确定这两个坐标系之间的相互关系,建立适合于计算机处理的数学模型,并称从 R,G,B 到 I,H,S 的变换为 IHS 正变换,从 I,H,S 到 R,G,B 的变换为 IHS 反变换。

在 RGB 空间中对 I,H,S 三个参数的定义不同可以获得不同的 IHS 变换模型。这里介绍一种既常用又简单的变换模型——色度坐标系模型。

在色度坐标系模型中,不直接采用三原色成分(R,G,B)的数值来表示颜色,而用三原色各自在 R,G,B 总量中的相对比例来表示,故颜色的色度坐标 r,g,b 为:

$$\begin{cases} r=R/(R+G+B) \\ g=G/(R+G+B) \\ b=B/(R+G+B) \end{cases} \tag{6.5.5}$$

由上式可知 $r+g+b=1$，任意一种颜色可以在色度坐标系中表示成一个色点 $P(r,g,b)$，而且各色点均处于图 6.5.6 所示的三角平面$\triangle rgb$上。因为已知 r,g 即可求出 b，所以也可以说各色点均处在投影面$\triangle rgO$上。随着 r,g,b 值的变化，颜色就发生变化，例如，当 $g=b=0$ 即 $r=1$ 时，为红色；当 $r=g=b$ 时，为白色，即图 6.5.6 中$\triangle rgb$三角形面的中心点 $W(1/3,1/3,1/3)$。

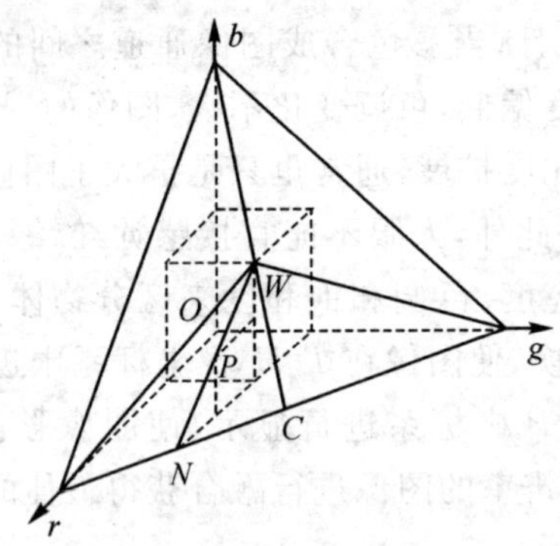

图 6.5.6　色度坐标中 IHS 变换关系示意图

在色度坐标系模型中的 R,G,B 与 I,H,S 之间的关系定义如下：

1. 饱和度 S

由于随着离开中心点 W 相对距离的增加，颜色的纯度（浓度）增加，当达到三角形$\triangle rgb$ 的边线时，颜色的浓度达到最大值（即最纯）。因此，在这一坐标系中，任一颜色（色点 P）的饱和度 S 可定义为色点 P 距离中心点 W 的相对距离。设 P 与 W 的连线和边线（$\triangle rgb$）的交点为 N，即 $S=WP/WN$（WP 和 WN 分别为 W 点到 P 点和 N 点的距离）。在图 6.5.6 所示的色度坐标系中，根据上述 S 的定义可以求出：

$$S=1-3b \tag{6.5.6}$$

2. 色调 H

从图中的色调变化来看，从 r 点开始沿三角形 $\triangle rgb$ 边线逆时针方向(也可顺时针方向)旋转一周，其变化为红→黄→绿→青→蓝→紫→红。由于在 WN 线上的所有点其颜色皆相同(只是饱和度不同)，因此色点 P 的色调 H 可定义为 N 点离 r 点(设色调的起点为 r)的相对距离。在 $\triangle Wrg$ 范围内，H 定义为 $H=rN/rg$。同样，在图 6.5.6 所示的色度坐标系中，根据上述 H 的定义可以求出：

$$H=(g-b)/(1-3b) \tag{6.5.7}$$

3. 亮度 I

由于亮度是颜色的明亮程度，因此可以定义颜色的亮度和红、绿、蓝三原色之和成正比，即：

$$I=K(R+G+B) \tag{6.5.8}$$

一般可取 $K=1$，即：

$$I=R+G+B \tag{6.5.9}$$

此时根据(6.5.5)式有 $b=B/I, g=G/I$。将 b, g 代入(6.5.6)式和(6.5.7)式中，并和(6.5.9)合并，则得到 IHS 正变换式为：

$$\begin{cases} I=R+G+B \\ H=(G-B)/(I-3B) \\ S=(I-3B)/I \end{cases} \tag{6.5.10}$$

另外由(6.5.10)式可求出从 I, H, S 到 R, G, B 的 IHS 反变换式：

$$\begin{cases} R=\dfrac{I}{3}(1+2S-3SH) \\ G=\dfrac{I}{3}(1-S+3SH) \\ B=\dfrac{I}{3}(1-S) \end{cases} \tag{6.5.11}$$

从以上的定义和计算式可知，饱和度 S 值在 0～1 之间变化，当 $S=1$时颜色最浓；色调 H 在 0～1 之间变化，当 H 等于 0，0.5，1.0 时分别为红、黄、绿。由于 H 的定义是以 r 为起点的，但根据 H 的定义，可将 H 方便地推广到 0～3 之间变化的情况，即 1.5 时为青，2.0 时为蓝,2.5 时为紫等等。

以上介绍的是一种有效的 IHS 变换方法。但也可将饱和度 S 简单地定义为距离白色点 W 的距离,即 $S=PW$;色调 H 不按色度坐标三角形的边线呈等间距划分,而是定义为通过 W 并与 WO(W 与三原色坐标原点 O 的连线)线垂直的平面上围绕 W 点按等角划分的角度,如图 6.5.7 所示,在$\triangle BGR$ 任意点 P 的色调可定义为 $H=\theta=\angle PWB$;此时的亮度可取当 $K=\sqrt{3}/3$ 时(6.5.8)式的 I 值,则可得到另一种 IHS 变换式。

IHS 正变换式为:

$$\begin{cases}I=K_2(B+G+R)\\H=\arctan(x/y)\\S=\sqrt{x^2+y^2}\end{cases}\tag{6.5.12}$$

式中:$x=k_1(G-R)$;

$y=k_4B-k_3(R-G)$;

$k_1=\sqrt{2}/2,k_2=\sqrt{3}/3,k_3=\sqrt{6}/6,k_4=\sqrt{6}/3$。

IHS 反变换式为:

$$\begin{cases}B=k_4y+k_2I\\G=k_1x+k_2I-k_3y\\R=k_2I-k_1x-k_3y\end{cases}\tag{6.5.13}$$

式中:$x=S\sin(H)$;

$y=S\cos(H)$;

k_1,k_2,k_3,k_4 同上。

从图 6.5.7 可以看出:

(1)采用这种 IHS 变换时,色调 H 在 $0°\sim360°$之间变化,其中 $0°$为蓝、$60°$为青、$120°$为绿、$180°$为黄、$240°$为红,$300°$为紫等。为了正确地求出 H 值,计算时应注意根据 x,y 的正负关系来判明其所在象限。各象限中 x,y 的正负关系如表 6.5.4 所示。

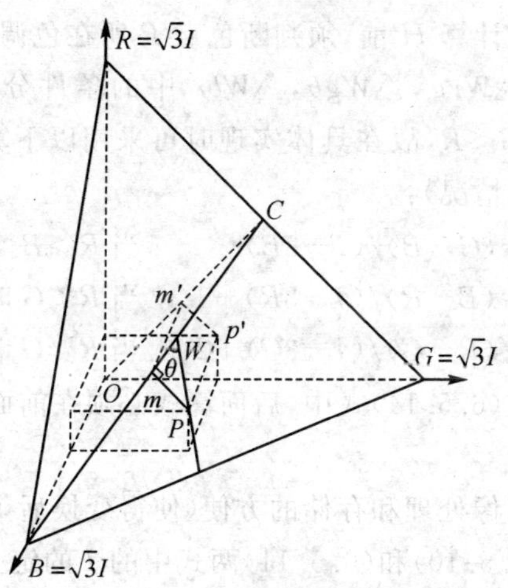

图 6.5.7　第二种 IHS 变换示意图

表 6.5.4　x,y 符号与象限关系

象　限	x	y
1	+	+
2	+	−
3	−	−
4	−	+

(2)不同 H 值上，S 的最大值($S=WP$)是不同的，当 P 点处在 $\triangle BGR$ 的顶点上时，S 达到最大值。

(二)IHS 变换的实现

由于第二种 IHS 变换运算量稍大(与第一种相比)，而且饱和度最大值受色调 H 和亮度 I 的影响，使得饱和度 S 的拉伸处理受到影响。因此从实用、简单的角度考虑常选用第一种 IHS 变换，故这里只介绍第一种 IHS 变换的实现。

在第一种 IHS 变换中，色调 H 需进行扩展。为了使 H 值在 0～3

之间变化，为此在计算 H 前，须判断色点 P 所在色调区间，从图 6.5.6 可知，色点处在 $\triangle Wrg$，$\triangle Wgb$，$\triangle Wbr$ 中的条件分别为 $R>B<G$，$G>R<B$ 和 $B>G<R$，故在具体实现时可采用以下算式(考虑 $R=G$，$G=B$ 和 $B=R$ 的情况)：

$$\begin{cases} H=(G-B)/(I-3B) & \text{当 } R>B\leqslant G \text{ 时} \\ H=(B-R)/(I-3R)+1 & \text{当 } R<G \text{ 时} \\ H=(R-G)/(I-3G)+2 & \text{当 } R\geqslant G \text{ 时} \end{cases} \quad (6.5.14)$$

值得指出的是：在(6.5.14)式中，后面算式必须在前面算式不成立时方可使用。

另外，为了图像处理和存储的方便(使得变换后 I 的取值范围不超过 0～255)，将(6.5.10)和(6.5.11)两式中的 I 的定义重新修改为 $I=(R+G+B)/3$。此时具体实现 IHS 变换与反变换公式如表 6.5.5 所示。

表 6.5.5 IHS 变换公式

条　　件	正变换计算公式	反变换计算公式
$R>B\leqslant G$ 或 $0\leqslant H<1$	$I=1/3(R+G+B)$ $H=\dfrac{(G-B)}{3(I-B)}$ $S=1-B/I$	$R=I(1+2S-3SH)$ $G=I(1-S+3SH)$ $B=I(1-S)$
$G>R\leqslant B$ 或 $1\leqslant H<2$	$I=1/3(R+G+B)$ $H=\dfrac{(B-R)}{3(I-R)}+1$ $S=1-R/I$	$R=I(1-S)$ $G=I(1+5S-3SH)$ $B=I(1-4S+3SH)$
$B>G\leqslant R$ 或 $2\leqslant H<3$	$I=1/3(R+G+B)$ $H=\dfrac{(R-G)}{3(I-G)}+2$ $S=1-G/I$	$R=I(1-7S+3SH)$ $G=I(1-S)$ $B=I(1+8S-3SH)$

对于表 6.5.5 中的计算结果，为了图像显示和处理的方便，可进行以下处理：

(1)把色调值和饱和度分别从 0～3 和 0～1 扩大到(线性拉伸)

0～255之间的整数；

(2)除了可以用红作为起始色调外，实际实现过程中也可以用其他任意颜色作为起始色调。

(三)IHS 变换的作用

之所以进行 IHS 变换，是因为它有如下一些良好的作用。

1. 可以进行不同分辨率遥感图像的融合显示

在图像显示时，若直接将不同分辨率的三幅图像输入 R,G,B 通道作假彩色合成显示，则图像质量受不同分辨率的影响。若把它们分别看作 I,H,S，然后进行 IHS 反变换，求出 R,G,B 再作假彩色合成显示，此时即使 H 和 S 的分辨率低，对合成显示的图像也没有什么影响，因为图像的分辨率取决于 I 成分。

为了使不同分辨率图像进行合成显示时取得良好的效果，可采取如下策略：

(1)可将具有最高分辨率的图像当作 I 成分，次高分辨率的图像当作 H 成分，最低分辨率的图像当作 S 成分，然后作反变换，求出 R,G,B 进行合成显示；

(2)把高分辨率图像作为 I 成分，对低分辨率图像作 IHS 变换，求出 H,S 成分，然后再将 I,H,S 作反变换，求出 R,G,B 进行合成显示。这一方法是多分辨率图像 IHS 融合的主要路线。

2. 可以使合成图像更加饱和

通常显示的彩色图像，当饱和度不足时，色彩不够鲜艳，图像偏灰白，且比较模糊，细节不易区分。其原因是彩色合成的三个原始图像的相关性较大，所以按常规方法直接作假彩色增强，难以取得良好的效果。

对此类图像可作 IHS 变换，在 IHS 空间拉伸饱和度 S，再反变换求 R,G,B 进行假彩色显示，则可大为改善图像的颜色质量和分辨能力。

3. 可以通过对亮度(I)的滤波增强图像

图像的数字滤波可以提取某种频率成分，突出或削弱某种信息，利于解译。如高通滤波能突出某种线性和环形构造。但如果对图像直接作滤波处理，就会得到以灰色为主，色彩不佳的图像。若在IHS空间对I成分作滤波处理，然后反变换作彩色显示，就会得到更佳的效果。

4. 便于多源数据的综合显示

取自不同信息源的多种数据，又称多源数据，具有不同的特性和分辨率。为了进行综合分析，对它们进行合成显示是十分重要的。

如前所述，若按以往方法处理，合成的图像质量受不同分辨率的影响。利用IHS变换，可把具有高、中、低分辨率的不同来源的图像分别作为I,H,S成分进行反变换，然后作彩色显示，就可以很好地解决这一问题。

5. IHS变换的其他作用

在对图像作IHS变换后，根据亮度、色调、饱和度相互独立的特点，除了可作上述的饱和度拉伸、亮度滤波外，还可进行其他处理以达到特定的增强和信息提取的目的，如：

(1)可对色调进行分段扩展，以突出某一色调或加大某一范围内的色调之间的差异。

(2)色调图像不改，将亮度和饱和度置常数，以突出地物色调在空间上的分布。

(3)色调图像和饱和度图像不改，亮度置常数，以减少遥感图像合成显示中的地形起伏的影响，突出阴影地区内的地物信息。

(4)色调图像和饱和度图像不改，亮度用其他高分辨率的图像代替，以便在保留色调和饱和度特征的前提下，提高图像分辨率。

第七章　遥感图像融合处理

当前在对地观测过程中，众多传感器从不同的电磁波段、不同的时相、不同的入射角、不同的成像机理、不同的空间分辨率为我们提供了地物的丰富的遥感信息。遥感图像信息融合就是要通过各种遥感信息之间的互相补充，来克服单一传感器获取的图像在几何、光谱和空间分辨率等方面存在的局限性和差异性，从而提高遥感图像分类精度，增强目视和计算机自动解译的能力，减少遥感图像后处理时间，提高对地物变化的监测能力。图像融合不是图像信息的简单复合，而是强调信息的优化，突出有用的专题信息，消除或抑制无关的信息，改善目标识别图像环境。在遥感技术迅猛发展的今天，遥感应用的传感器的种类和数量越来越多，多传感器遥感图像的信息融合已显得日趋重要。

第一节　图像融合的基本概念

图像融合是将两个或者两个以上的传感器在同一时间（或不同时间）获取的关于某个具体场景的图像或者图像序列信息加以综合，生成一个新的有关此场景的图像，而这个图像是从单一传感器获取的信息中无法得到的。如果将上述定义的条件减弱一些，有时图像融合处理的对象也可以是单一传感器在不同时间获取的图像信息。

图像融合的形式大致可分为以下三种：

(1)多传感器同时获取的图像的融合；

(2)多传感器不同时间获取的图像的融合；

(3)单一传感器不同时间，或者不同环境条件下获取的图像的融合。

图像融合按层次大致可分为:像素级图像融合、特征级图像融合和决策级图像融合。

1. 像素级图像融合

像素级图像融合是指采用某种算法将覆盖同一地区的两幅或多幅空间配准的图像融合生成满足某种要求的复合图像的技术。像素级图像融合有利于图像的进一步分析、处理与理解,是实际应用最广泛的图像融合方法,也是特征级图像融合和决策级图像融合的基础。

多源遥感图像像素级融合包括:单一传感器的多时相图像融合、多传感器的多时相图像融合、单一平台多传感器的多空间分辨率图像融合、多平台单一传感器的多时相图像融合和同一时相多传感器图像融合。

2. 特征级图像融合

特征级图像融合属于图像融合的中间层次,其融合方法是首先对来自不同传感器的原始图像信息进行特征抽取,然后再对从多传感器获得的多个特征信息进行综合分析和处理,以实现对多传感器数据的分类、汇集和综合。

基于特征的图像融合,强调"特征(结构信息)"之间的对应,并不突出像元的对应,在处理上避免了像元重采样等方面的人为误差。由于它强调对"特征"进行关联处理,把"特征"分类成有意义的组合,因而它对特征属性的判断具有更高的可信度和准确性,围绕辅助决策的针对性更强,结果的应用更有效,且数据处理量大大减少,有利于实时处理。然而由于特征级图像融合不是基于原始图像数据而是基于特征,所以在特征提取过程中不可避免地会出现信息的部分丢失以及难以提供细微信息的缺点。

基于特征的图像融合所提取的特征直接与决策分析有关,融合结果能最大限度地给出决策分析所需要的特征信息。特征级数据融合的主要方法有:聚类分析方法、Dempster-Shafer 推理方法、贝叶斯估计方法、信息熵方法、加权平均方法、表决方法以及神经网络方法等。

目前大多数 C^4I 系统(以电子计算机为核心,综合利用各种信息技术，实现军事情报搜集、传递、处理自动化，保障对军队和武器实施指挥与控制的人一机系统）的数据融合研究都是在该层次上展开的。

3. 决策级图像融合

基于决策的图像融合是指在图像理解和图像识别基础上的融合，也就是经“特征提取”和“特征识别”过程后的融合。它是一种高层次的融合，往往直接面向应用，为决策支持服务。此种融合首先由图像信息提取特征（有时需要一些有价值的辅助信息），然后对有价值的特征信息和一些辅助信息运用判别准则、决策规则加以判断、识别、分类，然后在一个更为抽象的层次上，将这些有价值的信息进行融合，获得综合的决策结果，以提高识别和解译能力，更好地理解研究目标，更有效地反映地学过程。常用的决策级图像融合方法有：多源决策分类、贝叶斯法则分类、模糊集聚类、专家系统评判等。

图像融合可以在单层次上进行，也可以在多层次上进行，但往往是从低层到高层、逐步抽象的数据处理过程。本书只介绍遥感图像融合处理中最常用的像素级融合方法，特征级和决策级的图像融合请参考图像分类相关章节和其他参考文献。

第二节　像素级图像融合

一、像素级图像融合过程与特点

像素级图像融合的目的是获取空间分辨率增强的多光谱图像，同时又使融合图像尽可能继承原多光谱图像的光谱特性，为下一步图像判读或特征提取、识别和分类等后续处理打下基础。

图像融合的大致过程是：第一步，要对参加融合的原始图像进行预处理，主要包括图像辐射校正和几何校正、高精度空间匹配和重采样。其中空间匹配是多源遥感图像融合非常重要的一步，其精度高低直接影响图像融合效果。低空间分辨率图像和高空间分辨率图像融合之前的空间匹配，一般以高空间分辨率图像为参考图像，对低空间分辨率图像进行图像匹配并重采样，使之与高空间分辨率图像的地面分辨率一致。一般要求匹配误差控制在高空间分辨率图像1个像素范围内；第二步，根据实际应用目的选择合适的融合方法；第三步，对融合的图像进行有效性评价。

根据前述图像融合过程，多源遥感图像融合成败的关键在于：

(1)根据实际应用目的选择合适的图像数据；

(2)对图像进行有效的预处理，尤其是要保证高精度空间匹配；

(3)寻求合适的图像融合方法。

一般来说，像素级图像融合是对原始的图像信息进行处理，其优点是融合的图像保留了尽可能多的原始图像信息，避免了特征提取过程中的信息损失。

虽然理论上要求融合的图像不仅具有高空间分辨率图像的分辨率，而且应保留原多光谱图像的光谱特性，但实际上，通过融合，由于提高了融合图像的空间分辨率，必然会造成光谱特性或多或少的变化，为此，针对不同类型的图像信息和应用要求，应选用最合适的图像融合方法。

二、像素级图像融合方法

多源遥感图像像素级融合方法有很多，大致可以分为空间域融合和变换域融合两大类，图 7.2.1 为目前常用的一些像素级图像融合方法。

(一)空间域融合法

空间域融合法是指采用某种算法，直接对空间配准的高空间分辨率图像和低空间分辨率多光谱图像，在空间域进行处理，获得融合图像。

1.加权融合法

是通过加权法将高空间分辨率图像的空间信息传递给低空间分辨率的多光谱图像，来获取空间分辨率增强的多光谱图像。加权融合法

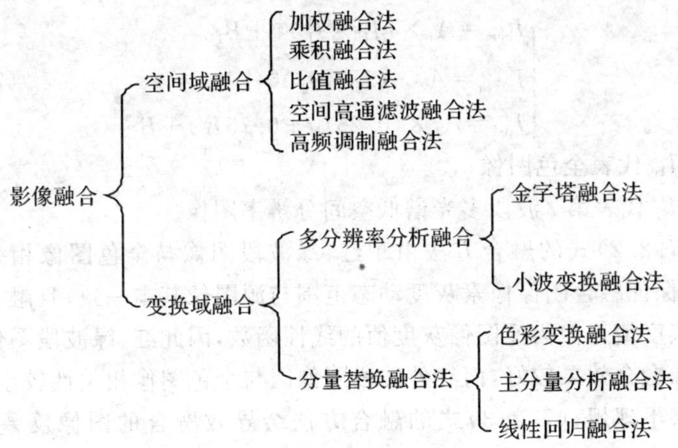

图 7.2.1 常用像素级图像融合方法

一般采用下式进行融合：

$$I_{\text{fused}}=A\times(P_{\text{H}}\times I_{\text{H}}+P_{\text{L}}\times I_{\text{L}})+B \tag{7.2.1}$$

式中：I_{fused} 为融合图像灰度值；

A、B 为常数；

P_{H}、P_{L} 是权系数；

I_{H}、I_{L} 分别是高空间分辨率图像和低空间分辨率多光谱图像的像素灰度值。

该方法融合图像的效果与权系数 P_{H} 和 P_{L}、比例系数 A 以及偏移系数 B 的选取有关，融合图像与原多光谱图像的光谱特征有较大差异。

2. 乘积性融合法

Cliche(1985)提出了三种乘积性融合方法对 SPOT 全色图像和多光谱图像进行图像融合，表达式如下：

$$I_{\text{fused}}=A\times(I_{\text{H}}\times I_{\text{L}}^{i})^{\frac{1}{2}}+B \tag{7.2.2}$$

$$I_{\text{fused}}=A\times(I_{\text{H}}\times I_{\text{L}}^{i})+B \tag{7.2.3}$$

$$\begin{cases} I_{\text{blue}} = A_1 \times (I_{\text{H}} \times I_{\text{L}}^1)^{\frac{1}{2}} + B_1 \\ I_{\text{green}} = A_2 \times (I_{\text{H}} \times I_{\text{L}}^2)^{\frac{1}{2}} + B_2 \\ I_{\text{red}} = A_3 \times (0.25 I_{\text{H}} + 0.75 I_{\text{L}}^3) + B_3 \end{cases} \tag{7.2.4}$$

式中：I_{H} 代表全色图像；

I_{L}^i 代表第 i 波段多光谱低空间分辨率图像。

(7.2.2)式的融合方法由于红、绿波段图像与全色图像相关性较大，能保证融合图像像素灰度动态范围与源图像基本一致，且融合图像像素灰度值近似为原图像灰度值的线性函数，因此红、绿波段图像与全色图像融合效果较好，而红外波段图像因与全色图像相关性较小，故融合效果不理想；(7.2.3)式的融合方法会导致融合的图像反差变小；(7.2.4)式的融合方法对红外波段采用加权融合，且权重大，因此能得到较好的视觉效果。

3. 比值融合法

比值处理是遥感图像处理中常用的方法。对于多光谱图像而言，比值处理可将反映地物细节的反射分量放大，不仅有利于地物的识别，还能在一定程度上消除太阳照度、地形起伏和阴影等的影响。

对于高空间分辨率图像和低空间分辨率多光谱图像融合，针对不同图像类型有多种比值融合方法，其中 Brovey 法是一种常用的增强多光谱图像的比值融合方法。该方法假设高空间分辨率全色图像的光谱响应范围与低空间分辨率多光谱图像基本相同，其融合表达式如下：

$$I_i = \frac{XS_i \times PAN}{\sum_{j=1}^{n} XS_j} \tag{7.2.5}$$

式中：n 为多光谱图像波段数；

XS_i 为多光谱波段图像；

PAN 为全色图像；

I_i 为融合图像；

i,j 为多光谱波段序号。

Brovey 法的优点在于提高图像空间分辨率的同时，能够保持原多光谱图像的光谱信息，但全色波段与多光谱波段光谱响应范围不一致的图像融合效果不佳。该方法对 SPOT 全色波段与其多光谱波段图像融合效果良好，也可用于 SPOT 全色波段与 TM 多光谱波段图像的融合。

4.空间高通滤波融合法

提高多光谱图像空间分辨率的方法之一是将较高空间分辨率图像的高频信息(细节和边缘等)，逐像素叠加到低空间分辨率的多光谱图像上。根据对高频信息分量的叠加方式可分为不加权和加权高通滤波融合法两种。

(1)不加权融合法

不加权融合法是用高通滤波器对高空间分辨率图像进行滤波，将高通滤波得到的高频成分逐像素地直接加到各低空间分辨率多光谱图像上，来获得空间分辨率增强的多光谱图像。融合表达式如下：

$$F_k(i,j)=M_k(i,j)+HPII(i,j) \tag{7.2.6}$$

式中：$F_k(i,j)$表示第 k 波段像素(i,j)的融合值；

$M_k(i,j)$表示低空间分辨率多光谱图像第 k 波段像素(i,j)的值；

$HPH(i,j)$表示采用空间高通滤波器对高空间分辨率图像$P(i,j)$滤波得到的高频图像像素(i,j)的值。

该方法是将高空间分辨率图像的高频信息与多光谱图像的光谱信息融合，获得空间分辨率增强的多光谱图像，并具有一定的去噪功能。采用这一融合方法的关键是设计合适的高通滤波器。

(2)加权融合法

加权融合法，也叫高频调制融合法，是将高空间分辨率图像$P(i,j)$与空间配准的低空间分辨率第 k 波段多光谱图像 $M_k(i,j)$进行相乘，并用高空间分辨率图像 $P(i,j)$经过低通滤波后得到的图像$LPH(i,j)$进行归一化处理，得到增强后的第 k 波段融合图像。其公式为：

$$F_k(i,j)=M_k(i,j)\times P(i,j)/LPH(i,j) \tag{7.2.7}$$

高空间分辨率图像 $P(i,j)$经过低通滤波后分解成 $LPH(i,j)$和

$HPH(i,j)$两部分。即：

$$P(i,j)=LPH(i,j)+HPH(i,j) \tag{7.2.8}$$

将上式代入(7.2.7式)得：

$$F_k(i,j)=M_k(i,j)+M_k(i,j)\times HPH(i,j)/LPH(i,j) \tag{7.2.9}$$

令$K(i,j)=M_k(i,j)/LPH(i,j)$，则有：

$$F_k(i,j)=M_k(i,j)+K(i,j)\times HPH(i,j) \tag{7.2.10}$$

可见(7.2.10)式即对高空间分辨率图像高频部分$HPH(i,j)$用权$K(i,j)$调整，然后加到多光谱图像上，因此称为加权融合法。该方法的关键也在于设计合适的低通滤波器。

高通滤波融合法的优点是简单，且对波段数没有限制，特别是加权融合法在提高多光谱图像的空间分辨率的同时，能够有效保护原始多光谱图像的光谱信息，采用这种方法融合的图像对于农业区农作物识别与分类尤其适用。但对于不加权融合法来说，存在对高空间分辨率图像滤波得到的高频分量会丢失高空间分辨率图像重要纹理信息的缺点。

上述空间域融合法中，高频调制融合法方法简单、效果好，是一种应用较广的图像融合法。

(二)变换域融合法

变换域融合法是指对低空间分辨率图像或高、低空间分辨率图像进行某种变换，并按一定规则在变换域进行处理，然后经反变换获得融合图像的方法。它大致可分为多分辨率分析融合法和分量替换融合法两类。

1.多分辨率分析融合法

多分辨率分析融合法包括金字塔融合法和小波分析融合法。本书只介绍应用更普遍的小波分析融合法，有关金字塔融合法请参考其他文献。

国内外很多学者都对小波分析融合法进行了研究，并给出了各种融合实现方案。图 7.2.2 是基于 Mallat 小波分析融合法的流程图，具体融合过程为：第一步，对图像 A 和 B 分别进行小波变换获得图像的小波系数（图像 A 的小波系数 A_1、A_2、A_3，图像 B 的小波系数 B_1、B_2、B_3）和近似系数（图像 A 的近似系数 A_0，图像 B 的近似系数 B_0）；第二步，根据融合模型由小波系数计算融合后的小波系数（AB_1、AB_2 和 AB_3）；第三步，对近似系数进行加权融合处理（AB_0）；第四步，将融合后的近似系数（AB_0）与小波系数（AB_1、AB_2 和 AB_3）一起作小波逆变换得到融合图像。

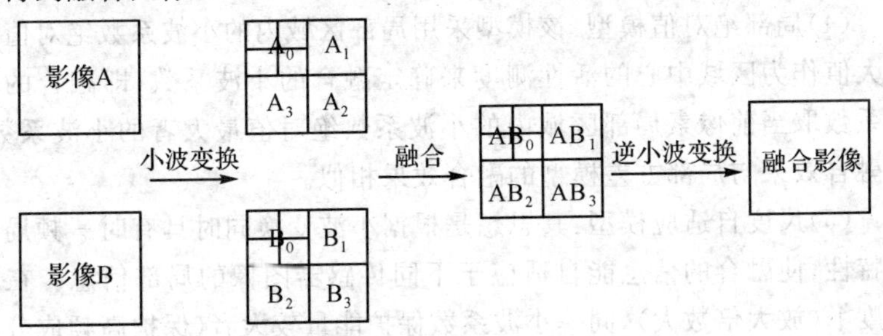

图 7.2.2　基于 Mallat 小波图像融合

原始图像经过小波分解称为一级分解，这种分解过程可以不断地进行下去，也就是可以进行多级分解。一般情况下，对图像的小波系数不再分解，而对近似系数进行连续分解，就可以得到图像在不同分辨率下的近似系数，称为多分辨率的小波分析，基于多分辨率小波分析的图像融合称为多分辨率小波分析融合法。

对于小波分析图像融合法而言，图像的近似系数之间、小波系数之间的融合模型研究是提高融合图像质量的关键，一般情况下，近似系数的融合模型往往采用加权融合方式。下面介绍图像小波系数之间的融合模型（结合图 7.2.2）。

（1）标准模型：该模型采用绝对值最大融合准则。对各级小波分解图像数据，在相应的层次和频带上进行融合处理时，取图像 A 和 B 的小波系数大者为融合的小波系数。

(2)加法模型:小波系数融合取图像 A 和 B 的小波系数之和。采用这种融合模型,得到的融合图像在提高空间分辨率的同时,能较好地保持光谱信息,一般情况下比采用标准模型的融合效果好。

(3)局部方差模型:该模型是以局部区域内的小波系数图像的方差的大小作为区域中心的活性测度来确定融合的小波系数,即融合的小波系数取当前像素局部区域的小波系数方差较大者的小波系数。大量试验表明,采用该模型进行小波系数融合的融合图像更加清晰,但在边缘附近可见振铃效应。

(4)局部绝对值模型:该模型采用局部区域内的小波系数绝对值的最大值作为区域中心的活性测度来确定融合的小波系数,即融合的小波系数取当前像素局部区域内的小波系数绝对值最大者的小波系数,其融合效果与局部方差模型的融合效果相似。

(5)尺度自适应模型:其思想是根据小波变换同时具有时—频局部化特性,使融合的信息能自适应于不同传感器图像的局部信息。在小尺度下(放大倍数大),同一小波系数保护能量较大者(保护高频成分),抑制能量较小者,使图像细节得到保护;在大尺度下,同一小波系数抑制能量较大者,保护能量较小者。这种有向竞争融合准则,可以提高融合图像的空间分辨率。

(6)Wallis 变换模型:该模型假定 A 是高空间分辨率图像,融合的小波系数是将图像 A 的小波系数拉伸成具有图像 B 的小波系数的均值和方差后的小波系数。该方法既利用了图像 A 的高空间分辨率特性又顾及了光谱特性,融合图像在提高空间分辨率的同时,整体上保持了光谱信息。

(7)最小二乘拟合模型:该模型假定 A 是高空间分辨率图像,且图像 B 的小波系数与图像 A 的小波系数为线性关系,采用最小二乘拟合得到图像 B 的小波系数拟合值作为融合的小波系数。该方法既利用了图像 A 的高空间分辨率特性,同时在最大程度上保持了光谱信息,融合的图像在提高空间分辨率的同时,保持了最佳的光谱信息,其结果比 Wallis 变换模型要好,因此 Ranchin 称这种融合方法为具有 ARSIS

意义的融合方法。ARSIS 来自法语，其含义是增加结构信息，提高空间分辨率。

综上所述，选择合适的小波系数融合模型是获取高质量融合图像的关键之一。对高空间分辨率图像与多光谱图像融合，选择合适的小波系数融合模型的融合方法，可获得空间分辨率增强且保留光谱特性的图像，所得到的融合图像更适用于农业及植被生态等领域的研究。

2. 分量替换融合法

对空间匹配的高空间分辨率图像与低空间分辨率多光谱图像进行分量替换融合的前提是：认为多光谱图像是由空间分量和光谱分量构成的。

分量替换融合法的基本思想是：首先通过某种变换对多光谱图像进行分离，得到与高空间分辨率图像高度相关的空间分量和光谱信息分量；其次，为增强空间信息，用高空间分辨率图像或高空间分辨率图像经灰度直方图匹配得到的图像替换多光谱图像变换后的空间分量（称替换分量），而保持光谱信息不变；然后反变换至原始图像空间，得到融合图像。

分量替换融合法的目的是通过融合处理，在保持原始光谱信息不变的同时，将高空间分辨率图像的空间信息传递到多光谱图像中，获得高空间分辨率多光谱图像。

下面介绍分量替换融合法的数学公式。

设置 $X_i(i=1,2,\cdots,n)$ 表示第 i 波段多光谱图像，I_i 表示变换后的图像，n 为波段数，则将 X_i 变换成 I_i 可以写成：

$$I_i=f(X_1,X_2,\cdots,X_n)$$

式中，f 为标准正交变换函数，假设 I_1 是与高空间分辨率图像最相关的分量，用高空间分辨率图像或高空间分辨率图像经灰度直方图匹配得到的图像 P 替换 I_1，并进行逆变换可得：

$$X_i'=f^{-1}(P,I_2,\cdots,I_n)$$

式中，f^{-1} 是 f 的反函数，X_i' 是采用分量替换融合法得到的高空间分辨率多光谱图像。

显然，要保持原始多光谱信息，就要使 X_i' 与 X_i 非常相似，则要求 P 与 I_1 接近相同或高度相关。P 与 I_1 的相似程度决定了分量替换融合法保持原始多光谱信息的能力。因此，一般在分量替换之前，常对 P 进行直方图匹配、局部直方图匹配或灰度拉伸等预处理。

由于 I_1 由变换函数决定，不同的变换得到不同的 I_i，因而会产生不同的融合效果。目前主要的分量替换融合法有：IHS 彩色变换融合法、主成分变换（Principal Component Analysis，PCA）融合法和线性回归融合法等。其中 IHS 彩色变换融合在第六章第五节已作了介绍，下面介绍主成分变换融合法。

主成分变换融合过程如下：首先，对低空间分辨率多光谱图像进行主成分变换获得各个主成分；其次，用高空间分辨率图像或高空间分辨率图像经灰度直方图匹配得到的图像替换多光谱图像主成分变换的第一主成分；最后，对替换了第一主成分的所有主成分进行主成分反变换获得融合的图像。

值得注意的是，在进行主成分变换时，计算各主成分的特征值和特征向量一般不用多光谱图像间的协方差矩阵求得，而是用多光谱图像间的相关矩阵求得。之所以采用相关矩阵求特征值和特征向量是因为在相关矩阵中各波段的方差都归一化了，从而使各波段具有同等的重要性。若采用协方差矩阵求特征值和特征向量，由于各波段图像的方差不同，会导致各波段重要程度不一致。大量试验结果表明，基于相关矩阵的主成分变换融合法效果更好。

主成分变换融合法对低空间分辨率多光谱图像与高空间分辨率图像融合的流程见图 7.2.3。

主成分变换融合法融合的图像不仅清晰度和空间分辨率比原多光谱图像提高了，而且主成分变换融合法克服了 IHS 变换只能同时对 3 个波段图像融合的局限性。

像素级图像融合技术不仅能使融合图像清晰度和空间分辨率得到增强，而且能提高判读水平、分类精度、多时相监测能力和制作专题图的精度等，因此广泛用于测绘、土地利用、农业、森林、海岸/冰/雪、地

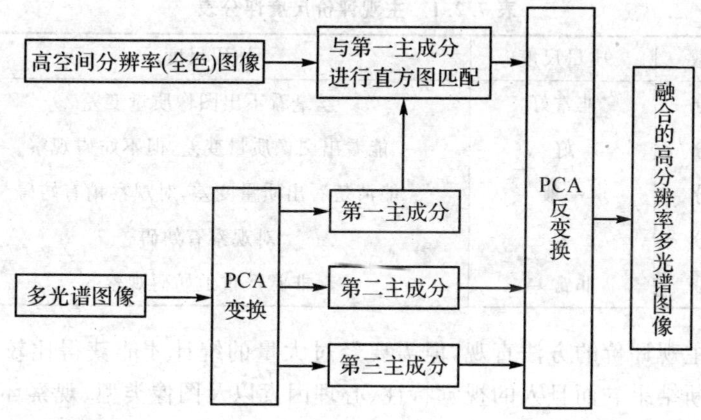

图 7.2.3　主成分变换融合法

质、洪涝监测和军事等方面。

三、像素级图像融合效果评价

如何评价图像融合的效果，是一个非常复杂的问题，也是图像融合的一个重要步骤。在实际评价过程中需要对多方面因素进行综合考虑。融合图像的质量评价一般分为主观评价法和客观评价法。

1. 主观评价法

图像的主观评价就是由观察者(人)，对图像质量的好坏做出主观定性的评价。主观评价的观察者大体上可以分为两类：一类是未经过训练的观察者(一般人员)；另一类是对图像技术有经验的观察者(专业人员)，他们能够凭自己的观察对图像的质量提出相对严格的判断。图像主观评价的尺度往往要根据应用场合等因素来选择和制定，表7.2.1给出了国际上规定的五级质量尺度和妨碍尺度，对一般人员多采用质量尺度，专业人员采用妨碍尺度。为了保证图像主观评价在统计上有意义，参加评价的观察者应足够多。

表 7.2.1　主观评价尺度评分表

分数	质量尺度	妨碍尺度
5 分	非常好	丝毫看不出图像质量变差
4 分	好	能看出图像质量变差，但不妨碍观察
3 分	一般	能清楚看出质量变差，对观察稍有妨碍
2 分	差	对观察有妨碍
1 分	非常差	非常严重地妨碍观察

主观评价的方法直观，但需要经过大量的统计才能获得比较准确的判断结果。而且人的视觉特性、心理因素以及图像类型、观察环境和条件等均可能对主观评价结果产生影响，导致有时主观评价结论的差异会很大。因此对图像的评价除采用图像主观评价外，还需要用客观评价指标进行评价。

2. 客观评价法

图像的客观评价指标大多是计算融合图像所含信息量的量化评价公式，采用多量化判据可以弥补单个子方法的缺陷，从而提高图像融合效果判断的准确性。下面介绍几个常用的定量评价指标。

设 $C(i,j)$ 为融合图像，$B(i,j)$ 为原始图像，M 和 N 分别为图像的行数与列数。则常用的定量评价指标有以下几种。

(1)信息熵(Entropy)：

具体公式见式(2.1.1)。熵反应了图像携带的信息量的多少，熵越大说明图像的融合效果越好。

(2)偏差度(Difference Index)：

Costantin 等人用偏差指数(Difference Index)来反映融合后图像与原始图像在光谱信息上的匹配程度。偏差指数定义为融合结果和多光谱图像之差的绝对值与多光谱图像的比值。

$$D = \frac{1}{MN}\sum_{i=0}^{M-1}\sum_{j=0}^{N-1}\frac{|C(i,j)-B(i,j)|}{B(i,j)} \tag{7.2.11}$$

如果偏差指数 D 较小，则说明融合后的图像 C 在提高了空间分辨率的同时，较好地保留了多光谱图像 B 的光谱信息。

(3)均方根误差 RMSE(Root Mean Square Error)：

$$RMSE=\sqrt{\frac{\sum_{i=0}^{M-1}\sum_{j=0}^{N-1}[B(i,j)-C(i,j)]^2}{M\times N}} \tag{7.2.12}$$

均方根误差越小，说明融合效果越好。

(4)峰值信噪比 PSNR(Peak-to-peak Signal-to-Noise Ratio)

图像融合后去噪效果的评价原则是：信息量是否提高；噪声是否得到抑制；均匀区域噪声的抑制是否得到加强；边缘信息是否得到保留；图像均值是否提高等。通常用峰值信噪比来衡量，定义如下(在这里认为原始图像与融合图像的差异就是噪声，而原始图像就是信息)：

$$PSNR=10\lg\left(\frac{C^2(i,j)}{RMSE^2}\right) \tag{7.2.13}$$

峰值信噪比 $PSNR$ 越高，说明融合效果和质量相对越好。

(5)相似性量度：

$$SM=2\times\frac{\sum_{i=0}^{M-1}\sum_{j=0}^{N-1}C(i,j)\times B(i,j)}{\sum_{i=0}^{M-1}\sum_{j=0}^{N-1}[C(i,j)^2+B(i,j)^2]} \tag{7.2.14}$$

如果 SM 越接近 1，说明融合图像与理想图像越接近，也就是融合效果更好。

(6)相关系数：

$$CORR=\frac{\sum_{i=0}^{M-1}\sum_{j=0}^{N-1}[B(i,j)-\bar{B}][C(i,j)-\bar{C}]}{\sqrt{\sum_{i=0}^{M-1}\sum_{j=0}^{N-1}[B(i,j)-\bar{B}]^2\sum_{i=0}^{M-1}\sum_{j=0}^{N-1}[C(i,j)-\bar{C}]^2}} \tag{7.2.15}$$

其中，$\bar{B}$ 和 $\bar{C}$ 分别为图像 B 和 C 灰度平均值。相关系数相对较大，说明融合效果越好。

图像融合效果的客观评价也存在一些问题，比如：一种融合算法，对于不同类型的图像，其融合效果可能不同；同一种融合算法，观察者感兴趣的部分不同，可能认为效果不同。另外由于不同评价指标的含义、度量标准不同，使得一般只能对不同融合算法得到的融合图像的同一指标进行比较，当不同指标得到的评价结果不一致时就难以比较融合图像质量的优劣。基于上述原因，在实际评价过程中应综合考虑多个参量的评价结果。

第八章 遥感图像非监督分类

第八章至第十一章将介绍与遥感图像处理有关的图像分析。图像分析(也叫景物分析或图像理解)可看作是一种描述过程,主要研究从图像提取有用的测度,即信息或数据。它包括图像分割、特征分析、图像分类以及描述和理解等内容。图像分析与增强、恢复以及编码等处理在要求上不同,表现为系统的最终输出是数值、符号或内容确切的图形图件,而不再是带有随机分布性质的图像。它也不同于经典模式识别,即不仅要对图像进行分类,还要对千变万化和难以预测的复杂景物加以描述。不仅如此,图像分析还常常依靠某种知识来说明景物中物体与物体、物体与背景之间的关系。

图像分析需要以更具体的知识和目的为基础,其结果也要求更接近于解释成果和实际应用的要求,因而其发展的方向是人工智能化。这里所谓具体的知识和目的(以遥感图像为例)包括对不同地物的光谱特征的了解及关于线性体、环形体及纹理特征等的分布特征和实际意义的知识等。本章和下一章将介绍遥感图像的分类。

用计算机对遥感图像进行分类是模式识别技术在遥感技术领域中的具体应用,是遥感数字图像处理的一个重要内容。虽然图像增强和图像分类都是为了增强和提取遥感图像中的目标信息,但是,图像增强主要是增强图像的视觉效果,提高图像的可解译性,因此可以说,图像增强给目视解译提供的信息是定性的,而图像分类直接着眼于地物类别的区分,所以说图像分类给目视解译提供的是定量信息。

模式识别问题指的是对一系列过程或事件的分类与描述,识别时具有某些相类似的性质的过程或事件就分为一类。用来解决模式识别问题的许多不同的数学技巧一般主要可分为以下四种方法:统计法(或决策论方法)、语言结构法(句法方法)、模糊法以及神经网络法。

统计法模式识别时,需从被识别的对象(模式)中提取一些反映对象属性的量度——特征(变量),并把特征定义在一个特征空间中(特征空间中的每一点为特征向量),然后利用统计决策的原理对特征空间进行划分,以区分具有不同特征的对象,从而达到分类的目的。其基本出发点是把特征中对应于模式(对象)的所有观测量视为从属于一定分布规律(如正态分布)的随机变量,在多维观测时,把对应于对象的所有各维观测量的总体视为从属于一定分布规律的随机向量,每个随机向量在多维特征空间中都有一个特征点与之对应,所有特征点的全体在特征空间中将形成一系列的分布集群,每个集群中的特征点被认为是具有相似特征的,并可以划分为同一类别。

语言结构法模式识别致力于对具体对象的结构特征的描述,识别时不仅具有把对象进行分类的能力,而且还具有描述该对象为何不是其他类的能力(例如图片识别)。其基本思想是:任何一个有意义的物理模式都具有良好的结构性,它是由许多已知类别和性质的子模式或源模式按一定的生成规则构成的,所以一旦知道生成规则和子模式、源模式,便可由文法推理按生成规则推出一个用字符串表示的模式集合,若所研究的模式被包含在此集合内,就认为该模式被识别出来了。

模糊法模式识别是根据地物的最明显的、最本质的特征(光谱本质特征或空间本质特征)来进行识别的。它根据人的辨别事物的思维逻辑,吸取人脑的识别特点,并把数学从二值逻辑转向连续逻辑,从而更接近人类大脑的识别活动。

神经网络法模式识别是利用神经网络技术的模式识别。在对图像分类时,除运用图像本身的特征外,更多的是利用在以往分类过程中所积累的经验,在被分类图像信息的引导下,自行改造其自身的结构及其识别分类方式,进而对图像进行识别分类。

由于句法方法目前在遥感领域还未得到实际有效的应用,因此,本书介绍的遥感图像分类主要指的是遥感图像的统计分类(识别)。另外,近年来模糊法模式识别和神经网络法模式识别在遥感图像监督分类中也取得了较好的效果，我们将在第九章进行介绍。

第一节　遥感图像分类概述

一、遥感图像分类的概念及原理

遥感图像是通过亮度值或像元值的高低差异（反映地物的光谱信息）及空间变化（反映地物的空间信息）来表示不同地物的差异的，如不同类型的植被、土壤、岩石及水体等等，这是我们区分不同影像地物的物理依据。遥感图像分类就是利用计算机通过对遥感图像中各类地物的光谱信息和空间信息进行分析，选择特征，并用一定的手段将特征空间划分为互不重叠的子空间，然后将图像中的各个像元划归到各个子空间去。遥感图像分类中的特征就是能够反映地物光谱信息和空间信息并可用于遥感图像分类处理的变量，如多波段图像的每个波段都可作为特征，多波段图像的各种处理结果（如比值处理、线性变换以及 K-L 变换等）也可以作为分类的特征，这些特征就构成了遥感图像的特征空间，在特征空间中，每一像元构成一特征向量。

遥感图像分类的理论依据是：遥感图像中的同类地物在相同的条件下（纹理、地形、光照以及植被覆盖等等），应具有相同或相似的光谱信息特征和空间信息特征，从而表现出同类地物的某种内在的相似性，即同类地物像元的特征向量将集群在同一特征空间区域；而不同的地物其光谱信息特征或空间信息特征将不同，将集群在不同的特征空间区域。

由于地物的成分、性质、分布情况的复杂性和成像条件的影响，以及一个像元或瞬时视场里往往有两种或多种地物的情况——即混合像元，使得同类地物的特征向量也不尽相同，而且使得不同地物类型的特征向量之间的差别也不都是截然的。应指出的是，同类地物的各像元特征向量虽然不是完全集中在一个点上，但也不是杂乱无章地分布的，而是相对密集地分布在一起形成集群，当像元数目较大时，近似地呈多维正态分布，如图 8.1.1 所示。当然各集群之间往往不能清楚地分开，不同集群之间一般有少部分重叠交叉的情况。一个集群相当于一个类别，而每个类的像元值向量都可以看作是随机变量，因而遥感图像分类的方法一般都是建立在随机变量统计分析的基础上的。

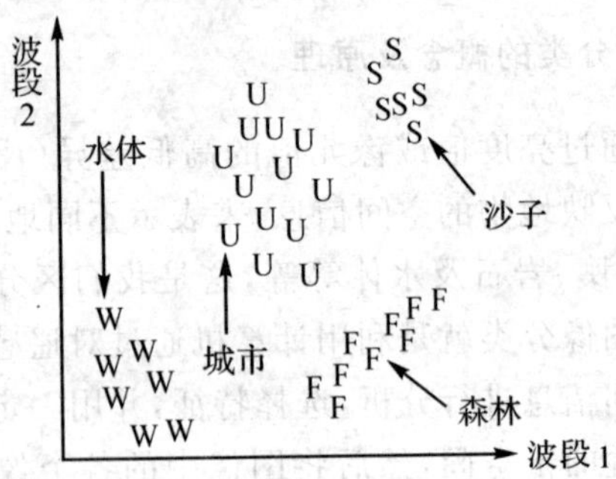

图 8.1.1 二维散点图中几类地物的分布

图像分类的关键问题之一是选择适当的分类规则（或叫分类器），通过分类器把图像数据划分为尽可能符合实际情况的不同类别。最简单的分类器就是密度分割或灰度分层，即按照灰度值或亮度值的大小划分为几个层次，每个层次算作一类地物。

二、遥感图像分类的特点和原则

为了提高遥感图像的分类精度，分类时一般采用多波段数据以及波段间运算产生的一些新的变量（例如比值图像），因此遥感图像分类的特点是多变量的图像分类。

在遥感图像分类中，设有 m 个变量（如 TM6 个波段、SPOT3 个波段等）参与分类，对应于某一像元可用 m 维向量 X 来表示：

$$X=[x_1, x_2, \cdots, x_m]^T \tag{8.1.1}$$

其中，$x_i(i=1,2,\cdots,m)$为一像元的各个变量上的值。

一般当 $m>3$ 时，变量的分布已无法用几何空间实际表示出来，此时我们可以利用某种数学变换（如 K-L 变换或投影变换），把它简化为低维变量,以便显示成图(一般降至 2～3 维空间)。而对于单像元或单地物的场合,用特征值曲线或特征响应曲线来表示(也称亨利曲线),如图 8.1.2 所示。

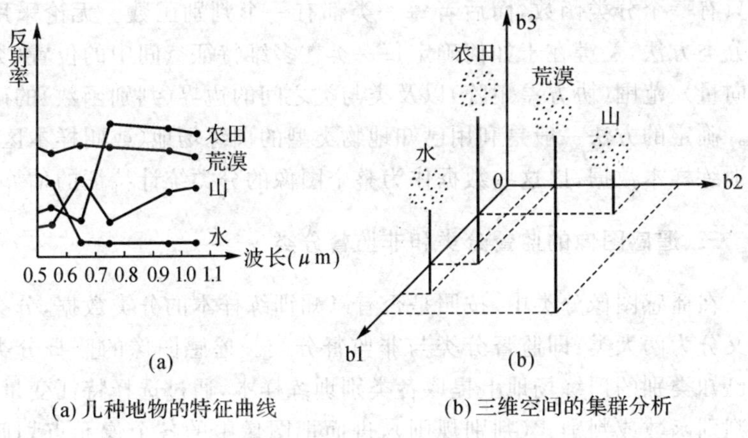

(a) 几种地物的特征曲线　　(b) 三维空间的集群分析

图 8.1.2 特征曲线及集群分析

遥感图像分类的一般原则如下:

(1)对多变量图像,不能孤立地根据个别变量的数值进行分类,而要从整个向量数据特征出发,即像元点在多维特征空间中的位置及聚集情况,或者说空间集群的分布进行分类。

(2)一个集群(类)在特征空间的位置用它的均值向量表示,即该集群的中心,其离散程度用标准差向量(均方差向量)或协方差矩阵来衡量。

(3)分类的实质是把多维特征空间划分为若干区域(子空间),每个区域相当于一类,即位于这一区域内的像元点归属于同一类。分类或划分区域范围的标准差的标准可以概括为两种方法:①由每类(或集群)的统计特征出发,研究它所应该占据的区域。例如以每一类的均值向量为中心,把在几个标准差范围内的点归入一类。这个圈定范围的标准比较生硬,而且往往会造成类与类之间的互相重叠。②第二种分类法是由划分类与类之间的边界出发建立边界函数或判别函数,通常称为判别分析。

事实上，前一种方法中采取相对标准的方法实质上也是判别分析，因为也是以某个函数值的大小来确定分类边界的。其不同点在于，前者只有一个分类函数，而后者每一类都有一个判别函数。无论采用何种分类方法，关键在于如何确定每一类在多维特征空间中的位置(类均值向量)、范围(协方差矩阵)以及类与类之间的边界(判别函数)的确切值。确定的方法一般是利用已知地物类型的训练场地(或叫样本区)取得训练样本数据，以这些数据作为整个图像的分类统计特征的估算值。

三、遥感图像的监督分类和非监督分类

在遥感图像分类中，按照是否有已知训练样本的分类数据，分类方法又分为两大类：即监督分类与非监督分类。遥感图像的监督分类是在已知类别的训练场地上提取各类别训练样本，通过选择特征变量、确定判别函数或判别式(判别规则)，进而把图像中的各个像元点划归到各个给定类的分类，这种分类方法又称有监分类法或训练场地法。关于监督分类将在第九章中介绍。

遥感图像的非监督分类是在没有先验类别知识(训练场地)的情况下，根据图像本身的统计特征及自然点群的分布情况来划分地物类别的分类处理，也叫做“边学习边分类法”。该法是在计算机分类过程中，边分类边学习边建立并改进分类决策的，无需事先知道各类地物的类别统计特征，也无需经过学习过程，一般只是提供少数阈值对分类过程加以部分控制。值得指出的是，所分各类的含义是什么并不能由该分类方法得出，而要根据地面实况调查和比较来决定。本章以下各节将做介绍。

监督分类和非监督分类的最大区别在于，监督分类首先给定类别，而非监督分类则由图像数据本身的统计特征来决定。

四、图像分类统计量

由于遥感图像分类的理论依据是各类样本内在的相似性，图像分

类时就是将相似的种类(像元)合并,将不相似的种类(像元)分开,这样就可以把各像元在特征空间的分布按其相似性分割或合并成一些集群。下面介绍图像分类常用一些描述相似性的统计量。

设分类时采用 p 个变量(波段),则第 i 个像元和第 j 个像元的特征向量为:

$$\begin{cases} X_i = [x_{1i}, x_{2i}, \cdots, x_{pi}]^T \\ X_j = [x_{1j}, x_{2j}, \cdots, x_{pj}]^T \end{cases} \tag{8.1.2}$$

常用的相似性统计量有:

1. 像元 i 和像元 j 之间的相关系数

$$r_{ij} = \sum_{k=1}^{p}(x_{ki} - \bar{x}_i)(x_{kj} - \bar{x}_j) \Big/ \sqrt{\sum_{k=1}^{p}(x_{ki} - \bar{x}_i)^2 \sum_{k=1}^{p}(x_{kj} - \bar{x}_j)^2} \tag{8.1.3}$$

式中:$\bar{x}_i = \frac{1}{p}\sum_{k=1}^{p} x_{ki}$,$\bar{x}_j = \frac{1}{p}\sum_{k=1}^{p} x_{kj}$。

2. 像元 i 和像元 j 之间的相似系数

$$\cos\theta_{ij} = \sum_{k=1}^{p} x_{ki} x_{kj} \Big/ \sqrt{\sum_{k=1}^{p} x_{ki}^2 \sum_{k=1}^{p} x_{kj}^2} \tag{8.1.4}$$

3. 像元 i 和像元 j 之间的欧几里德距离

$$d_{ij} = \sqrt{\sum_{k=1}^{p}(x_{ki} - x_{kj})^2} \tag{8.1.5}$$

4. 像元 i 和像元 j 之间的绝对距离

$$d_{ij} = \sum_{k=1}^{p} | x_{ki} - x_{kj} | \tag{8.1.6}$$

5. 马氏距离(Mahalanobis)

$$d_{ij}^2 = (X_i - X_j)^T \sum\nolimits_{ij}^{-1} (X_i - X_j) \tag{8.1.7}$$

式中:$\sum_{ij}$ 为协方差矩阵,当 $\sum_{ij} = I$(单位矩阵)时,马氏距离即为欧几里德距离的平方。

6. 像元 i 到第 g 类均值(均值向量)的混和距离

$$d_{ig}=\sum_{k=1}^{p}|x_{ki}-M_{kg}| \tag{8.1.8}$$

式中：$M_{kg}=\frac{1}{n_g}\sum_{l\in g}x_{kl}$；

n_g 为 g 类的像元数，M_{kg} 为 g 类 k 变量的均值。

7. 二类均值的标准化距离（g 类和 h 类）

$$D_{gh}=\sqrt{\sum_{i=1}^{p}\frac{(M_{ig}-M_{ih})^2}{S_{ig}S_{ih}}} \tag{8.1.9}$$

式中：M_{ig} 和 M_{ih} 分别为 g 类和 h 类 i 变量的均值；

S_{ig} 和 S_{ih} 分别为 g 类和 h 类 i 变量的标准差（均方差），如

$$S_{ig}=\sqrt{\frac{1}{n_g-1}\sum_{k\in g}(x_{ik}-M_{ig})^2} \quad (n_g\text{ 为 }g\text{ 类的像元数})$$

8. 两类可分离性统计量 J-M（Jeffries-Matusita）距离

J-M 距离定义为：

$$J_{gh}=\{\int_x[\sqrt{p(x\mid g)}-\sqrt{p(x\mid h)}]^2\mathrm{d}x\}^{1/2} \tag{8.1.10}$$

式中：$p(x|g)$ 和 $p(x|h)$ 为条件概率，它指像元 x 出现在 g 类和 h 类内的概率。

简单地说，J-M 距离是两类地物的概率密度函数之间平均差值的量度，是对两类地物可分性的量度。

在正态分布的情况下：

$$J_{gh}=\sqrt{2[1-\exp(-\alpha)]} \tag{8.1.11}$$

而

$$\alpha=\frac{1}{8}(M_g-M_h)^T\left(\frac{S_g+S_h}{2}\right)^{-1}(M_g-M_h)+\frac{1}{2}\ln\left[\frac{|(S_g+S_h)/2|}{(|S_g|\cdot|S_h|)^{1/2}}\right]$$

式中：M_g 和 M_h 为 g 类和 h 类的均值向量；

S_g 和 S_h 为 g 类和 h 类的协方差矩阵。

注意，α 又称 Bhattacharyya 距离。

应当指出，当用距离作为类相似度时，距离小，类相似度大；距离大，类相似度小。而用相关系数作为类相似度时，相关系数越大，类相

似度越大，反之则小。

在分类过程中，应当尽量避免属于同一点群(集群)的像元分到不同的类中去，否则类内离差平方和就会增加。因此分类准则要求在给定分类的前提下，使总的离差平方和为最小。总的离差平方和为：

$$SSE=\sum_{g=1}^{G}\sum_{X_k\in g}(X_k-M_g)^T(X_k-M_g) \tag{8.1.12}$$

式中：G 为分类数；

$M_g=[M_{1g},M_{2g},\cdots,M_{pg}]^T$ 为 g 类均值向量；

X_k 为第 g 类内的像元的特征向量；

$X_k=[x_{1k},x_{2k},\cdots,x_{pk}]^T$。

第二节 特征空间图像识别

所谓图形识别分类就是对分类的地区事先完全不了解，计算机只根据人们规定的某些要求和阈值对图像进行分析，采用对图像逐行逐个像元相比较的无人管理分类方法。

这种分类方法比较简单，它是以像元的特征响应曲线的类似与否进行分类的。图像识别的具体过程是：从待分类的一幅多波段图像数据文件顺序读取像元，假定第一扫描行的第 1 个像元 4 个波段的亮度值分别为：

波段号	band1	band2	band3	band4
亮度值	20	60	80	40

根据这些亮度值数据作出特征响应曲线，如图 8.2.1 中 A 线，计算机定义该像元为 W_1 类。继续顺序取第 2 个像元数据，作其特征响应曲线如图 8.2.1 中 B 线所示，若这两条特征响应曲线不重合，则认为两像元属不同类别，故定义为另一类 W_2，如此重复比较(无论前面有多少已知类，新像元都须与各类逐一比较，特征响应曲线相同则归为同一类，不同则定义为新类)，扫描整幅图像，于是图像注上了不同类别符号或表示不同类别的彩色。

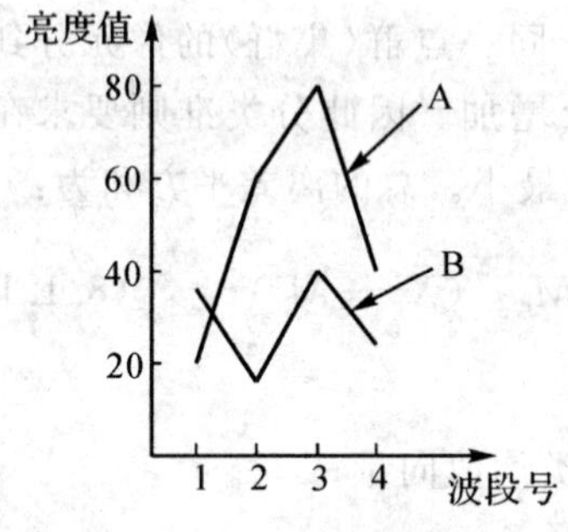

图 8.2.1　特征响应曲线　　　　图 8.2.2　±10％变差范围响应曲线

有时不需要把类别分得过细,同时在遥感成像过程中,由于各种因素的影响,同类地物的特征响应曲线也不尽相同,因此应允许有一定的误差范围,即选择变差范围(窗口)。例如上面的例子如果允许每一个像元的特征响应曲线有－10％～＋10％的变化范围,则有:

波段号	band1	band2	band3	band4
变差范围	18～22	54～66	72～88	36～44

根据此数据,可作出特征响应曲线的带窗口(变差范围),如图8.2.2所示。此时对图像中像元特征响应曲线进行比较时,凡是变差范围内重合的即归为同一类,于是所分的类别就少了。变差的百分比越大,可分类的数目越少,否则越多。当然,变差范围也可以以其他的形式给出,如给定上下浮动的一个阈值(±Δ)。

3 个波段的图形识别分类法也可称为平行六面体的分类,即选用 3 个波段向量,指定变差范围,顺序对像元进行分类。

利用图形识别技术对不了解的地区进行分类的特点是:

(1)不能精确控制分类的类别数。

(2)这种方法在地物光谱响应是不重合的正态分布时是可行的,并且容易实现。如图 8.2.3 所示的 A,B 两类地物,是分别独立的两类,这种情形图形识别分类方法可以分得出来。若特征分布出现交叠,则使用这种简单的分类方法将产生比较大的分类错误,如图 8.2.4 所示的交叉重叠的两类分布，这种分类法就不能分类，因为位于交叠部分的像元很难确定其归属类别。

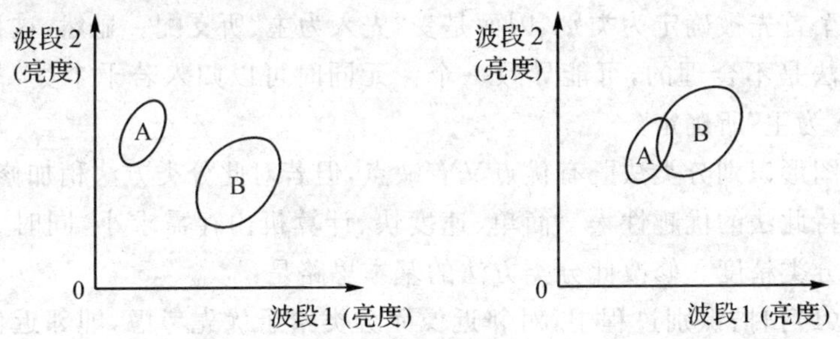

图 8.2.3　两类地物独立分布　　图 8.2.4　两类地物交叉重叠分布

(3)若地物特征变量的分布假定都是正态分布的，则其在多维空间中，同类地物特征向量点将簇拥在一起形成一个多维椭球体。而图形识别法是把多维椭球体简化为多维圆球体的简化模式，其缺点为可能存在一定的误判和漏判。

(4)起始分类的像元，由于类别中心未经统计调查，也会带来一定的分类误差。

(5)这种分类法的主要优点是简单、速度快，在分类精度满足要求的情况下，使用该方法是很有意义的。

(6)此法的分类精度低除了因为特征交叠外，还在于易产生“先入为主”的错误。例如顺序取了第 i 像元，其亮度值及变差范围为：

波段号	band1	band2	band3	band4
亮度值	29	40	58	20
10%变差	26～32	36～44	52～64	18～22

同理，下一个像元为 j，其亮度值及变差范围是：

波段号	band1	band2	band3	band4
亮度值	25	35	51	17
10%变差	22～28	32～39	46～56	15～19

设一个待分类像元 k 在波段 1，波段 2，波段 3，波段 4 的亮度值为

26,37,53,18,若 i 像元和 j 像元各为一类,则像元 k 既可归入 i 类,也可以归为 j 类,那么究竟归入哪一类呢?在前述的方法中,取决于 i,j 哪一个首先被确定为类别,因而是受"先入为主"所支配。显然,这种分类方法是不合理的,可能导致一个像元同时可以归入若干个类,却为"先入为主"所确定。

图形识别分类法既有优点又有缺点,但若对此分类方法稍加修改,将保持此法的优越性——简单、速度快、计算机内存需求小,同时又可提高分类精度。修改此分类方法的基本思路是:

(1)扫描识别过程中,对邻近像元分类给予优先考虑,即邻近像元属于同一类的可能性更大。这样可以部分克服"先入为主"导致的错误。

(2)扫描识别过程中,逐步建立和调整分类中心。当然,起始分类的像元,由于类别中心未经过统计调整,误差会大一些,但可以等扫描识别结束后,再对起始部分像元重新分类。

第三节　系统聚类

系统聚类可按逐步连结法进行。

聚类时,首先将图像中每个像元各自成一类,计算各类均值间(开始时为各像元间)的相关系数矩阵 R(或距离矩阵 D、或相似系数矩阵 Q)。然后从中选择最相关(或最邻近,或最相似)的两类进行合并,形成新类,并重新计算各类间的 R 阵(或 D 阵、或 Q 阵),再从 R 阵(或 D 阵、或 Q 阵)中选择最相关(或最邻近、或最相似)的两类进行合并。这样继续下去,直到各新类间相关系数(或相似系数)小于某一给定阈值为止。当选择距离作为分类统计量时,停止聚类的条件是到各新类间的距离大于某一给定阈值为止。

对于具有 N 个像元的图像,在分类过程中相关系数矩阵 R(或距离矩阵 D、或相似系数矩阵 Q)的体积十分庞大,即使考虑到它的对称性,也至少需要一个能够容纳 $N\times(N+1)/2$ 个元素的矩阵。因此,利用系统聚类方法分类受到计算机内存容量的限制(当然也可将此矩阵存于硬盘之中,但降低了分类速度)。

此外,在系统聚类中采用的统计量要视具体情况而定,因为各种统计量都有自己的特点。例如,对于相似系数 $\cos\theta_{ij}$ 而言,虽然由于地形坡度或山坡方向(向阳或背阳)不同,使光照条件发生变化,使同类地物像元特征向量之间有很大差异,但主要表现在向量长度上,而在方向上变化较小,在这种情况下,用相似系数进行分类就可以减小地形的影响。各种统计量的不同特点,反映在分类图上也各具特色,它们可以相互补充,为地学解译提供各种有用信息。

第四节　分裂法

一、分裂法原理

遥感图像分类中常用的分裂法(ISOMIX 法)又称为等混合距离分类法。这种方法和系统聚类法相反,开始时将所有像元看成一类,求出各变量(波段)的均值 $\bar{x}_i$ $(i=1,2,\cdots,p,p$ 为变量数)和均方差 σ_i,并按下式计算分裂后的两类的中心(均值向量)M_1 和 M_2:

$$M_1=\begin{bmatrix}M_{11}\\M_{21}\\\vdots\\M_{p1}\end{bmatrix},\qquad M_2=\begin{bmatrix}M_{12}\\M_{22}\\\vdots\\M_{p2}\end{bmatrix} \tag{8.4.1}$$

式中:$M_{i1}=\bar{x}_i-\sigma_i$,$M_{i2}=\bar{x}_i+\sigma_i$ $(i=1,2,\cdots,p)$。然后计算各像元到这两类中心的混合距离,并把像元归并到距离较近的那一类中去,形成两个新类。然后对新类各自求出每个变量(波段)的均值和方差。只要有一个变量(波段)的均方差大于规定的阈值 σ_0,则新类就要分裂,以下介绍两种分裂成两类中心的计算方法。

1. 第一种方法

$$\begin{cases} \sigma_i < \sigma_0 & \text{则 } M_{i1} = M_{i2} = \bar{x}_i \\ \sigma_j > \sigma_0 & \text{则 } M_{j1} = \bar{x}_j - \sigma_j , M_{j2} = \bar{x}_j + \sigma_j \end{cases} \tag{8.4.2}$$

其中：$i,j=1,2,\cdots,p$。

2. 第二种方法

设 $\sigma_m = \max\limits_{1\leqslant i\leqslant p}(\sigma_i)$，即 σ_m 为此类中均方差最大的变量，则有：

$$\begin{cases} M_{m1} = \bar{x}_m - \sigma_m , M_{m2} = \bar{x}_m + \sigma_m & \text{当 } i = m \text{ 时} \\ M_{i1} = M_{i2} = \bar{x}_i & \text{当 } i \neq m \text{ 时} \end{cases} \tag{8.4.3}$$

式中：$i=1,2,\cdots,p$。

从新中心（均值向量）分布来看，在第一种方法中虽然考虑了大于阈值 σ_0 的变量在新的均值向量中的改变，但是，因为在同一向量中各变量值可增可减，如第一变量 σ_1 取负值，第二变量 σ_2 取正值，则：

$$M_1 = \begin{bmatrix} \bar{x}_1 - \sigma_1 \\ \bar{x}_2 + \sigma_2 \end{bmatrix} \tag{8.4.4}$$

这种情况在第一种方法中没有考虑，所以有时第一种方法还不如第二种方法优越。

在用上述方法对需要分裂的类求出两个中心以后，又可对该类中的像元进行分裂。这样按“二叉树”方式继续分裂下去，直到每一变量的均方差都小于给定的阈值为止。

通常，在程序设计时，阈值 σ_0 允许随时给出，以控制分类的进行。一般采用的阈值 $\sigma_0=1.5\sim3.0$ 左右。随着阈值的不同，分出的类数也就发生变化，在具体分类过程中可以根据需要来选择阈值。

按上述“二叉树”方法进行分类时，常常存在这样的缺点：即开始错分的像元（将同一集群的像元分到不同的类别中）以后无法再改变，从而使错分的像元数目较多，分类结果比较零乱，难以依据它进行地学解译。

二、分裂法的改进

为了克服上述缺点，对分裂法可作适当改进，即在计算到某一步或在计算出新中心后，就对所有像元进行聚合，使开始错分的像元在建立新的中心后，有机会重新合并，从而减少了误分的情况，使分类效果得到改善。

同时，也可以使分类的程序更加灵活，即根据监视计算机显示的各类均值和均方差向量，及时调整阈值 σ_0，以控制分裂数，从而使分类得到满意的结果。

第五节　集群分析和动态聚类

根据像元特征向量（如光谱向量）及其在特征空间（如光谱空间）集群分布规律的分析来进行分类的方法叫作集群分析。在分类过程中，类别中心可以不断修改和变动，分类的数目也可以用分裂和合并的方法不断增减和调整，使分类结果更加合理，这种方法称为动态聚类。

一、动态聚类原理及过程

动态聚类就是在开始时先建立一批初始中心，而让待分类的各个像元依据某些判据准则向初始中心凝聚，然后再逐步修改调整中心，重新分类；并根据各类离散性统计量（如均方差）和两类间可分离性的统计量（如类间标准化距离、J-M 距离等）再进行合并和分裂。此后再修改调整中心，……，这样不断继续下去，直到分类比较合理为止。

由于在动态聚类过程中，聚类中心和分类可自动调整，因此这种分类可以获得较好的效果。

一个典型的动态聚类程序包括选定初始集群中心、用一判据准则进行分类、循环式的检查和修改、输出分类结果等几个基本步骤。

（一）建立初始中心

初始中心（也叫“种子”），是在程序开始时选定几个均值向量，作为假定的类中心，它并不一定是真正的类中心，而且其数目也不一定是真正的类别数。例如选取的初始中心为：

$$M_g^0=\begin{bmatrix}M_{1g}^0\\M_{2g}^0\\\vdots\\M_{pg}^0\end{bmatrix}\qquad(g=1,2,\cdots,G)$$

式中：p 为变量数（波段数）；

G 为初始中心数。

初始中心可以根据研究地区大体需要区分的类别数，选择一批有代表性的像元来确定，如可利用二维直方图等方法来确定初始中心。此外，初始中心也可以根据研究者的要求由计算机自动建立。

(二)计算距离并对图像进行分类

选定了类中心后，就要计算每个像元（如 i 像元）到各个类中心之间的距离，并用一判据准则（如最小距离准则）把像元划归不同类别。一般采用的距离函数也就是在最小距离分类中常用的几种：

1. 欧几里德距离

$$D_{ig}=\sqrt{\sum_{k=1}^{p}(x_k-M_{kg}^m)^2}\tag{8.5.1}$$

2. 绝对距离

$$D_{ig}=\sum_{k=1}^{p}|x_k-M_{kg}^m|\tag{8.5.2}$$

式中：p 为波段数（变量数）；

m 为中心修改次数，即迭代次数，开始时 $m=0$。

若

$$D_{ig^*}=\min_{1\leqslant g\leqslant G}D_{ig}\tag{8.5.3}$$

则 i 像元归属于 g^* 类。

(三)计算各种统计量

包括计算各类均值向量（$\overline{X}_g^m$）、各变量的均方差、各类间的标准化距离和 J-M 距离，以及计算各类均值与原中心之间的最大相对偏差 Δ：

$$\Delta = \max_{1\leqslant g\leqslant G}\left(\sum_{i=1}^{p}\left|\left(\bar{x}_{ig}^{m}-M_{ig}^{m-1}\right)/\left(\bar{x}_{ig}^{m}+M_{ig}^{m-1}\right)\right|\right) \tag{8.5.4}$$

式中：$\bar{x}_{ig}^{m}$ 为 m 次迭代后得到的 g 类 i 变量(波段)均值。

(四)修改中心

当某一类某个变量的相对偏差Δ大于规定阈值要求时，就修改中心，这时用当前的各类均值向量代替前一次的各类中心，即：

$$M_g^m = \bar{X}_g^m = \begin{bmatrix} \bar{x}_{1g}^m \\ \bar{x}_{2g}^m \\ \vdots \\ \bar{x}_{pg}^m \end{bmatrix} \tag{8.5.5}$$

并转向到步骤(二)。这样继续下去，直到各类中心位移小于给定的偏差阈值(即控制精度)为止。从节省运算时间出发，当然希望以上的循环少一些。一般来说，若初始中心比较接近地物类别的实际中心，则只需经过少数几个循环就能达到分类的精度要求。

(五)分裂或合并

主要根据规定的参数(阈值)来检查前一次循环中归类的结果，决定进行分裂、合并或取消某些类，之后再重新转向步骤(二)。

1.分裂

若已有的类数少于参数(预期的类数)，则进行再分裂；若某一类的像元数大于参数(一类中最大像元数)，或者其均方差(标准差)超过了参数(最大标准差)，则该类就要分裂。具体分裂过程见前一节ISOMIX分类。

2.合并

合并就是把原来已分为两类的像元合在一起，重新计算其中心(均值向量)，一般发生在以下两种情况：一种是当两类之间的统计距离小于规定的阈值(最小类间距)；另一种是当类的数目超过了规定的“最大分类数”。此外，当某一类中像元数目太少时也要并入相邻的类。

类间的距离量度，一般采用标准化距离：

$$D=\sqrt{\sum_{i=1}^{p}\frac{(\bar{x}_i-\bar{y}_i)^2}{S_{xi}S_{yi}}} \tag{8.5.6}$$

式中：p 为波段数；

$\bar{x}_i$ 和 $\bar{y}_i$ 分别为两类地物在第 i 变量（波段）上的中心（均值）；

S_{xi} 和 S_{yi} 分别为两类（地物）在第 i 变量（波段）上的均方差。

这个距离不仅反映了两类均值向量相距的远近，而且也照顾到了其均方差的大小对分类的影响，即点群离散程度对分类的影响。

进行合并时，其中心按原两类中心的加权平均值计算。设第 g 类和第 h 类合并，假定 $h>g$，则按下式计算新中心：

$$M_{ig}=\frac{n_g\cdot M_{ig}+n_h\cdot M_{ih}}{n_g+n_h} \tag{8.5.7}$$

式中：n_g 和 n_h 分别为 g 类和 h 类的像元数。

合并时，取小类号，将大类号去掉，删掉 h 类后，对于大于 h 的类，重新编号。

3. 取消

当一个类中的像元数目太少，少于参数阈值时（一类中最少像元数），则这一类被取消，其成员（即各像元）可分散到相邻的类中去。

（六）输出分类结果

在动态聚类中，经过多少个循环能得出最满意的结果，是要取决于具体的数据特征和分析人员的要求，并不是循环次数越多结果越好。在交互式系统的情况下，分析人员可以控制循环的次数，在达到满意效果时就使程度中止。一般情况下，在达到了预先规定的循环次数，或者所有像元已经归入适当的类别，不需要再分裂或合并后，就算完成了。有的程序中规定了一个移动距离阈值，即前后两个循环间各类均值向量的平均移动距离，用像元值的单位表示，小于这个值就停止。

动态聚类完成后可以输出一个用数字编码的分类图像以及一个分类的统计文件（如各类均值向量、均方差向量、各类像元数、各类间距离矩阵等)。这个统计文件可以用于最小距离等的监督分类,相当于训练样本文件。动态聚类过程框图见图 8.5.1 所示。

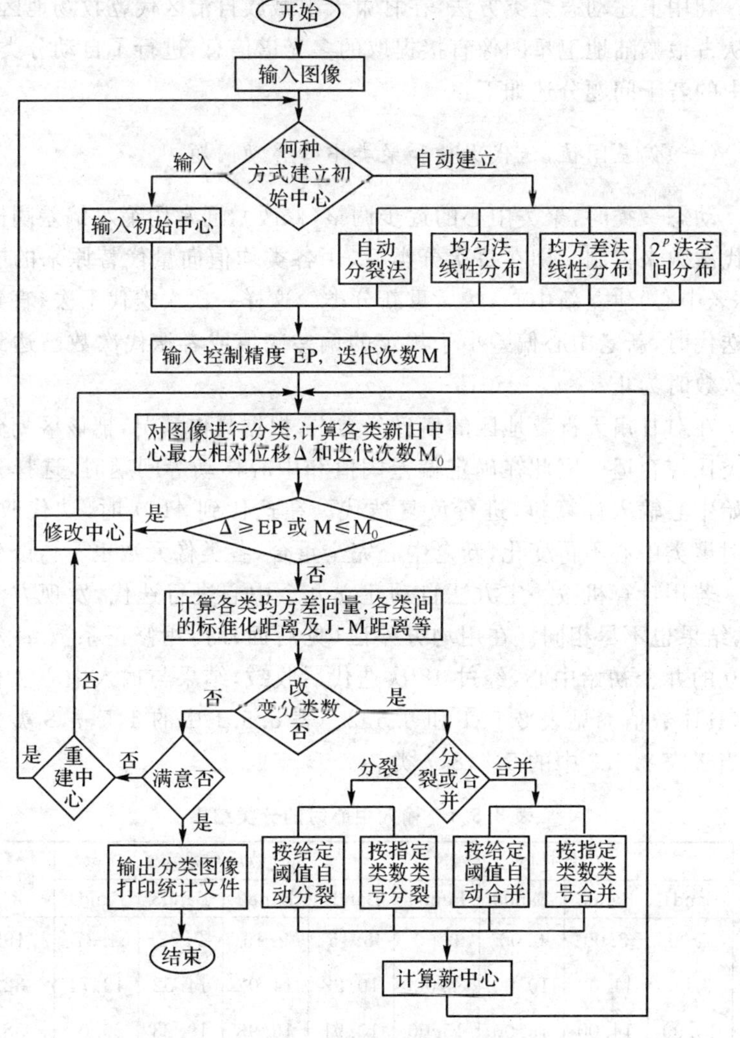

图 8.5.1　动态聚类方法框图

二、动态聚类若干问题

利用上述动态聚类方法,在甘肃天祝藏族自治区代乾牧场地区,利用从古浪幅陆地卫星图像直接提取的多光谱信息,进行了自动分类,对其中的若干问题分述如下:

(一)偏差阈值、迭代次数和聚类中心移动问题

动态聚类时,聚类中心的逐步调整(修改),通常用绝对偏差阈值和迭代次数来控制。即在每次分类后,用各类均值向量代替原来的中心(称老中心)建立新中心,然后重新分类。这样一次次迭代下去,直到某次迭代时,新老中心偏差小于规定的偏差阈值或者迭代次数已达到规定次数时为止。

在对甘肃天祝乾地区的信息分类中,根据具体情况,把该区划分成九类比较合适。因此在确定偏差阈值和中心移动等问题时,选择九个初始中心输入计算机,进行反复迭代。在迭代到 41 次时,迭代收敛。此时聚类中心不再变化,新老中心完全重合,各类像元数也不再改变。

若用计算机按一定方法自动建立九个中心进行迭代,发现方法不同,结果也不尽相同。在用均方差法(见后面)时,用修正系数 $a=1.8$ 建立的九个初始中心,经过 48 次迭代后收敛,结果与输入中心法相符合,具体数值参见表 8.5.1 和 8.5.2。表 8.5.1 中的 4,5,7,8 类分别相当于表 8.5.2 中的 5,4,8,7 类。

表 8.5.1　输入中心时的分类结果

	初始中心				最后中心				像元数
	Band1	Band2	Band3	Band4	Band1	Band2	Band3	Band4	
1	7.00	8.00	6.00	3.00	8.15	9.15	7.22	4.27	1995
2	9.00	11.00	10.00	7.00	10.22	14.02	14.52	13.74	3294
3	10.00	14.00	15.00	15.00	10.91	16.93	19.23	20.07	3827
4	16.00	18.00	16.00	10.00	18.15	21.94	20.59	14.58	932

续表

	初始中心				最后中心				像元数
	Band1	Band2	Band3	Band4	Band1	Band2	Band3	Band4	
5	11.00	17.00	19.00	20.00	13.03	21.37	24.96	24.90	2148
6	13.00	21.00	24.00	23.00	17.52	26.77	30.36	27.28	1816
7	17.00	27.00	31.00	29.00	36.98	47.98	48.49	35.80	387
8	21.00	28.00	28.00	20.00	26.07	35.03	35.85	27.67	846
9	37.00	49.00	50.00	37.00	53.40	70.17	70.50	51.92	131

表 8.5.2　均方差法自动建立中心时分类结果

	初始中心				最后中心				像元数
	Band1	Band2	Band3	Band4	Band1	Band2	Band3	Band4	
1	0.84	2.55	2.48	2.06	8.08	9.08	7.16	4.23	1959
2	4.07	6.82	7.10	6.28	10.5	14.1	14.4	13.3	3294
3	7.31	11.0	11.7	10.50	10.8	16.7	18.9	19.8	3861
4	10.5	15.3	16.3	14.72	12.7	21.0	24.5	24.6	2156
5	13.7	19.6	20.9	18.94	18.7	23.1	22.3	16.1	902
6	17.0	23.8	25.5	23.16	17.0	26.5	30.3	27.7	1829
7	20.2	23.1	30.1	27.38	26.0	34.9	35.7	27.6	856
8	23.4	32.4	34.8	31.60	36.9	47.9	48.4	35.8	388
9	26.7	36.6	39.4	35.82	53.4	70.1	70.5	51.9	131

在研究中心移动规律时，发现了两种不同情况：

1. 输入一批中心时（当然有选择的中心）

中心移动通常是逐渐变化的，开始移动稍快，以后逐渐减慢，直到最后稳定下来不再变化（当然有时在迭代过程中，也会出现中心移动变快的现象）。中心变化和迭代次数的关系如图 8.5.2 所示。

为了简化起见，中心变化以均值向量中某一变量均值的变化来表示，图中$\bar{x}$为第 2 波段的均值，$\Delta\bar{x}$ 为中心偏差，即每次迭代后两个中心间某变量（通常选择变化最大的变量）值之差：

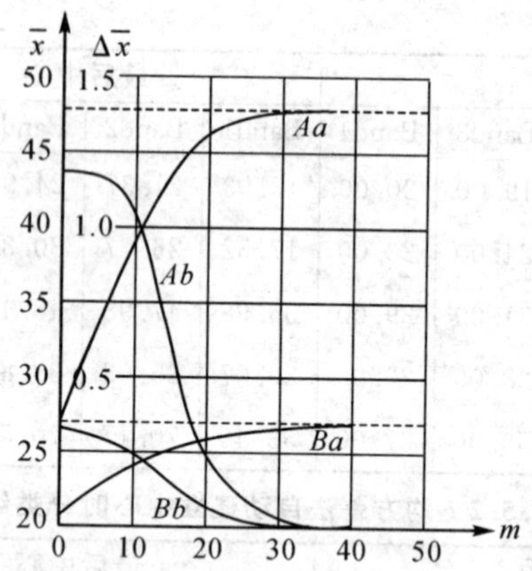

图 8.5.2 $\bar{x}$和 $\Delta\bar{x}$ 随 m 变化的曲线(局部作了光滑处理)

$$\Delta\bar{x}=|\bar{x}^{m}-\bar{x}^{m-1}| \tag{8.5.8}$$

式中：m 为迭代次数；

Aa 和 Ab 为 A 类中$\bar{x}$和 $\Delta\bar{x}$ 随 m 的变化曲线；

Ba 和 Bb 为 B 类中 x 和 Δx 随 m 的变化曲线。

从图中可以看出：

(1)$\bar{x}$随 m 增加(图中迭代到 30～40 次后)逐渐达到某一稳定值(Aa 和 Ba)。

(2)$\Delta\bar{x}$ 随 m 增加逐渐趋于零。

(3)$\Delta\bar{x}$ 值在前几次迭代中也不大；各类 $\Delta\bar{x}\leqslant 1.5$，而且随着 m 的增加，$\Delta\bar{x}$ 减小得并不快(有些类稍有减小，有些类甚至还有增加的情况)。

(4)$\bar{x}$大的类，往往 $\Delta\bar{x}$ 也大些。

由此可见，用 $\Delta\bar{x}$ 来作为中心偏差阈值是不合适的。这是因为一方面 $\Delta\bar{x}$ 的阈值比较难以给出。例如，若 $\Delta\bar{x}$ 取 1.5～2.0 作为阈值，则上述分类一次迭代即可达到要求。而实际上中心还在逐渐移动，尚未达到或接近稳定值。另一方面(图中也可以看出)各类 $\bar{x}$ 值不同，可以相差很大，通常 $\bar{x}$ 值大，则 $\Delta\bar{x}$ 也较大。所以，用同一个 $\Delta\bar{x}$ 值来控制各类中心位移不理想。

一般，在实际工作中采用相对偏差阈值 EP 来控制。即：

$$EP=\frac{|\bar{x}^{m}-\bar{x}^{m-1}|}{(\bar{x}^{m}+\bar{x}^{m-1})/2}=\frac{2\Delta\bar{x}}{\bar{x}^{m}+\bar{x}^{m-1}} \tag{8.5.9}$$

实践表明，一般当 $EP=5/1000=0.005$ 左右时(迭代 30 次左右)，中心才开始趋于稳定，接近收敛。

2. 由计算机自动建立中心时

中心移动往往是跳跃式的，即在第一次迭代时，中心移动很大，其后的移动情况和前面所叙述的相同。

另外实践表明，用迭代次数来控制是比较困难的，初始中心建立方法不同(即初始中心在光谱空间中分布状态不同)，则达到接近收敛所需要的迭代次数也不同。有时在 30 次左右才达到接近收敛状态。

(二)初始中心与分类效果问题

实践表明，初始中心向量值不同。迭代后获得的分类结果也可能不同。这和通常用“迭代法求解”有很大差别。在迭代法求解时，初值可以任意给定，而不影响最终结果。

1. 建立初始中心的方法

在设计遥感动态聚类程序中，有以下几种建立初始中心的方法可供选用。

1)输入初始中心法。这时初始中心由研究者直接给出，并输入计算机中。

2)计算机自动建立初始中心法。自动建立中心法有以下几种：

(1)自动分裂法：将用 ISOMIX 分裂法求得的研究区各类地物均值向量，作为初始中心进行动态聚类。

(2)均匀法(初始中心在谱空间呈线性分布)：研究各变量(各波段)直方图，并在变量的最低值和最高值部分确定两个点 $x_i(a)$ 和 $x_i(b)$。这时初始中心按下式计算：

$$M_g=\begin{bmatrix}M_{1g}\\M_{2g}\\\vdots\\M_{pg}\end{bmatrix} \tag{8.5.10}$$

式中：$M_{ig}=x_i(a)+(g-1)\dfrac{x_i(b)-x_i(a)}{G-1}$；

$g=1,2,\cdots,G$；$i=1,2,\cdots,p$；这里 G 为初始中心数；p 为变量数。

(3) 均方差法(适于初始中心在光谱空间呈线性分布的情况)。

计算整幅图像各变量(波段)均值 $\bar{x}_i$ 和均方差 S_i，然后用下式计算初始中心：

$$M_{ig}=\bar{x}_i+a\cdot S_i\left(2\frac{g-1}{G-1}-1\right) \tag{8.5.11}$$

式中：$i=1,2,\cdots,p$；

$g=1,2,\cdots,G$；

a 为修正系数，$a=1\sim2$。

试验中发现，$a=1.8$ 较好，使初始中心在 $\bar{x}_i-1.8S_i$ 和 $\bar{x}_i+1.8S_i$ 中呈线性均匀分布。可见，系数 a 是用以控制初始中心在光谱空间分布的离散程度的。

另外，在分裂法中，也可用此式。令 $G=K$，即一开始建立 K 个中心，然后再分裂。此法称为 K 中心法。

(4) 2^p 法(适于初始中心均匀分布在光谱空间中的情况)。

每一变量按其均值 $\bar{x}_i$ 和均方差 S_i 求得两个点 x_{i1} 和 x_{i2}：

$$\begin{cases}x_{i1}=\bar{x}_i-S_i\\x_{i2}=\bar{x}_i+S_i\end{cases}$$

当 $i=1,2,\cdots,p$(p 为变量数)时，初始中心数为：

$$G=2^p \tag{8.5.12}$$

分类中用上述不同方法，让计算机自动建立九个中心，进行试验，结果不尽相同(用均方差法取 $a=1.8$ 时，获得与输入初始中心法基本相同的结果)。为了便于揭示问题的实质，在研究区中选用 band2 和

band4 两个波段，提取八类样本，每类样本数为 $n=50$ 来进行研究。

八类样本的均值和均方差见表 8.5.3。

表 8.5.3　原始八类集群的均值和均方差表

	均值		均方差		像元数
	Band2	Band4	Band2	Band4	
1	7.54	3.12	1.53	1.56	50
2	11.38	7.16	1.26	1.27	50
3	18.28	10.48	2.12	1.98	50
4	13.78	15.44	1.24	1.55	50
5	16.96	19.74	1.26	1.56	50
6	21.34	23.80	1.73	1.80	50
7	27.38	28.00	1.95	2.00	50
8	36.70	29.92	2.08	1.87	50

当将此八类样本均值作为初始中心进行动态聚类时，4 次迭代后就收敛，结果见表 8.5.4。

表 8.5.4　动态聚类后八类集群的均值和均方差表

	均值		均方差		像元数
	Band2	Band4	Band2	Band4	
1	7.45	3.10	1.44	1.57	49
2	11.51	7.13	1.33	1.32	53
3	18.51	10.55	1.97	1.97	47
4	13.87	15.48	1.25	1.64	54
5	17.25	20.02	1.31	1.49	51
6	21.67	24.00	1.77	1.68	48
7	27.57	28.16	2.00	1.84	49
8	36.80	29.96	1.99	1.87	49

对比表 8.5.4 和表 8.5.3 可知，分类是正确的。各类中心和原始

中心偏差很小(最大偏差 0.33),每类像元数也基本是符合的(第 4 类稍有出入,增加了 4 个像元,相对误差 8%)。

2.分类效果讨论

用上述各种自动建立初始中心的方法,建立八个初始中心后,对这八类进行动态聚类,可以得到不同的结果。当初始中心合适时,则各类参数的迭代结果和表 8.5.4 相同;当初始中心不合适时,就可能有较大的出入。根据试验结果,分别说明如下。

1)迭代后得出正确结果。

若在试验中,用均方差法(并令 $a=1.8$)自动建立八个初始中心,经 12 次迭代后收敛(中心不再变化,第 12 次和第 13 次迭代后得到的中心完全相同,像元数也不再变化)。初始计算的中心及第 1 次和第 12 次迭代后的结果见表 8.5.5。

表 8.5.5 均方差法的中心变化情况

	均方差法建中心		1 次迭代结果			12 次迭代结果		
	均值		均值		像元数	均值		像元数
	Band2	Band4	Band2	Band4		Band2	Band4	
1	3.16	0.38	6.10	1.40	10	7.45	3.10	49
2	7.74	5.19	8.50	4.19	54	11.51	7.13	53
3	12.31	9.99	14.39	8.65	71	18.51	10.55	47
4	16.88	14.80	15.70	15.25	79	13.87	15.48	54
5	21.46	19.61	18.57	21.54	65	17.25	20.02	51
6	26.03	24.42	24.64	25.86	44	21.67	24.00	48
7	30.60	29.23	31.24	28.76	45	27.57	28.16	49
8	35.18	34.04	37.16	31.00	32	36.80	29.96	49

由表 8.5.5 可见,用此法迭代收敛后,结果和表 8.5.4 完全相同,这个结果是正确的。

2)迭代后未能直接得出正确结果。

在试验中用均匀法自动建立八个初始中心,经 7 次迭代达到收敛,结果见表 8.5.6。

表 8.5.6　均匀法的中心变化情况

	均匀法建立中心		迭代收敛后均值		迭代收敛均方差		像元数
	Band2	Band4	Band2	Band4	Band2	Band4	
1	4.00	0.00	7.45	3.10	1.44	1.57	49
2	9.29	4.86	11.73	7.09	1.72	1.31	55
3	14.57	9.71	16.19	12.83	2.92	2.61	89
4	19.86	14.57	16.57	19.45	1.57	1.46	56
5	25.14	19.43	21.42	23.81	1.90	1.75	53
6	30.43	24.29	27.50	28.13	1.96	1.84	48
7	35.71	29.14	34.77	29.91	1.44	1.95	22
8	41.00	34.00	38.16	30.00	1.71	1.77	28

对比分析表 8.5.4 和表 8.5.6 可知：

(1)第 1 类是正确的，第 6 类相当于原来(表 8.5.4 中)的第 7 类，也可说是正确的；

(2)第 2 类基本正确，第 4，5 类相当于原来的第 5，6 类，也基本正确；

(3)第 3，7，8 类完全错误。因为在实际试验的集群中不存在这样的集群中心。

所以，即使在中心数目相同且和实际情况相符合的条件下，由于初始中心(均值向量值)不同，迭代结果也有可能不同。换句话说，单纯依靠迭代，有时是不能得到正确结果的。

另外，图像处理中对初始中心数大于和小于实际类别数的情况先后用“均方差法”、“2^p 法”和“均匀法”对上述八类集群(八类训练样本)进行了试验。试验结果表明，在自动调整中心的过程中，聚类中心不断发生变化，最终可以在如下几种集群空间位置上得到稳定并使迭代收敛：

(1)聚类中心和实际集群中心重合；

(2)两个聚类中心同时趋于某个集群中心的两侧。这时可使该集群错误地分成两类；

(3)聚类中心趋于两个集群之间。这时可使这两个集群合成一个大类，也可以在两个集群中各争取一部分像元而单独形成一个小类；

(4)其他可能情况。如一个聚类中心趋于多个集群中心之间，或者多个聚类中心同时趋向一个集群中心的两侧(或周围)。

只在第一种情况下，才能得到正确结果。其他几种情况下，迭代收敛后都不能得到正确结果。

(三)类的分裂与合并准则问题

如上所述，不管初始中心数 m 和实际存在的类别数 G 是否相同，在迭代过程中，聚类中心可以在上述各种特定的集群空间位置上得到稳定。所以，在迭代收敛后还必须考虑是否需要进一步分裂或合并。

根据以上各种试验结果，分裂与合并的准则可以归纳如下：

(1)如果两类间可分离性统计量太小，则需要合并。例如两类均值间标准化距离 $D_{gh}<3.5$(或 J-M 距离 $J_{gh}<1.2$)，则 g 类与 h 类合并；

(2)如果类内方差太大，则需要分裂。例如 g 类中某变量的均方差 $S_{ig}>2.0$，则 g 类需要分裂；

(3)在分类数已知的条件下，分裂与合并的准则是使总类内离差平方和 SSE 为最小。若用不同方法建立初始中心(输入中心和自动建立中心)，在分类数相同而迭代结果不同时，就需要考虑类的重新合并与分裂，以获得最佳分类结果，即使得 SSE 为最小。

因此，在动态聚类时，通过聚类中心的调整、类的分裂与合并以及中心的再调整，最终就可使分类取得正确的结果。

第九章　遥感图像监督分类

目前比较成熟的监督分类方法是基于统计的分类。除此之外，还有模糊识别分类法、神经网络分类法等。当然，监督分类要比非监督分类的精度高、准确性好，但是，监督分类的工作量无疑要比非监督分类的工作量大得多。首先，监督分类有事先确定训练场地和选择训练样本的工作，要求训练样本有一定的代表性，而且要有足够的数量；另外，对于遥感图像分类来说，由于各种地物的光谱辐射的复杂性以及干扰因素的多样性，有时仅仅考虑在某一特定时间和空间内选取训练样本还是不够的，为了提高精度，这时还必须多选择一些训练样本。

应指出，在监督分类时，必须注意应用条件。原则上，在某一地区建立起来的判别式只能适用于同一地区或地学条件相似的地区。

监督分类的工作流程可分为训练、分类和输出三个阶段，以下各节将对监督分类方法进行介绍。

第一节　最小距离分类法

最小距离分类法是监督分类的方法之一。首先利用训练样本数据计算出每一类别的均值向量及标准差（均方差）向量，然后以均值向量作为该类在特征空间中的中心位置，计算输入图像中每个像元到各类中心的距离。到哪一类中心的距离最小，则该像元就归入哪一类，因而，在这种方法中，距离就是一个判别准则。在遥感图像分类处理中，应用最广而且比较简单的距离函数有两个：欧几里德距离和绝对距离（混合距离）。具体分类过程如下：

设 p 为图像的波段（变量）数，X 为图像中的一个待分类像元，其

中 x_i 为像元 X 在第 i 波段的像元值(灰度值),M_{ij} 为第 j 类在第 i 波段的均值,则像元 X 与各类间的距离可通过如下两种方法的任意一种获得。

(1)欧几里德距离:

$$D_j = \sqrt{\sum_{i=1}^{p}(x_i - M_{ij})^2} \tag{9.1.1}$$

(2)绝对距离:

$$D_j = \sum_{i=1}^{p} \mid x_i - M_{ij} \mid \tag{9.1.2}$$

分类时,根据前面求出的距离,把像元 X 归入到 D_j 最小的那一类。

直接应用前述的距离能够比较简单地实现监督分类,但其有明显的缺陷。

首先,不同类别的灰度值(或其他特性)的变化范围即其方差的大小是不同的,不能简单地用像元到类中心的距离来划分像元的归属。例如图 9.1.1 中的待分类像元,按照到类中心的距离应属于 S 类,而实际上应属于变差范围大的 U 类;

第二,自然地物类别的点群分布不一定是圆形或球形的,即在不同方向上半径是不同的,因而距离的量度在不同方向上也应有所差异。

考虑到上述的因素,在距离的算法上可作如下改进,从而改进分类的精度。例如:

(1)对欧几里德距离的改进:

$$D_j = \sqrt{\sum_{i=1}^{p}[(x_i - M_{ij})^2/\sigma_{ij}^2]} \tag{9.1.3}$$

(2)对绝对距离的改进:

$$D_j = \sum_{i=1}^{p}[\,|x_i - M_{ij}|/\sigma_{ij}^2] \tag{9.1.4}$$

其中 σ_{ij} 为第 j 类第 i 波段的标准差。当然也可以用 σ_{ij} 代替上两式中的 σ_{ij}^2,或者用其他加权方法。

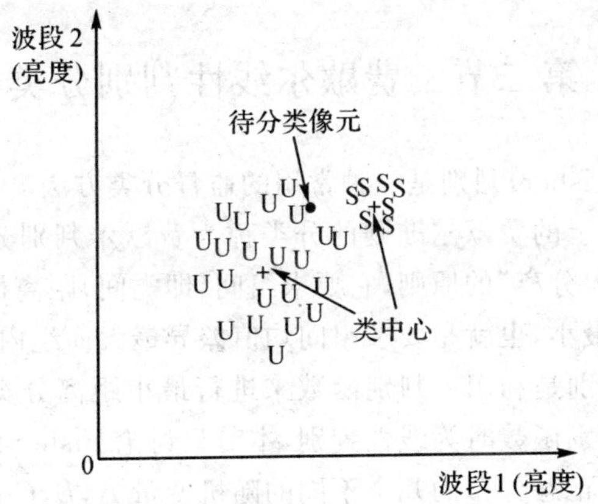

图 9.1.1　方差对最小距离分类法的影响

使用最小距离法对图像进行分类，其精度取决于对已知地物类别的了解和训练统计的精度。一般来说，这种分类方法的效果比较好，而且计算简便，可对像元顺序扫描分类。

应当指出，最小距离监督分类还可以选用门限阈值 D_T，具体为：若选择出来的最小距离 D_g 小于门限阈值 D_T，则判别像元 X 归入第 g 类；若选择出来的最小距离 D_g 大于 D_T，则判别像元 X 为拒绝类（未知类），即不归属于任何类。门限阈值 D_T 的选择与各特征波段的标准差有关，可以事先求出各类训练样本的标准差或标准差均值，并根据专业知识和经验来考虑门限阈值的设定。

另外，若利用各波段（各变量）一维直方图、二维直方图和各波段标准差，由计算机自动确定各类中心（均值向量），并按最小距离判别规则进行自动分类，那么就属于前一章的非监督分类了。同样，若从研究区已知类别中求出有代表性的各类均值向量，作出各类光谱亮度响应曲线（特征曲线、享利曲线），并规定一个阈值，进行图形识别，那么就属于监督分类中的图形识别方法了。

第二节　费歇尔线性判别分类

费歇尔(Fisher)判别是一种常用的监督分类方法。

采用统计上的费歇尔准则的分类称为费歇尔判别分类，费歇尔准则即“组间最大分离”的原则，它要求组间(即类间)距离最大而组内(类内)的离散性最小，也就是要求组间均值差异最大而组内离差平方和最小。Fisher 判别是利用一判别函数来进行最小距离分类的，当选用一次函数作为判别函数时为线性判别，本节只讨论 Fisher 线性判别。

设有属于正态分布的几个不同的随机变量 $A,B,C\cdots$，它们之间总的来说是有区别的。当选择的区分变量少时，彼此之间就有一部分重叠；当选择的区分变量多时，彼此就能很好地加以区分。现以最简单的情况为例来说明这个问题。如图 9.2.1 所示，有呈二维分布的两类地物 A 和 B，我们来对它们进行分类。从图中可以看出，用 x_1 和 x_2 两个变量是可以实现很好分类的，但若选择 x_1 或 x_2 一个变量(指标)，两者就难以区分，因为 A,B 两类地物的分布在 x_1,x_2 方向上的投影均有重叠部分，所以不能很好地区分。为此需要找出一个综合变量，它能综合考虑 x_1,x_2 两个变量在分类中的作用，以实现对 A,B 两类地物的有效区分。如果我们可以取直线 R 为坐标轴，当变量 $R=R_0$ 时，直线 L 就能对 A,B 两类地物实现较好的分类，此直线称为线性判别函数。

我们希望找到一个线性判别函数：

$$R=\lambda_1 x_1+\lambda_2 x_2 \tag{9.2.1}$$

使得 A 类中个体的 R 值与 B 类中个体的 R 值有明显差别。式中 x_1，x_2 两个变量可以是不同的波段，也可以是波段经某种变换的结果等。但须注意，Fisher 线性判别是以多维正态分布为基础的，有些特征变量，如波段比值，不是正态分布的，需要进行变换或采用其他的分类器，这一点对于所有要求特征变量是正态分布的分类方法都是一样的。

若各取训练样本为 n_a 和 n_b 个，如表 9.2.1 所示，表中各类地物的训练样本数目既可相等也可不相等。

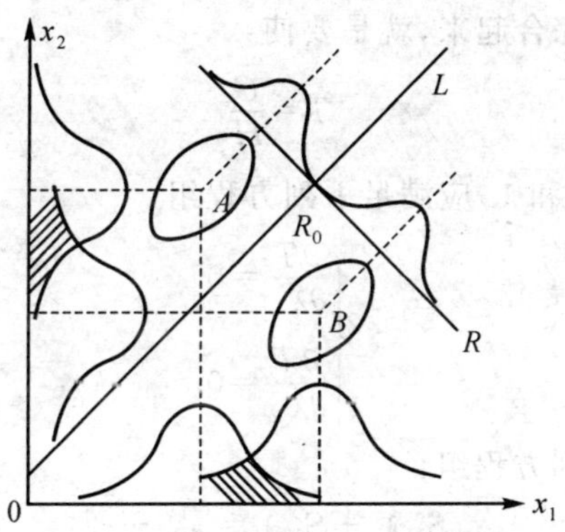

图 9.2.1　二维变量分布的判别分类

表 9.2.1　训练样本数据

	变量 样本	x_1	x_2		变量 样本	x_1	x_2
地物A	1	x_{11}^A	x_{21}^A	地物B	1	x_{11}^B	x_{21}^B
	2	x_{12}^A	x_{22}^A		2	x_{12}^B	x_{22}^B
	⋮	⋮	⋮		⋮	⋮	⋮
	n_a	$x_{1n_a}^A$	$x_{2n_a}^A$		n_b	$x_{1n_b}^B$	$x_{2n_b}^B$

由以上训练样本数据，根据 Fisher 准则，使 λ_1 和 λ_2 满足下列条件即可。

(1)A，B 两类地物的 R 的均值之差越大越好，即使

$$G=(R_A-R_B)^2 \tag{9.2.2}$$

为最大；

(2)类内离差越小越好，即使

$$H=\sum_{j=1}^{n_a}(R_j^{(A)}-R_A)^2+\sum_{j=1}^{n_b}(R_j^{(B)}-R_B)^2 \tag{9.2.3}$$

为最小。

把两个条件综合起来，就是要使：

$$T=\frac{G}{H} \tag{9.2.4}$$

为最大。因此，λ_1和λ_2应满足下列方程组：

$$\begin{cases}\dfrac{\partial T}{\partial \lambda_1}=0\\ \dfrac{\partial T}{\partial \lambda_2}=0\end{cases} \tag{9.2.5}$$

经过整理可以得到方程组：

$$\begin{cases}S_{11}\lambda_1+S_{12}\lambda_2=\bar{x}_1^A-\bar{x}_1^B\\ S_{21}\lambda_1+S_{22}\lambda_2=\bar{x}_2^A-\bar{x}_2^B\end{cases} \tag{9.2.6}$$

其中 A 类中心为：

$$R_A=\frac{1}{n_a}\sum_{j=1}^{n_a}(\lambda_1 x_{1j}^A+\lambda_2 x_{2j}^A)=\lambda_1\bar{x}_1^A+\lambda_2\bar{x}_2^A$$

B 类中心为：

$$R_B=\frac{1}{n_b}\sum_{j=1}^{n_b}(\lambda_1 x_{1j}^B+\lambda_2 x_{2j}^B)=\lambda_1\bar{x}_1^B+\lambda_2\bar{x}_2^B$$

A 类均值为：

$$\bar{x}_1^A=\frac{1}{n_a}\sum_{j=1}^{n_a}x_{1j}^A,\bar{x}_2^A=\frac{1}{n_a}\sum_{j=1}^{n_a}x_{2j}^A$$

B 类均值为：

$$\bar{x}_1^B=\frac{1}{n_b}\sum_{j=1}^{n_b}x_{1j}^B,\bar{x}_2^B=\frac{1}{n_b}\sum_{j=1}^{n_b}x_{2j}^B$$

变量 x_1 的总方差为：

$$S_{11}=\frac{1}{n_a+n_b-2}\left[\sum_{j=1}^{n_a}(x_{1j}^A-\bar{x}_1^A)^2+\sum_{j=1}^{n_b}(x_{1j}^B-\bar{x}_1^B)^2\right]$$

变量 x_2 的总方差为：

$$S_{22}=\frac{1}{n_a+n_b-2}\left[\sum_{j=1}^{n_a}(x_{2j}^A-\bar{x}_2^A)^2+\sum_{j=1}^{n_b}(x_{2j}^B-\bar{x}_2^B)^2\right]$$

变量 x_1 与 x_2 的总协方差为：

$$S_{12} = S_{21} = \frac{1}{n_a + n_b - 2}\left[\sum_{j=1}^{n_a}(x_{1j}^A - \bar{x}_1^A)(x_{2j}^A - \bar{x}_2^A) + \sum_{j=1}^{n_b}(x_{1j}^B - \bar{x}_1^B)(x_{2j}^B - \bar{x}_2^B)\right]$$

解(9.2.6)式得：

$$\begin{cases}\lambda_1 = [S_{22}(\bar{x}_1^A - \bar{x}_1^B) - S_{12}(\bar{x}_2^A - \bar{x}_2^B)]/[S_{11}S_{22} - S_{12}^2] \\ \lambda_2 = [S_{11}(\bar{x}_2^A - \bar{x}_2^B) - S_{12}(\bar{x}_1^A - \bar{x}_1^B)]/[S_{11}S_{22} - S_{12}^2]\end{cases}$$

再以 A 类和 B 类所有的训练样本计算两类的平均判别函数值，即

$$\begin{aligned} R_0 &= \frac{1}{n_a + n_b}\left[\sum_{j=1}^{n_a} R^A + \sum_{j=1}^{n_b} R^B\right] \\ &= \frac{1}{n_a + n_b}\left[\sum_{j=1}^{n_a}(\lambda_1 x_{1j}^A + \lambda_2 x_{2j}^A) + \sum_{j=1}^{n_b}(\lambda_1 x_{1j}^B + \lambda_2 x_{2j}^B)\right] \end{aligned} \tag{9.2.7}$$

此 R_0 值就是区分 A，B 两类地物的标准。$R > R_0$ 的为一类，$R < R_0$ 的为另一类。R_0 称为判别指数，其几何意义是图 9.2.1 中的判别直线 L，R 为判别值。

总结以上的论述，Fisher 线性判别分析的过程为：

(1)求出判别函数；

(2)计算 R_A，R_B，R_0，R_i(所求 i 标本的判别值)；

(3)判别：若 R_i 与 R_A 位于 R_0 的同一侧，则 i 标本属于 A 类；若 R_i 与 R_B 同侧，则 i 标本属于 B 类。

实际上，不论 A，B 两类地物在真实的情况下是否能够被很好地区分，只要有一组训练样本数据就可以求出一判别函数，那么就涉及判别分析的精度问题，就需要检验判别函数的有效性及精度。

通常是以 F 检验来确定判别精度。它是利用 F 检验来检验平均值在统计上的显著性。一般采用 Mahalanobis 距离(简称马氏距离)作为统计量，以 D^2 表示，它的几何意义是指 A 类和 B 类两个判别中心间的“距离”，即：

$$D^2 = R_B - R_A \tag{9.2.8}$$

显然，D^2 越大，分类效果越好，此时用下式(下面的量满足 F 分布)进

行 F 检验：

$$F=\frac{n_a+n_b-m-1}{m(n_a+n_b-2)}\times\frac{n_a n_b}{n_a+n_b}D^2 \tag{9.2.9}$$

式中 m 为变量数，其他符号意义同前。

检验时，给出一显著性水平 α，以自由度 $N_1=m,N_2=n_a+n_b-m-1$ 查 F 分布表，得到临界值 F_α。若 $F>F_\alpha$，则标本按此判别函数分类正确的概率是 $1-\alpha$。

以上讨论的是二维变量的情况，它很容易推广到多维变量的判别分析。对于 p 维变量的情况，它的判别函数为：

$$R=\lambda_1 x_1+\lambda_2 x_2+\cdots+\lambda_p x_p \tag{9.2.10}$$

根据 Fisher 准则，可以求出如下的含有待求 $\lambda_1,\lambda_2,\cdots,\lambda_p$ 的方程组：

$$\begin{bmatrix} S_{11} & S_{12} & \cdots & S_{1p} \\ S_{21} & S_{22} & \cdots & S_{2p} \\ & \cdots & & \\ S_{p1} & S_{p2} & \cdots & S_{pp} \end{bmatrix}\begin{bmatrix} \lambda_1 \\ \lambda_2 \\ \cdots \\ \lambda_p \end{bmatrix}=\begin{bmatrix} \bar{x}_1^A-\bar{x}_1^B \\ \bar{x}_2^A-\bar{x}_2^B \\ \cdots \\ \bar{x}_p^A-\bar{x}_p^B \end{bmatrix} \tag{9.2.11}$$

式中：

$$S_{ij}=\frac{1}{n_a+n_b-2}\Big[\sum_{k=1}^{n_a}(x_{ik}^A-\bar{x}_i^A)(x_{jk}^A-\bar{x}_j^A)+\sum_{k=1}^{n_b}(x_{ik}^B-\bar{x}_i^B)(x_{jk}^B-\bar{x}_j^B)\Big] \quad (i,j=1,2,\cdots,p)$$

求解(9.2.11)式即可得到 $\lambda_1,\lambda_2,\cdots,\lambda_p$，由此可以求得关于 p 维变量的判别函数 R。

对于多维变量的判别分析，由于各个变量对判别效果的贡献大小不同，需确定各个变量对判别分析的相对贡献。这主要是为了找出在判别函数的许多变量中哪些变量在分类中起最大作用，是主要变量，反之，就是次要变量，进而剔除贡献极小的变量。相对贡献的计算公式如下：

$$E_j=\frac{\lambda_j D_j}{D^2}\times 100\% \tag{9.2.12}$$

式中：E_j 是第 j 个变量的相对贡献；

λ_j 为判别方程中第 j 个变量的系数；

D_j 为两类地物第 j 个变量的均值差；

D^2 为马氏距离。

Fisher 判别分类法是建立在较严密的统计分类理论基础上的，当训练样本多时，可望取得更加精确的分类结果，而且还可以进行 F 检验和判定各变量对分类的相对贡献，从而知道分类的正确率和分清主要变量、次要变量。

第三节　贝叶斯判别分类

贝叶斯(Bayes)分类是根据 Bayes 准则对遥感图像进行分类，这是一种典型的和应用最广的监督分类方法，又称为最大似然判别法。这种监督分类方法，首先假定训练样本数据在光谱空间的分布是服从高斯正态分布规律的。在二维(如两个波段)情况下，这种分布的特点形象地示于图 9.3.1，相应的概率密度等值线示于图 9.3.2。

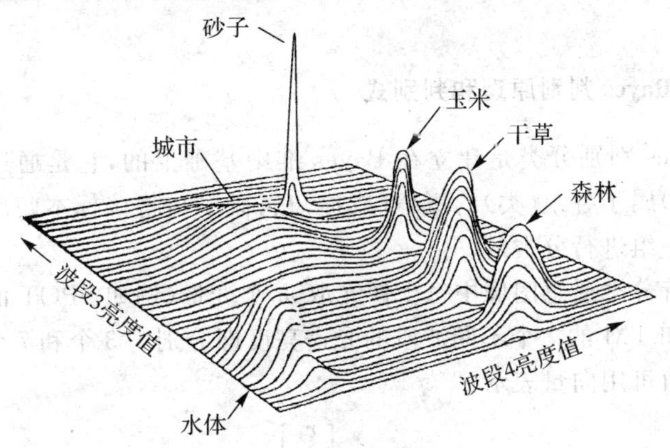

图 9.3.1　Bayes 分类所确定的概率密度函数

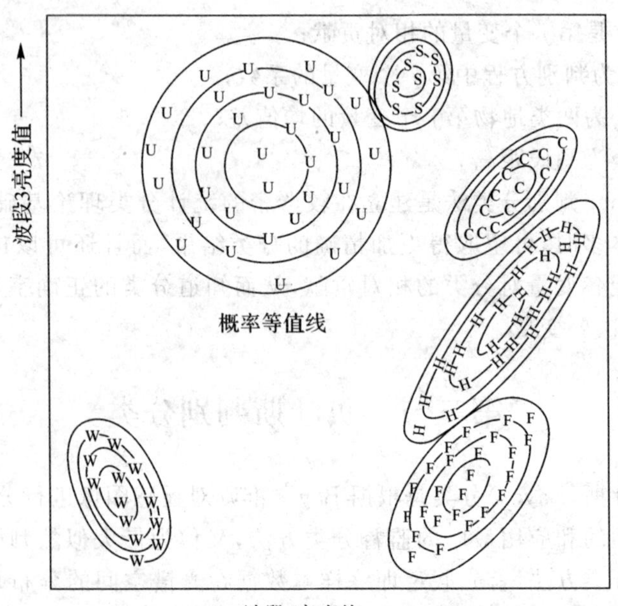

图 9.3.2 用等值线表示的概率密度分布图

一、Bayes 判别原理和判别式

Bayes 判别分类是建立在 Bayes 准则基础上的，它是通过计算标本(像元)属于各组(类)的概率(或称归属概率)，将该标本归属于概率最大的一组进行分类的。

设待分类遥感图像中每个像元取 m 个变量(例如 SPOT 的 3 个不同波段和 TM 的 7 个不同波段的光谱亮度即分别为 3 个和 7 个变量)，则像元值可用向量表示：

$$X=\begin{bmatrix} x_1 \\ x_2 \\ \vdots \\ x_m \end{bmatrix} \tag{9.3.1}$$

若研究地区可分为G类，则任意像元必来自其中的某一类。当各类总体为多元正态总体 $N(\mu_g, \sum_g)$ 时，像元(即随机向量) 特征向量 X 在第 g 类的概率密度为：

$$f_g(X) = \frac{1}{(2\pi)^{m/2} \mid \sum_g \mid^{1/2}} \exp\left[-\frac{1}{2}(X-\mu_g)^T \sum_g^{-1}(X-\mu_g)\right]$$

$$(i = 1,2,\cdots,G) \tag{9.3.2}$$

式中：μ_g 与 $\sum_g$ 为第 g 类总体的均值向量和协方差矩阵；

$\mid \sum_g \mid$ 为矩阵 $\sum_g$ 的行列式值；

$\sum_g^{-1}$ 为 $\sum_g$ 的逆阵。

根据贝叶斯(Bayes)公式，在 X 出现的条件下，其归属第 g 类的归属概率为：

$$P(g/X) = [P_g f_g(X)] / \sum_{i=1}^{G} [P_i f_i(X)] \tag{9.3.3}$$

式中 $P_i(i=1,2,\cdots,G)$为第 i 类出现的先验概率。对于已知试验区而言，先验概率 P_i 可以根据各类估计面积 A_i 作近似计算 ($P_i = A_i / \sum_{k=1}^{G} A_k$)。必要的话，可在首次分类后，按类别面积的百分数对其初始值进行修改，然后再进行 Bayes 分类以提高分类精度。

显然，$P(g/X)$越大，像元 X 来自 g 类的概率就越大。所以$P(g/X)$表示 X 归属于 g 类的概率，并称为像元 X 的归属概率。

在多类判别时，Bayes 判别式为：

$$\text{当} \quad P(g^*/X) = \max_{1 \leqslant g \leqslant G} [P(g/X)] \quad \text{则} \quad X \in g^* \tag{9.3.4}$$

也就是说，根据像元 X 求出 $P(g/X)(g=1,2,\cdots,G)$后，若 $g=g^*$ 时 $P(g^*/X)$极大，则 X 归属于 g^* 类。

Bayes 判别分类是建立在 Bayes 决策规则基础上的模式识别，下面将说明，Bayes 判别分类是一种最好的分类方法，分类错误最小而精度最高。

设有 G 个类别，首先对 G 个类定义一组代价函数，或者称为损失函数(也即风险函数)。它的意义为在分类过程中，由于错误分类应付出的代价，或者造成的损失和所冒的风险。这个函数我们用 $\lambda(l/k)$ 来表示，其中 $l,k=1,2,\cdots,G$，因此，$\lambda(l/k)$ 构成一个矩阵形式的代价表，即

$$\begin{bmatrix} \lambda(1/1) & \lambda(2/1) & \cdots & \lambda(G/1) \\ \lambda(1/2) & \lambda(2/2) & \cdots & \lambda(G/2) \\ \cdots & & & \\ \lambda(1/G) & \lambda(2/G) & \cdots & \lambda(G/G) \end{bmatrix}$$

代价表中的任意元素 $\lambda(l/k)$ 反映像元实际属于第 k 类，但已错分为 l 类所引起的损失或付出的代价。当已知一个像元 X 后，判决 X 为哪一类呢？判决 X 属于哪一个类都要冒一定的风险，也即都要付出一定的代价，但是判归各类的风险和代价是不同的，有的冒的风险和付出的代价要大一些，有的要小一些。自然，我们要将待判像元归属到付出代价最小的那一类，也即冒风险最小的一类中，只有这样才是正确的，这也就是 Bayes 的最优化规则。

若要找出付出代价最小的那一类，就要在全部可能的分类类别中找出平均代价最小的类别。下面，设 $L_l(X)$ 为像元 X 判成 l 类的平均最小代价，代价函数 $L_l(X)$ 只能是 $\lambda(l/k)$ 的平均，$k=1,2,\cdots,G$，而且这个平均不是一般的平均，它是加权情况下的平均。因此，对于一个给定像元 X，判决它来自 l 类所引起的平均代价为：

$$L_l(X) = \sum_{k=1}^{G} \lambda(l/k) P(k/X) \tag{9.3.5}$$

式中：用像元 X 归属 k 类的条件概率 $P(k/X)$ 作为代价函数的权函数。由(9.3.3)式有：

$$L_l(X) = \sum_{k=1}^{G} [\lambda(l/k) P_k f_k(X)] / P(X) \tag{9.3.6}$$

其中 $P(X) = \sum_{k=1}^{G} P_k f_k(X)$。

为了使用平均代价函数 $L_l(X)$ 作为判别函数，我们必须事先介绍下面三条规则，即：

(1)求一个函数集的最小，等于对同一函数集取负号后求最大。

(2)一组合理的特殊的代价值为：

当 $l=k$ 时，$\lambda(l/k)=0$，此时代价或风险为零，损失最小；

当 $l\neq k$ 时，$\lambda(l/k)=1$，此时代价或风险为最大，损失也最大。

即正确的分类无需付出代价，损失为零，而错误的分类则付出最大的代价。

(3)若 $H_l(X)(l=1,2,\cdots,G)$，是一个判别决策函数集，则任何单调函数应用到这个集合会产生等价的判决函数集 $H_l{}'(X)(l=1,2,\cdots,G)$。也就是说不论使用哪一个函数集，都将会产生同样的分类结果。后面使用的函数有以下三种：

$$H_l{}'(X)=H_l(X)\cdot K \qquad (K\text{ 为常数})$$

$$H_l{}'(X)=H_l(X)\pm K$$

$$H_l{}'(X)=\lg H_l(X)$$

Bayes 最优准则是要使(9.3.6)式达到错误概率最小的分类判决。根据前述第一条规则，先将(9.3.6)式改为负值，这样即变求最小为求最大，变最小风险判决为最大似然判决，也即最小错误概率判决。令：

$$H_l(X)=-L_l(X) \tag{9.3.7}$$

即

$$H_l(X)=-\sum_{k=1}^{G}[\lambda(l/k)P_kf_k(X)]/P(X) \tag{9.3.8}$$

根据前面的第二个规则，在分类正确的情况下，即有 $\lambda(l/k)=0$，这种情况我们不予考虑。由于我们是求平均最小风险的情况，所以要把分类正确的情况除外，这样对于分类错误的情况，只有满足 $\lambda(l/k)=1$ $(k\neq l)$ 这一条件了。由(9.3.8)式有：

$$H_l(X)=-\sum_{\substack{k=1\\k\neq l}}^{G}[P_kf_k(X)]/P(X)=-\frac{1}{P(X)}\sum_{\substack{k=1\\k\neq l}}^{G}P_kf_k(X) \tag{9.3.9}$$

上式中 $P(X)$是一个常数，故可以把它写到求和号的外面，因为对于任何给定的 X，$P(X)$是事先已知的。现以第三条规则中的第一种函数形式为例，得到等价的判决函数为：

$$H_l'(X) = H_l(X)P(X) = -\sum_{\substack{k=1 \\ k\neq l}}^{G} P_k f_k(X) \qquad (9.3.10)$$

根据全概率公式有：

$$P(X) = \sum_{k=1}^{G} P_k f_k(X) = P_l f_l(X) + \sum_{\substack{k=1 \\ k\neq l}}^{G} P_k f_k(X) \qquad (9.3.11)$$

(9.3.11)式等号后面第一项仅反映分类正确的情况，即像元 X 来自 l 类并分为 l 类的情况；等号后面第二项为错误分类的各种风险概率的累加和。现将上式改写为：

$$\sum_{\substack{k=1 \\ k\neq l}}^{G} P_k f_k(X) = P(X) - P_l f_l(X) \qquad (9.3.12)$$

将(9.3.12)式代入(9.3.10)式，得：

$$H'_l(X) = -P(X) + P_l f_l(X) \qquad (9.3.13)$$

式中 $P(X)$为常量。以第三条规则中第二种函数形式为例，可以推导等价的判别函数$H_l''(X)$为：

$$H_l''(X) = H_l'(X) + P(X) = P_l f_l(X) \qquad (9.3.14)$$

上式中的$H_l''(X)$就是所求的最大似然判决准则的判决函数。至此，我们已将平均损失最小问题转换为似然概率最大问题。即当分类正确时，$X\in l$，此时$H_l''(X)$最大。

另外由

$$L_l(X) = \sum_{k=1}^{G} \lambda(l/k)P(k/X) = \sum_{\substack{k=1 \\ k\neq l}}^{G} P(k/X) = 1 - P(l/X) \qquad (9.3.15)$$

可以看出：最小代价函数 $L_l(X)$判决和 $P(l/X)$最大似然判决在特殊代价的情况下是一回事，所谓特殊代价是指满足：

$$\begin{cases}\lambda(l/k)=1 & k\neq l \quad l,k=1,2,\cdots,G \\ \lambda(l/k)=0 & k=l \quad l,k=1,2,\cdots,G\end{cases}$$

条件下的代价。这种特殊情况说明了在平均意义下最大似然判决(Bayes 判决)是准确率最高的判决。在实际应用中,一般都使用最大似然比判决,而不使用最小风险代价判决,因为前者较为简单,后者要考虑一个矩阵形式的代价表,所以较为繁琐。

Bayes 判别可分为线性和非线性两种方法,下面分别介绍。

二、Bayes 线性判别分类

待分的各类总体协方差矩阵相等,而各类总体均值向量不同的 Bayes 判别分类称为 Bayes 线性判别分类。

设各类总体的均值向量为 μ_g,其中 $g=1,2,\cdots,G$,G 为类别数;各类总体协方差矩阵为 $\sum_1=\sum_2=\cdots=\sum_G=\sum$,则像元 X 在 g 类的概率密度为:

$$f_g(X)=\frac{1}{(2\pi)^{m/2}}\left|\sum\right|^{-1/2}\exp\left[-\frac{1}{2}(X-\mu_g)^T\sum{}^{-1}(X-\mu_g)\right] \tag{9.3.16}$$

令

$$A=\frac{1}{(2\pi)^{m/2}}\left|\sum\right|^{-1/2},D^2=(X-\mu_g)^T\sum{}^{-1}(X-\mu_g)$$

则 A 为与类无关的常量,D^2 为马氏距离。此时有:

$$f_g(X)=A\exp\left[-\frac{1}{2}D^2\right] \tag{9.3.17}$$

由(9.3.3)式可知,像元 X 归属 g 类的概率为:

$$P(g/X)=[P_gf_g(X)]/\sum_{i=1}^{G}[P_if_i(X)] \tag{9.3.18}$$

对于给定的一个像元 X,式(9.3.18)中分母也是与类无关的常数,因此只要分子最大,归属概率也就最大,令 $Y_g(X)=P_gf_g(X)$,$Y_g(X)$ 被称为 Bayes 判别函数。在实际工作中,往往采用经过对数变换的形式:

$$Y_g(X)=\ln P_g+\ln f_g(X)=\ln P_g+\ln A+(-\frac{1}{2})D^2\propto\ln P_g+(-\frac{1}{2})D^2 \tag{9.3.19}$$

又由于

$$\begin{aligned} D^2 &= (X-\mu_g)^T\sum^{-1}(X-\mu_g) \\ &= X^T\sum^{-1}X-X^T\sum^{-1}\mu_g-\mu_g^T\sum^{-1}X+\mu_g^T\sum^{-1}\mu_g \\ &= X^T\sum^{-1}X-2X^T\sum^{-1}\mu_g+\mu_g^T\sum^{-1}\mu_g \end{aligned}$$

并且对于给定的像元 X，$X^T\sum^{-1}X$ 也与类无关，这使 $Y_g(X)$ 中去掉与类无关的项后有：

$$Y_g(X)=\ln P_g+X^T\sum^{-1}\mu_g-\frac{1}{2}\mu_g^T\sum^{-1}\mu_g \tag{9.3.20}$$

所以称为 Bayes 线性判别分类。若当各类的先验概率相等时，即：

$$P_1=P_2=\cdots=P_G=P \tag{9.3.21}$$

则 $Y_g(X)$可进一步简化为：

$$Y_g(X)=X^T\sum^{-1}\mu_g-\frac{1}{2}\mu_g^T\sum^{-1}\mu_g \tag{9.3.22}$$

利用线性判别函数进行判别时的判别式为：

$$当\quad Y_{g^*}(X)=\max_{1\leqslant g\leqslant G}[Y_g(X)]\qquad 则\ X\in g^*$$

由前面的推导可知，线性判别函数实际上是根据马氏距离建立的。由于协方差矩阵为单位矩阵时，马氏距离等于欧氏距离的平方，因而第一节最小距离分类法中用欧氏距离建立的判别函数可由式(9.3.22)中取协方差矩阵为单位矩阵获得。可见，两种分类方法是有联系的，最小距离分类法是 Bayes 线性判别的一种特殊情况。

三、Bayes 非线性判别分类

待分的各类总体协方差矩阵不同的 Bayes 判别分类称为 Bayes 非线性判别分类。与 Bayes 线性判别类似，此时也可采用判别函数进行最大似然判别，即：

$$Y_g(X) = \ln P_g - \frac{1}{2}\ln\left|\sum\nolimits_g\right| - \frac{1}{2}(X-\mu_g)^T \sum\nolimits_g^{-1}(X-\mu_g) \tag{9.3.23}$$

式中：P_g 为 g 类先验概率；

$\sum_g$ 为 g 类总体的协方差矩阵；

μ_g 为 g 类总体的均值向量；

X 为像元特征向量；

$\sum_g^{-1}$ 为 $\sum_g$ 阵的逆阵。

为了便于计算，在实际应用中往往采用以下形式：

$$Y_g(X) = \ln P_g - \frac{1}{2}\ln\left|\sum\nolimits_g\right| - \frac{1}{2}X^T \sum\nolimits_g^{-1} X + X^T C_g + C_{0g} \quad (g = 1,2,\cdots,G) \tag{9.3.24}$$

式中：$C_g = \sum_g^{-1}\mu_g = [C_{1g}, C_{2g}, \cdots, C_{mg}]^T$；

$C_{ig} = \sum_{j=1}^{m} \sigma_g^{ij}\mu_g^j \quad (i = 1,2,\cdots,m)$；

$C_{0g} = -\frac{1}{2}\mu_g^T \sum_g^{-1}\mu_g = -\frac{1}{2}\sum_{i=1}^{m} C_{ig}\mu_g^i$。

这里 σ_g^{ij} 为 $\sum_g^{-1}$ 的分量，μ_g^i 为 μ_g 的分量，m 为变量数（波段数）。

四、Bayes 判别分类中的均值向量 $\boldsymbol{\mu}_g$ 和协方差矩阵 $\sum_g$

由于在 Bayes 分类中，各类总体的 μ_g 和 $\sum_g$ 无法确切知道，因而往往由统计学中的参数估计取得 μ_g 和 $\sum_g$ 的值，即利用各类的训练样本的统计特征来近似地估计各类总体的统计特征。

设 $\overline{X}_g$ 为第 g 类总体训练样本的均值向量，S_g 为第 g 类总体训练样本的协方差矩阵，则在实际 Bayes 分类时采用下式：

$$\begin{cases} \sum_g \approx S_g \\ \mu_g \approx \overline{X}_g \end{cases} \quad (g=1,2,\cdots,G, G\ 为待分类总数) \tag{9.3.25}$$

设 x_{igk} 表示在已知的第 g 类中第 k 个像元第 i 个变量(波段)的亮度值,$\bar{x}_{ig}$ 为第 g 类中第 i 变量的平均值,n_g 为第 g 类的已知像元数,m 为波段数,则:

$$\begin{cases} \bar{X}_g = [\bar{x}_{1g}, \bar{x}_{2g}, \cdots, \bar{x}_{mg}]^T \\ S_g = [S_g^{ij}]_{m \times m} \end{cases} \tag{9.3.26}$$

式中:$\bar{x}_{ig} = \sum_{k=1}^{n_g} x_{igk} / n_g$;

$$S_g^{ij} = \frac{1}{n_g - 1} \sum_{k=1}^{n_g} (x_{igk} - \bar{x}_{ig})(x_{jgk} - \bar{x}_{jg})。$$

对于 Bayes 线性判别分类,其协方差矩阵采用如下形式:

$$\sum \approx S = [S^{ij}]_{m \times m} \tag{9.3.27}$$

式中:$S^{ij} = \frac{1}{N - G} \sum_{g=1}^{G} \sum_{k=1}^{n_g} (x_{igk} - \bar{x}_{ig})(x_{jgk} - \bar{x}_{jg})$;

$$N = \sum_{g=1}^{G} n_g。$$

五、Bayes 判别分类过程

(一)确定各类的训练样本

Bayes 判别分类是监督分类,因此首先需获得训练样本,第 g 类训练样本数据形式为:

$$\begin{bmatrix} x_{1g1} & x_{1g2} & \cdots & x_{1gn_g} \\ x_{2g1} & x_{2g2} & \cdots & x_{2gn_g} \\ & \cdots & & \\ x_{mg1} & x_{mg2} & \cdots & x_{mgn_g} \end{bmatrix}$$

数据矩阵中元素 x_{igk} 的脚标意义如下:

$i=1,2,\cdots,m$,为波段(变量)序号,共 m 个波段(变量);

$k=1,2,\cdots,n_g$,为像元标本序号,第 g 类共有 n_g 个标本;

$g=1,2,\cdots,G$，为类序号，共有 G 个类。

即开始采样 G 个类的训练样本，每一类的训练样本容量为 n_g，每一像元特征向量为 m 个波段。

(二)计算各类的统计特征值

确定训练样本后，即可根据各类的训练样本计算各类的 $\overline{X}_g$，S_g，S_g^{-1} 和 $|S_g|$，并事先对各类的先验概率进行赋值，建立分类判别函数。

(三)根据 Bayes 准则实施分类

逐点扫描图像的各像元，将像元特征向量代入判别函数，并从 G 个判别函数值中挑选一个最大的值，将被扫描待判像元归属于这个最大判别函数值的一类。

第四节　模糊分类

遥感影像中的像元很大程度上都是混合像元，混合像元分解的重要性早就为遥感界所认识。单个像元值提供的信息是亮度值，要在单个像元中提取各类地物信息，这实际上也相当于一个黑箱，我们所知道的只是外部表现，而内部机理都是不清楚的。近年来发展起来的模糊理论和方法，对于分析不准确的信息或界线不明确的对象提供了有用的概念和方法。对于遥感图像的分类，模糊方法已显示出在分析混合像元、提高分类精度方面的优势。

一、模糊分类原理

由前面各节的介绍可知，常规分类中一个像元只能归属到一类，不能反映同一类中的不同状况和一个像元中包含的其他地物信息的情况，即一个像元只能属于一类而不能同时属于另一类，也就是说常规分类是以一个像元作为分类的基本单元的。而模糊分类则认为一个像元还是可分的，即一个像元可以是在某种程度上属于某个类而同时在另一种程度上属于另一类，这种类属关系的程度用像元隶属度表示。

应用模糊分类的关键是确定像元的隶属度函数。一般，在遥感图像模糊分类中采用最大似然（Bayes 准则）分类算法来确定像元属于各类的隶属函数。

设 G 为预先确定的类别数，m 为变量数（波段数），$P'(g)$ 为第 g 类出现的先验概率，则像元 X 隶属于 g 类的隶属度函数为：

$$f_g(X)=[P'(g)P_g^*(X)]/\sum_{i=1}^{G}[P'(i)P_i^*(X)] \tag{9.4.1}$$

其中

$$P_i^*(X)=\frac{1}{(2\pi)^{m/2}\left|\sum_i^*\right|^{1/2}}\cdot\exp\left[-\frac{1}{2}(X-\mu_i^*)^T\left(\sum_i^*\right)^{-1}(X-\mu_i^*)\right] \tag{9.4.2}$$

(9.4.2) 式中，μ_i^* 与 $\sum_i^*$ 为模糊均值向量和模糊协方差矩阵。

由上面介绍可知，要进行模糊分类，必须知道模糊均值向量和模糊协方差矩阵。这需要由训练样本数据来得到，但模糊分类与传统分类在训练场地的选择方面是不同的。传统分类中，每一个训练类都要有训练场地，而且训练场地要足够均一；对于模糊分类而言，均一性不那么重要，一个训练场地可以用来产生多于一类的统计参数（如模糊均值向量、模糊协方差矩阵）。

在模糊分类中，训练样本数据可用一个模糊分割矩阵来表示。设训练样本总数为 n，变量数为 m，G 是预先确定的类别数，则训练样本的模糊分割矩阵为：

$$\begin{bmatrix} f_1(X_1) & f_1(X_2) & \cdots & f_1(X_n) \\ f_2(X_1) & f_2(X_2) & \cdots & f_2(X_n) \\ & \cdots & & \\ f_G(X_1) & f_G(X_2) & \cdots & f_G(X_n) \end{bmatrix}$$

$f_i(X_j)$表示像元 X_j 对第 i 类的隶属度。若把每一列中的最大值改为 1，其他改为 0，就成为一般的硬分割矩阵，也就是常规的训练样本数据。

由模糊分割矩阵即可得到各类地物的模糊均值向量和模糊协方差矩阵。其模糊均值向量为：

$$\mu_g^* = [\mu_{1g}^*, \mu_{2g}^*, \cdots, \mu_{mg}^*]^T \tag{9.4.3}$$

式中：$\mu_{ig}^* = \sum_{k=1}^{n} f_g(X_k) x_{ik} / \sum_{k=1}^{n} f_g(X_k)$；

x_{ik} 为第 i 波段第 k 标本的亮度值。

模糊协方差矩阵为：

$$\sum\nolimits_g^* = \begin{bmatrix} \sigma_{11g} & \sigma_{12g} & \cdots & \sigma_{1mg} \\ \sigma_{21g} & \sigma_{22g} & \cdots & \sigma_{2mg} \\ & \cdots & & \\ \sigma_{m1g} & \sigma_{m2g} & \cdots & \sigma_{mmg} \end{bmatrix} \tag{9.4.4}$$

式中：$\sigma_{ijg} = \sum_{k=1}^{n} [f_g(X_k)(x_{ik} - \mu_{ig}^*)(x_{jk} - \mu_{jg}^*)] / \sum_{k=1}^{n} f_g(X_k)$。

二、训练样本的选取

监督分类训练样本的选取，直接影响分类的精度。根据模糊分类的原理，它可以利用模糊样本作为训练样本，但一般选取模糊样本是十分困难的，因此，在确实无法获取模糊样本时，仍可使用传统样本，但所选样本应尽量分布于均质区，即要求样本要“纯”。

由于选择样本时，很难做到“纯”。为了确保分类的精度，可把选取的训练样本作为“准纯样本”，对其进行模糊分类。“准纯样本”经过一次模糊分类后就成为“模糊样本”，然后再利用这些“模糊样本”进行模糊分类，这样在一定的程度上可以改善分类的精度。

第五节　半线性前馈神经网络分类

在以上介绍的传统遥感图像分类方法（不包括模糊分类）中，都是利用遥感数据的统计值特征或是与训练样本数据之间的统计关系来进行地物分类的。这些传统的分类方法与人对图像的分类方法有很大的差异。人在对图像进行分类的过程中,对图像信息的存储、加工,不但是多级、并行、分布的,具有高度的容错能力,而且具有自行组织和自行发展的适应功能。

由于地物类型分布方式本身的复杂性,人在对图像的分类过程中,不可能利用一种分类规则对图像进行分类,在其分类识别过程中必须考虑到空间位置、色调特征等构成图像类别特征的多种因素。而且人具有学习的能力,能够从以往的实践中总结经验,在以后的工作中能够自觉地运用这些经验。所以人对图像进行分类解释时,除运用图像本身的特征外,更多的是利用在以往分类过程中所积累的经验,在被分类图像信息的引导下,自行改造其自身的结构及其识别分类方式,进而对图像进行识别分类。

目前神经网络技术已应用到很多领域,并且神经网络的模型很多。结合遥感图像的特点,本节将介绍半线性前馈神经网络在遥感图像分类中的应用。

一、半线性前馈神经网络原理

半线性前馈神经网络是 Rumelhart,Hinton 和 Williams(1986)提出的,是一种能从训练样本数据中有效地学习判别函数的系统。

半线性前馈网络的结构如图 9.5.1。

这种网络的大体结构如下:网络由分为不同层次的节点集合组成,每一层的节点输出送到下一层节点。这些输出值由于连接权值不同而被放大、衰减或抑制。除了输入层外,每一节点的输入为前一层所有节点输出值的加权和。每一节点的激励输出值由节点输入、激励函数及偏置量决定。

如图 9.5.1 所示,输入模式的各分量作为第 i 层各节点的输入。在第 j 层,节点的输入值为:

$$net_j = \sum w_{ji} o_i \tag{9.5.1}$$

而节点的输出值为:

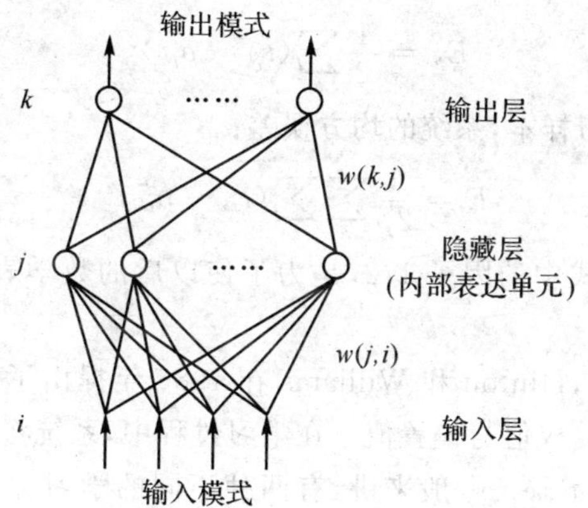

图 9.5.1　半线性前馈网络

$$o_i = f(net_j) \tag{9.5.2}$$

式中 f 为节点的激励函数。可以选择如下单调递增的激励函数：

$$o_j = \frac{1}{1+\exp[-(net_j+\theta_j)/\theta_0]} \tag{9.5.3}$$

在式(9.5.3)中，参数 θ_j 为偏置值或称阈值，正阈值的作用将激励函数沿 x 轴向左平移。θ_0 的作用是改变激励函数的形状。

继续往前推导，在第 k 层的网络节点输入为：

$$net_k = \sum w_{kj} o_j \tag{9.5.4}$$

而输出为：

$$o_k = f(net_k) \tag{9.5.5}$$

在网络学习阶段，网络输入为样本 $X_p=\{x_{pi}\}$，网络要修正自己的各连接权值及各节点的偏置值，使网络输出不断接近期望值 t_{pk}。每做一次调整后，换一对输入与期望输出，再做一次调整。事实上，我们希望网络能自行调整到一组连接权值与偏置值，使网络能满足所有的输入与输出间的对应。这种学习过程常常是冗长的，不容易实现的。

一般来说，系统输出值$\{o_{pk}\}$与期望输出值$\{t_{pk}\}$是不相等的。对每一个输入的样本，平方误差：

$$E_p = \frac{1}{2}\sum_k (t_{pk} - o_{pk})^2 \tag{9.5.6}$$

而对于全部学习样本，系统的均方误差：

$$E = \frac{1}{2p}\sum_p \sum_k (t_{pk} - o_{pk})^2 \tag{9.5.7}$$

注意到以上两式中的因子 1/2，是为了使以后的数学表达式更简洁而设的。

Rumelhart，Hinton 和 Williams 在 1986 年提出了推广的 δ 规则，以用来学习连接权值与偏置值。在学习过程中，系统将调整这些量，使 E_p 尽可能快地下降。一般来讲，有两种不同的学习方法，其差别在于我们是从 E_p 出发还是从 E 出发。前者对权值的调整过程实质上是一种序贯过程，即每输入一次样本，就调整一次权值。但真正基于系统误差梯度的方法应是使式(9.5.7)取最小值。

将下标 p 省略，式(9.5.6)可以写成：

$$E = \frac{1}{2}\sum_k (t_k - o_k)^2 \tag{9.5.8}$$

为使过程收敛，我们调整连接权值与偏置值，每次调整的增量 Δw_{kj} 与梯度 $-\frac{\partial E}{\partial w_{kj}}$ 成比例，即：

$$\Delta w_{kj} = -\eta \frac{\partial E}{\partial w_{kj}} \tag{9.5.9}$$

式中误差 E 为输出 o_k 的函数，而 o_k 又是输出层第 k 个节点输入的非线性函数：

$$o_k = f(net_k) \tag{9.5.10}$$

其中，net_k 为前一层全部输出的线性加权和，即：

$$net_k = \sum w_{kj} o_j \tag{9.5.11}$$

又偏微分 $\frac{\partial E}{\partial w_{kj}}$ 可改写为：

$$\frac{\partial E}{\partial w_{kj}} = \frac{\partial E}{\partial net_k} \cdot \frac{\partial net_k}{\partial w_{kj}} \tag{9.5.12}$$

由式(9.5.11)可得：

$$\frac{\partial net_k}{\partial w_{kj}} = \frac{\partial}{\partial w_{kj}} \sum w_{kj} o_j = o_j \tag{9.5.13}$$

令

$$\delta_k = -\frac{\partial E}{\partial net_k} \tag{9.5.14}$$

则有

$$\Delta w_{kj} = \eta \delta_k o_j \tag{9.5.15}$$

δ_k 可表示为两个因子的乘积。前者为误差 E 相对于 k 节点输出的变化率，后者为 k 节点输出相对其输入的变化率：

$$\delta_k = -\frac{\partial E}{\partial net_k} = -\frac{\partial E}{\partial o_k}\frac{\partial o_k}{\partial net_k} \tag{9.5.16}$$

其中

$$\frac{\partial E}{\partial o_k} = -(t_k - o_k) \tag{9.5.17}$$

$$\frac{\partial o_k}{\partial net_k} = f_k{}'(net_k) \tag{9.5.18}$$

因此，我们得到：

$$\delta_k = (t_k - o_k) f_k{}'(net_k) \tag{9.5.19}$$

上式对输出层的任意节点都成立，将此式代入式(9.5.15)，得到：

$$\Delta w_{kj} = \eta \delta_k o_j = \eta (t_k - o_k) f_k{}'(net_k) o_j \tag{9.5.20}$$

对于非输出层的连接权值，上述计算过程有所不同，推导如下：

$$\begin{aligned}\Delta w_{ji} &= -\eta \frac{\partial E}{\partial w_{ji}} = -\eta \frac{\partial E}{\partial net_j} \cdot \frac{\partial net_j}{\partial w_{ji}} \\ &= -\eta \frac{\partial E}{\partial net_j} \cdot o_i = \eta\left(-\frac{\partial E}{\partial o_j}\frac{\partial o_j}{\partial net_j}\right) o_i \\ &= \eta\left(-\frac{\partial E}{\partial o_j}\right) f_j{}'(net_j) o_i \end{aligned} \tag{9.5.21}$$

上式中，$\frac{\partial E}{\partial o_j}$不再能直接计算出来，但可表达为：

$$-\frac{\partial E}{\partial o_j} = -\sum_k \frac{\partial E}{\partial net_k} \cdot \frac{\partial net_k}{\partial o_j}$$

$$= \sum_k \left(-\frac{\partial E}{\partial net_k}\right) \frac{\partial}{\partial o_j} \sum_m w_{km} o_m$$

$$= \sum_k \left(-\frac{\partial E}{\partial net_k}\right) w_{kj}$$

$$= \sum_k \delta_k w_{kj} \tag{9.5.22}$$

由此

$$\delta_j = f_j'(net_j) \sum_k \delta_k w_{kj} \tag{9.5.23}$$

由上式可见，中间层节点的 δ 可由它上面一层的 δ 算出。因此，我们可以从最上层即输出层开始，用式(9.5.19)先算出所有的 δ_k，然后，这些 δ 误差逐渐向下"传播"，由式(9.5.23)求出下面各层次节点的 δ。

下面总结以上各式。将前面省略的各输入样本的标号加上，可以得到：

$$\Delta_p w_{ji} = \eta \delta_{pj} o_{pi} \tag{9.5.24}$$

如果节点 j 在输出层，则上式中 δ_{pj} 为：

$$\delta_{pj} = (t_{pj} - o_{pj}) f_j'(net_{pj}) \tag{9.5.25}$$

如果节点 j 为中间层节点，则 δ_{pj} 可由上一层节点的 δ 算出：

$$\delta_{pj} = f_j'(net_{pj}) \sum_k \delta_{pk} w_{kj} \tag{9.5.26}$$

如果激励函数如下：

$$o_j = \frac{1}{1 + \exp[-(\sum_j w_{ji} o_i + \theta_j)]} \tag{9.5.27}$$

则

$$\frac{\partial o_j}{\partial net_j} = o_j(1 - o_j) \tag{9.5.28}$$

对输出层与隐藏层节点推广的 δ 规则分别由以下两式表示：

$$\delta_{pk} = (t_{pk} - o_{pk}) o_{pk} (1 - o_{pk}) \tag{9.5.29}$$

$$\delta_{pj} = o_{pj} (1 - o_{pj}) \sum_k (\delta_{pk} w_{kj}) \tag{9.5.30}$$

二、半线性前馈神经网络的实现

遥感图像半线性前馈网络分类的实现主要有两个阶段，第一阶段是根据样本数据网络本身进行自学习，第二阶段是利用学习的结果对整幅遥感图像进行分类。

整个学习、分类过程如图 9.5.2 所示。

(一)学习阶段

在此阶段，主要要完成下列步骤：

1. 样本数据以及控制参数的输入

样本数据是根据所分类别在遥感图像各波段上得到的光谱值。另外对每一类别要给定一个 0～1 之间的系数，这里称之为期望值。控制参数主要是单个类要达到的精度值、所有类要达到的精度值、输出层个数、隐藏层个数、每一层的节点数以及最大循环次数。

2. 空间分配

根据步骤 1 所赋予的各参数情况，动态地为网络分配计算机内存空间。

3. 初始化网络权系数

初始权值不应取完全相同的一组值，若相等，则它们将始终保持相等。例如，可根据计算机产生的一个随机数 x，并按($\frac{x}{2.0^{15}-0.5}$)的值作为网络初始化各层之间的权系数。

4. 计算各层之间的权系数

在权系数的计算中，应注意输出层和中间隐藏层的算法有所不同。

5. 判断精度是否达到要求

在循环次数还没有达到给定的最大循环次数之前，首先判断单类样本输出层的结果和此类所给的期望值相比，是否已达到了精度要求，如果没有，返回到步骤 4，进行网络连接权值的重新计算，并在原来权值的基础上对权值作调整；如果单类精度已满足要求，就判断所有类别

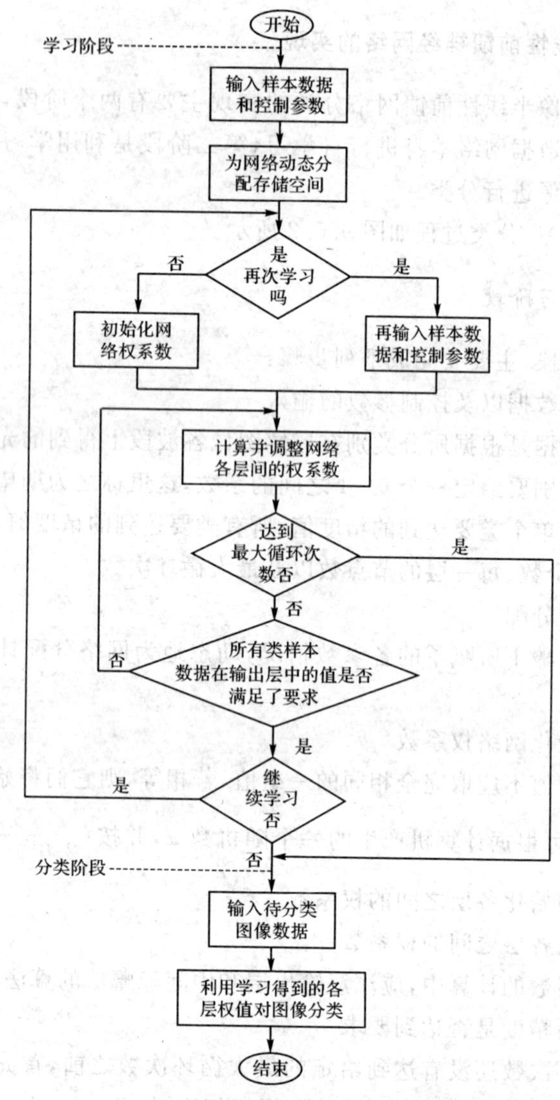

图 9.5.2　半线性前馈网络分类流程图

样本的精度是否达到要求，若没有达到，则返回执行步骤 4，若已达到要求就继续往下执行。当循环次数已超过最大循环次数，就表明学习没有达到预计要求，可以重新设置最大循环次数或降低精度要求。

6. 继续学习

当样本数据有多组的时候，在做完一次学习之后，可以根据需要进行多次学习。

(二)分类阶段

输入图像数据以后，网络根据在学习过程中所积累得到的各层权系数，对图像的各像元进行计算，得到输出结果，根据其结果与每类期望值之间的精度进行分类，与哪类相比精度高就归为哪类。

第六节　遥感图像分类的快速实现——查表法

前面介绍了遥感图像监督分类和非监督分类的一些实用方法，有些分类方法需较大的计算量，如 Bayes 分类，由于其分类效果较好，而在图像分类中常常被采用，但由于其计算量较大，特别是当对大区域进行分类时，所需计算机机时太长，难以在大区域中应用。

若要提高图像分类的速度，可以从两个方面去做：一是依靠硬件，即采用性能更好的计算机，或将分类算法硬件化；二是软件方面，即通过编制高效的软件来加快图像分类的速度。显然，第二种方法是经济而易行的。

查表法是 Epple 于 1974 年提出的一种改进分类效率的方法，这种技术可以和任何分类规则一起使用，从而大大加快图像分类速度，缩减运行时间。下面具体介绍查表法的快速分类。

一、查表法分类原理

对于简单的一维遥感图像分类而言，如果图像最多只有 256 个灰度级，则可以先建立起灰度值 0～255 的分类查找表，那么对整幅图像的所有像元进行分类时，就不必再进行各个像元的分类计算，而只需将其灰度值简单地作为查找表的一个地址索引，地址所对应的查找表的内容即为此像元的分类结果，完成这一分类过程，不需要作任何运算，而只需检索查找表的一个位置，从而大大缩短处理时间，而且图像像幅越大，提高的效率越高。

当使用 n 个波段进行图像分类时，自然首先想到的是建立一个 n 维查找表。然而此时建立查找表需 256^n 字节的计算机内存空间，例如当 $n=3$ 时，所需内存空间为 $256^3=16777216$(字节)≈16 兆字节，而这仅仅是使用三个波段的图像分类，以后每增加一个波段，所需内存空间是原来的 256 倍，这要求计算机内存的寻址空间有比较大的容量；而且这样大的一个查找表，查表计算量较大，反而不能起到查表应有的目的。由此可见，这种简单的建表方法是不实用的，必须寻找另一条解决建表问题的途径。

通过分析遥感信息的特征，可以发现：

(1)遥感图像的信息量只有三维或更少，可以由三个主要特征变量来近似表示，而且实际分类经验表明，图像分类的精度并非随着参与分类的特征变量增多，分类的精度就增高，这就使我们可以仅考虑三维以内的建表；

(2)对于实际遥感图像而言，灰度的分布并不是均匀的，而是呈现为相对的集中，这样我们便可以仅考虑建立出现频率较高的灰度的查找表，从而可以最充分有效地利用计算机的内存空间。

为了表述上的方便，以二维情况为例进行查找表建立的说明，图 9.6.1 为建立的查找表，-1 表示该灰度值不在表中，数组中的非负整数值顺序存放，它确定了对应灰度表中的位置，表中的值是以其地址(灰度)为特征计算得到的。图 9.6.2 是两个波段的二维散布图，框中的像元(即出现频率较高的像元)表示已建立在查找表中，框外的像元则未建在表中。

分类时，对落在表中的像元进行查表来确定类别，而对于表外的像元(值为-1)则进行计算分类，由此便减少了大量的运算时间，加快了图像的分类速度，这对于大区域的图像分类而言尤为显著。

0	1	2	3	4	5	6	7	…	255
–1	0	1	2	–1	3	4	–1	…	–1

0	0
1	1
2	–1
3	2
4	3
5	4
⋮	⋮
255	–1

A	A	A	B	B	B	…
A	A	A	B	B	B	…
A	A	A	B	B	B	…
C	C	C	D	D	D	…
C	C	C	D	D	D	…
E	E	E	F	F	F	…
⋮	⋮	⋮	⋮	⋮	⋮	⋮

图 9.6.1　二维查找表示意图

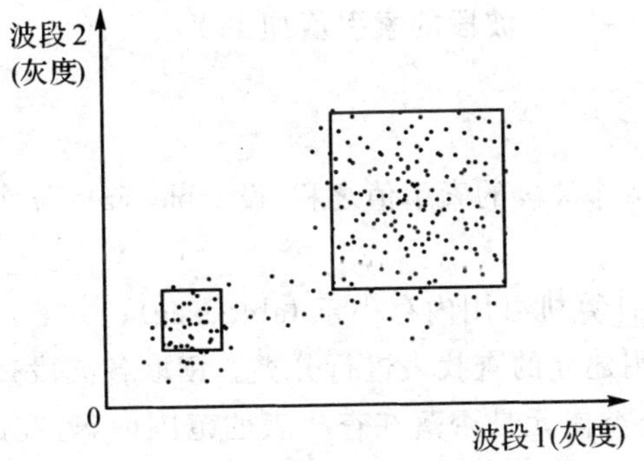

图 9.6.2　二维遥感图像散布示意图

二、查表分类法的具体实现

根据前面查表法原理的分析，实现时可分两步进行。

首先是建立最大查找表，要求在内存许可的前提下，尽可能多地包括灰度级特征，而且要求出现在查找表中的灰度级必须是出现频率较高的，这可以从分析各特征变量的一维直方图入手，控制一维直方图的频率阈值，选择出现频率较高的像元。例如对于一幅大小为 $100\times100=10000$ 的图像，当阈值取为 0.15%时，此时意味着出现频数小于 $10000\times0.15\%=15$ 个像元以内的灰度值不在查找表的范围之内。通过控制阈值大小，可以找出一个最大计算机内存分配下的最小阈值，具体可通过如下算法实现：

设有 n 个波段，阈值以 ε 表示，阈值调整的步长为 $\Delta\varepsilon$，开始时置初始阈值 $\varepsilon=-\Delta\varepsilon$，并置 n 个波段的索引值为－1，即

```
do{ε+=Δε;
    for(i=0;i<n;i++){
        for(j=0;j<256;j++){
            if(波段 i 中灰度值 j 的频数>图像大小×阈值 ε){
              波段 i 的表地址 j 内写入 i 波段的表索引值;
              i 波段的索引值加 1;}
        }
    }
    计算 n 个波段的索引值之积，设 table size=n 个波段索引值之积;
}while(当计算机可用内存小于 table size);
```

第二步利用建立的查找表进行分类。读取各波段查找表范围及查找表，判断待分类像元是否落在查找表的范围内，若在此范围内，则查找其分类值；否则进行计算分类。查表法快速分类的流程如图 9.6.3 所示。

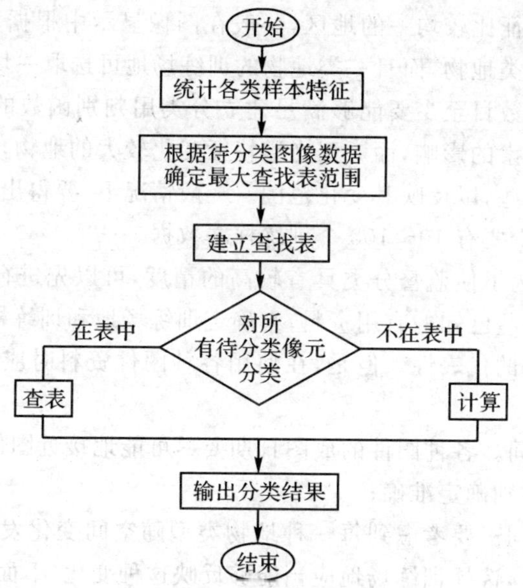

图 9.6.3　查表法分类流程图

第七节　遥感图像分类处理中的几个问题

遥感图像计算机自动分类在遥感数字图像处理技术中占有非常重要的地位，由于计算机分类的精度和可靠性除了与分类方法本身的优劣有关外，还取决于一些其他的因素，本节将介绍分类处理中应注意的一些问题。

一、训练场地和训练样本的选择问题

训练场地和训练样本的选择在监督分类中是十分重要的，在监督分类中由于训练样本的不同，分类结果就会出现极大的差异。因此在工作区仔细选择各类训练场地，正确地选取有代表性的训练样本，是分类能否取得良好效果的一个关键性问题。用于监督分类的训练场地应

该是光谱特征比较均一的地区，一般在图像显示中根据均一的色调估计确定为一类地物，而且一类地物的训练场地可选取一块以上。同时，训练样本的数目至少要能够满足建立分类用判别函数的要求，以克服各种偶然因素的影响，而对于光谱特征变化较大的地物，训练样本的数目要更多一些，以反映其变化范围。一般情况下，要得出可靠的统计数据，每类至少要有 10～100 个训练样本数据。

另外，为了使监督分类具有较高的精度，可以先进行预解译，并尽可能利用一些已知的有用资料，来确定训练场地和训练样本，使训练样本具有较好的代表性。但是，在使用各种图件资料时应注意以下两个方面：

(1)时间。各种图件的成图日期要尽可能地接近图像成像日期，以保证地物类别确定准确；

(2)空间。要考虑到每一种地物类型随空间变化发生光谱特征变化的可能性，选择训练场地应当能够反映这种变化(下面将介绍同物异谱的处理方法)。

例如，在杭州地区的监督分类中，训练场地和训练样本的选择参照了如下几方面的资料：

(1)工作区的非监督分类图件。从非监督分类结果图件中可以大致看出工作地区的地物按光谱特性不同进行区分的类别。

(2)工作区前人工作的有关资料和图件。主要参考了杭州市地质图、杭州市郊区森林资源分布图、杭州市土地利用图等。

(3)航空遥感资料。包括工作区的航空黑白像片和彩色红外像片。

(4)其他资料。如地形图以及在工作区内亲自进行地面调查的第一手资料。

应指出的是，在监督分类中由于训练场地是人为选取的，可能不包括所有的自然地物类别，因而分类后可能留下无类可归的像元。对于这种情况，有两种解决方法：一是将所有无类可归的像元组成一个未知类；二是按最近距离原则划归到各个已知类中。

二、地形因素影响

在遥感图像中，地形因素不仅会造成几何畸变，而且还会影响其亮度值。如同类地物由于所处山坡位置的不同，其阴坡和阳坡的光谱特性就有很大的差异(即同物异谱)。当然可利用第六章图像增强中介绍的多波段图像的比值处理来减弱地形的影响，并用比值图像进行计算机分类处理，但是，多波段图像比值并不能彻底消除地形的影响，而且当地形起伏太大时比值处理受到限制。

地形因素的影响也不能通过在选择训练样本时，用对阴坡和阳坡都进行采样的方法来解决。因为这样做从表面上看是样本的代表性增加了，可使分类精度提高，而实际上问题并不能得到彻底解决，而且从理论上说也是不妥当的。因为这样简单的选取训练样本不仅总体服从多元正态分布的前提不易满足，而且同类样本的离散程度(类内方差)大大增加，从而导致分类精度下降。此外，选自阴坡和阳坡训练样本的比例也无法确定，因为同类地物在不同地段其阴阳坡所占的比例可以完全不同，即可以完全在阴坡，也可以完全在阳坡，所以阴阳坡占任意比例的训练样本都缺乏代表性，这会使分类结果受到严重的影响。因此用一组训练样本不能正确代表这类地物。

解决这类由于地形因素造成的“同物异谱”现象的一种有效的方法是采用“同类多组法”来选取训练样本，即同类地物根据光谱特征的不同，可以选取一组以上(二组或几组)训练样本，并规定类与组的明确概念。在对图像进行分类时，应首先进行分组，然后再根据所属的类别进行合并。

三、混合像元问题

传感器对地物的探测是以像元为单位的，像元除了有一定的波谱参量外，还表征了地物的空间分布，即具有一定的面积。如果一个像元内仅包含一种地物，则称这个像元为典型像元(纯像元)；如果一个像元内包含几种地物，则称该像元为混合像元。事实上，由于遥感图像的几何分辨率不可能无限高(如 TM 为 30m×30m,NOAA 气象卫星图像的地面分辨率为 1.1km×1.1km),因而混合像元在图像中普遍存在,这一问题是遥感界很早就认识到的。

一般情况下,不同地物具有不同的辐射特性,所以混合像元的辐射特性与组成混合像元的任何地物构成的纯像元的辐射特性都不相同,从而使混合像元亮度值不属于构成该像元的任何地物的亮度值,而介于这些地物亮度值之间。

由于大面积分布的混合像元对遥感图像的计算和分类影响较大,为此已有研究人员提出了一些混合像元分解的方法,目前进行混合像元分解的方法主要可归纳为两类:一是线性关系分解法,其依据是像元亮度的线性可加性;一是模糊分解法。

当然混合像元是一个很复杂的问题,混合像元分解技术已成为遥感图像处理研究的一个方向。

四、特征变量的选择问题

遥感图像分类的原始特征变量就是多波段图像的波段变量本身,它们是分类的主要依据。这些多波段图像可经过一些变换(如比值处理、差值处理、K-L 变换以及缨帽变换等)获得一系列新的特征变量,同时还可以加入与图像网格坐标相一致(经几何配准)的其他非遥感变量,这些变量与原始特征变量组成了一个维数很高的特征变量空间。在图像分类处理中,当特征变量空间的维数太高时,就会增加分类算法的复杂性和计算工作量,同时不少变量之间往往相关程度较高,变量太多了并不一定能提高分类的精度,反而可能会造成更多的混淆和不确定性。因此在特征变量数目较多的情况下,进行分类之前,需从已有的多维特征变量中进行选择,取得具有良好分类效果的为数较少的几个特征变量,这种处理过程叫做特征变量的选择。特征变量选择的问题可以描述为:要解决一个由 N 个量度(例如波段)中选择 $P(P<N)$ 个量度来区分不同类别的问题。

特征变量的选取需遵循下述原则:

(1)一个特征量应有这样的性质,即对于不同类别的模式,该特征量值相差较大;而对于同类模式,则应有大体接近或相同的特征值。

(2)对于某一类模式而言,特征量及特征值应是能充分与必要地表明该模式属于该类而不属于其他类别的主要根据。

(3)各特征量之间互不相关或相关性很小,即各特征量所表示的模式类别的性质互不重复或不能互相导出。

目前比较有效的方法有主轴法、因子分析法以及以类聚程度为特征的排序法等。此外,如第六章介绍的彩色合成变量选择也可作为特征变量选取的方法。

当然,特征变量的选择是一个很复杂的问题,不同的研究目的其选择原则也存在差异,变量的选择大多数是根据经验和反复的图像处理实验来确定的。

五、空间信息在分类中的应用问题

遥感图像的灰度是地物电磁波辐射特征的反映,灰度值的大小除与地物成分有关外,还与地物的表面结构以及地形的起伏有关。一般,图像分类仅仅只考虑图像的光谱信息,而不考虑图像的空间信息以及地形起伏变化的影响,因而使分类精度受到一定的影响。为了提高遥感图像的分类精度,必须要考虑图像中的空间信息和地形变化因素。实践表明,多波段遥感图像和空间信息(纹理信息、高程数据等)的综合分类可以显著地提高遥感图像的分类精度和地物的识别能力。第十章和第十一章将介绍空间信息的提取及应用。

六、遥感图像分层分类方法和专家系统方法

目视解译能够取得比计算机分类更佳的效果,特别是在情况比较复杂的地区,主要原因在于解译者能够灵活地运用多方面的知识,建立多种直接的和间接的解译标志,具备综合分析和逻辑推理的思维能力,还可根据实际情况的需要调整工作程序,分区、分层次进行图像分析判断,最后整合成完整的图像解译成果。如果在计算机分类中能够模拟

目视解译的特点,势必减少错分误判几率。采取分层分类和引入专家系统就是分类中借鉴目视解译过程的两条技术途径。

所谓分层分类就是模拟目视解译,对复杂图像进行多层次的分析判断,先把容易识别确定的地物提取出来,再针对彼此容易混淆的地物类别采用不同的判据进行区分,先易后难,由表及里,分层处理,逐步推进。该方法较好地体现了系统工程中整体性和层次性的思想,采用序贯的方法操作简单,同时非常实用,有时会取得意想不到的效果。

引入专家系统来提高遥感图像分类水平的设想,早在20世纪70年代就已提出,但由于问题的复杂性,进展迟缓。近年来,随着计算机软件技术迅猛发展,各种商用遥感图像处理系统陆续开发出了“专家系统分类器”(expert classifier)。例如,ERDAS图像处理软件就包括专家分类器,它有两个程序。第一个程序使各领域的专家能够通过图解界面方便地建立决策树以形成一个新的分类知识库,这一树形图包括了专家对同样数据进行人工分析时所考虑的规则、条件和顺序。第二个程序提供了一个引导(wizard)界面,主要帮助普通用户将知识库应用到自己的数据中,提示用户输入所需要的数据集,自动地通过决策树进行分析,以便得到一个较准确的分类结果,同时这种分类器也融合了分层分类的思想。这种基于知识的遥感影像分析系统主要包括两个核心内容,一是知识库(knowledge base),二是推理机(inference engine)。当遥感影像等数据输入到基于知识的遥感影像分析系统后,推理机在知识库的支持下完成影像目标的识别和解释。

随着GIS技术应用越来越普遍,出现了GIS支持下的遥感分类专家系统。特别是误判率比较高的山区,通过引入历史土地利用类型、土壤类型、坡度、坡向、坡位等因子,进行辅助决策判断,可以在一定程度上提高分类精度。

七、图像分类的后期处理问题

在遥感图像分类中,由于混合像元的存在以及分类算法是针对每个像元单独进行的,导致在分类图像中会出现一大片同类地物中夹杂着零散分布的异类地物的不一致现象，它们在分类图像上表现为噪声。为了克服这种与实际情况不相符合、也不满足分类要求的情形，可通过平滑处理来减少或消除类别噪声的影响，详见第十二章有关分类后处理内容。

另外，用计算机进行图像分类的准确性是至关重要的，所以，对分类结果需进行误差分析。误差分析是指随机抽查检验区以检验分类的精度和可靠性，当精度与可靠性较差时，可从以下两方面进行改善；其一是重新选择训练样本，使训练样本更具代表性，并使分类类别数更加与实际相符；其二是当前者已满足时，对判别函数进行评价和选择，并对参加分类的变量或统计量进行选择。

第十章 图像的分割和描述

第八章和第九章介绍了图像分析中关于遥感图像的分类，本章和下一章将结合遥感图像对图像分析的其他三方面内容进行介绍。

值得指出的是，遥感图像分类是多变量的图像处理，而分割、特征分析以及描述等一般是研究单变量(如 K-L 变换第一主成分)图像的灰度级(像元值)空间变化。

第一节 图像分割

把一幅图像按一定规则划分出感兴趣的部分或区域，叫做分割。分割的目的是把图像分成一些带有某种专业信息意义的区域，这样可以满足学科应用。实际经验表明，为了更好地分割，有关景物的总体知识和先验信息是非常有用的。根据包含在图像中的信息，制定一组判决准则和控制策略，使之能自动完成分割，是当前正在发展的把人工智能方法用于分割的一种探索。一般地说，至今还无法规定成功分割的准则，分割的好坏必须从分割的效果来判断。

分割也是一种标记过程，即对分割所得属于同一区域的像元点给予相同的标记值，例如可将感兴趣的不同区域分别标为数字 1,2,3,…,其余作为背景标为数字 0。

通常，可以依据两种原则进行分割：一是依据各个像元点的灰度不连续性进行分割；另一是依据同一区域具有相似的灰度特征和纹理特征，寻找不同区域的边界。前者称为点相关的分割技术，后者称为区域相关的分割技术。

一、点相关分割技术

(一)灰度取阈法

这是一种最常用、同时又是最简单的图像分割方法,它是把灰度级分成许多区间,选用阈值来确定图像的区域或边界点的方法。

设一幅给定图像 $f(x,y)$ 中的灰度级如图 10.1.1 所示,从图中可以分析出,在图像 $f(x,y)$ 中大部分像元是偏暗的,另外一些像元较为平均地分布在其他一些灰度级中。通过分析这一直方图,可以推断出这是由一些具有均匀灰度值的物体叠加在一个偏暗背景上所组成的图像。可以设一个阈值 T,把直方图分成两个部分,这样相应的在图像上也就勾画出了景物和背景之间的边界。阈值 T 将直方图分为 A 和 B 两部分,其选择原则是:使 A 部分尽量包含与背景相关联的灰度级,而 B 部分则包含景物的所有灰度级。考虑这一关系处理图像时,则图像背景与景物之间的灰度级跳跃改变就能勾画出边界。当然,为了找出水平方向和垂直方向上的边界,需要两次扫描图像 $f(x,y)$。也就是说,在阈值 T 确定之后,可按下例步骤执行:

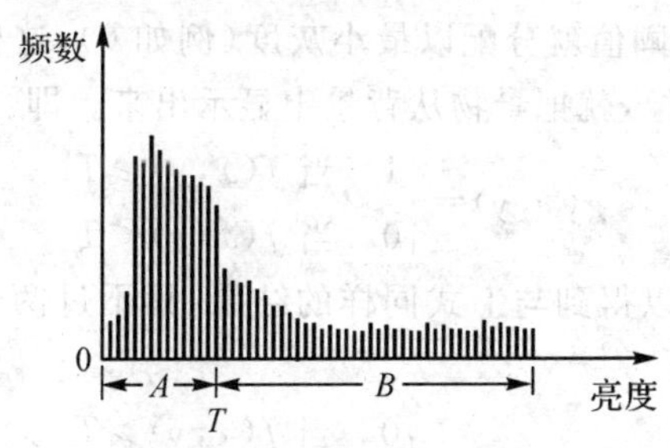

图 10.1.1　直方图及其阈值

第一步,对图像 $f(x,y)$ 中的每一行进行检测,产生的中间图像 $f_1(x,y)$ 的灰度级遵循如下原则:

$$f_1(x,y)=\begin{cases}L_E & 若\ f(x,y)和\ f(x,y-1)处在不同的灰度区间区\\ L_B & 其他\end{cases} \tag{10.1.1}$$

式中：L_E 和 L_B 分别是指定的边界和背景的灰度值。

第二步，对图像 $f(x,y)$ 中的每一列进行检测，产生的中间图像 $f_2(x,y)$ 的灰度级遵循如下原则：

$$f_2(x,y)=\begin{cases}L_E & 若\ f(x,y)和\ f(x-1,y)处在不同的灰度区间内\\ L_B & 其他\end{cases} \tag{10.1.2}$$

为了得到被阈值 T 所定义的景物和背景的边缘图像 $g(x,y)$，可用下述关系：

$$g(x,y)=\begin{cases}L_E & 若\ f_1(x,y)或\ f_2(x,y)中的任意一个等于\ L_E\\ L_B & 其他\end{cases} \tag{10.1.3}$$

上面这种灰度取阈法可以有以下各种具体形式，它适用于景物和背景占据不同的灰级范围的情况。例如，适当地选择一个阈值后，再将每一像元灰度级和它进行比较，大于或等于阈值就重新分配以最大灰度(例如 1)，小于阈值就分配以最小灰度(例如 0)，这样处理后就可以得到一个二值图像，就把景物从背景中显示出来。即：

$$g(x,y)=\begin{cases}1 & 当\ f(x,y)\geqslant T\\ 0 & 当\ f(x,y)<T\end{cases} \tag{10.1.4}$$

使用下式可以得到与上式同样的结果，只不过两者互为正负像的关系，即：

$$g(x,y)=\begin{cases}0 & 当\ f(x,y)>T\\ 1 & 当\ f(x,y)\leqslant T\end{cases} \tag{10.1.5}$$

若在图像 $f(x,y)$ 的灰度动态范围内选取一个灰度区间 $[T_1,T_2]$ 为阈值，则又可以得到下面两种二值图像，即：

$$g(x,y)=\begin{cases}1 & 当\ T_1\leqslant f(x,y)\leqslant T_2\\ 0 & 其他\end{cases} \tag{10.1.6}$$

$$g(x,y)=\begin{cases}1 & 当\ f(x,y)\leqslant T_1\ 或\ f(x,y)\geqslant T_2 \\ 0 & 其他\end{cases} \tag{10.1.7}$$

另外,还有一种所谓半阈值方法,这种方法在保留边界的前提下,还保留景物的原来图像,分割时仅把背景表示成最白或最黑。实现方法如下:

$$g(x,y)=\begin{cases}f(x,y) & 当\ f(x,y)\geqslant T \\ 0\ 或\ 256 & 其他\end{cases} \tag{10.1.8}$$

或

$$g(x,y)=\begin{cases}f(x,y) & 当\ f(x,y)\leqslant T \\ 0\ 或\ 256 & 其他\end{cases} \tag{10.1.9}$$

因此,灰度阈值法不仅可以提取景物,而且也可以提取景物的轮廓。另外,灰度阈值法和其他图像的处理方法配合使用,可以检测更为复杂的图像。例如:

(1)若图像只由黑白两种灰度级组成,其中景物是黑色的,背景为黑白相间的,但黑色景物的像元数明显比黑色背景中的像元数多时,可采用局部平均的方法先处理原图,目的是压抑背景中黑点的干扰,然后再用阈值化方法提取景物;

(2)当在均匀分布的随机灰度背景中,存在与黑白点相同几率的噪声,而且景物和背景的平均灰度级近似时,可先对图像进行局部增强(例如梯度增强或拉普拉斯运算等),然后再用滤波窗口进行平滑滤波,最后用取阈值方法处理,如此可以得到良好的效果;

(3)若已知景物的大致形状或景物灰度的空间分布时,可采用模板匹配滤波,以获得模板匹配处理后的图像。这时在匹配的位置上具有较大的灰度值,而其余的位置上则具有较小值,此时再使用阈值化方法,便可提取图像中的景物。

由于并非所有黑白图像的景物和背景都有截然不同的灰度,因此,灰度阈值的选取是否合适将严重影响图像的分割质量。当阈值选得太高(低)时,会把许多背景(景物)像元点误分为景物(背景)像元点。对于两类对象的图像,若其灰度分布的百分比已知,则可用试探的方法选取阈值，这时需掌握的原则是：只要使阈值化后图像的灰度分布百分比能达到已知的百分比数就可以了。但是这种方法不适用于非两类对象的图像，而且对于事先不知背景和景物像元点百分比的两类对象的图像也是不适用的。

那在分割中如何设置最佳阈值呢？在一定条件下，一个最佳的灰度阈值是有可能解析地求得的。设一幅图像是由两类对象（如景物和背景）ω_1 和 ω_2 组成的，灰度值 x 出现在类 ω_1 和 ω_2 中的概率密度各为 $p_1(x)$ 和 $p_2(x)$，两类概率密度曲线与灰度阈值 T 的关系如图 10.1.2 所示。

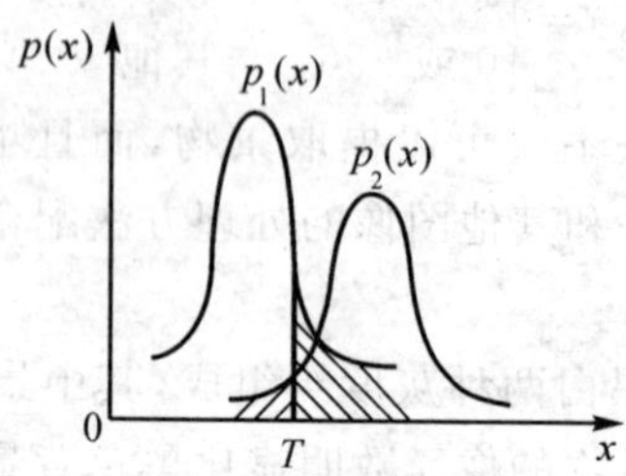

图 10.1.2　灰度概率密度曲线与灰度阈值

若在上图中按下面条件归类

$$\forall x > T, x \in \omega_2 \text{ 和 } \forall x < T, x \in \omega_1$$

则把 ω_2 类的像元误认为 ω_1 类像元的误差概率为：

$$\varepsilon_1(T) = \int_{-\infty}^{T} p_2(x)\mathrm{d}x \tag{10.1.10}$$

即图中 T 左侧的阴影线面积。而把 ω_1 类像元误认为 ω_2 类像元的误差概率为：

$$\varepsilon_2(T) = \int_{T}^{+\infty} p_1(x)\mathrm{d}x \tag{10.1.11}$$

即图中 T 右侧的阴影线面积。若两类对象出现的先验概率为 $p(\omega_1)$ 和 $p(\omega_2)$，且 $p(\omega_1)+p(\omega_2)=1$，则总误差为：

$$\varepsilon(T) = p(\omega_1)\varepsilon_1(T) + p(\omega_2)\varepsilon_2(T) \tag{10.1.12}$$

显然总误差 $\varepsilon(T)$ 最小时有最佳的阈值 T，即这时

$$\frac{\partial \varepsilon(T)}{\partial T}=0 \tag{10.1.13}$$

因为

$$\frac{\partial \varepsilon_1(T)}{\partial T}=p_2(x),\frac{\partial \varepsilon_2(T)}{\partial T}=-p_1(x)$$

因此在总误差为最小时，有：

$$p(\omega_2)p_1(x)_{x=T}=p(\omega_1)p_2(x)_{x=T} \tag{10.1.14}$$

当 $p_1(x)$ 和 $p_2(x)$ 都具有正态分布，且各自的均值和方差相应地为 μ_1,μ_2 和 σ_1^2,σ_2^2 时，则：

$$p_1(x)=\frac{1}{\sqrt{2\pi}\sigma_1}\exp\left[-\frac{(x-\mu_1)^2}{2\sigma_1^2}\right] \tag{10.1.15}$$

$$p_2(x)=\frac{1}{\sqrt{2\pi}\sigma_2}\exp\left[-\frac{(x-\mu_2)^2}{2\sigma_2^2}\right] \tag{10.1.16}$$

把(10.1.15)式和(10.1.16)式代入(10.1.14)式，并以 $x=T$ 代入(10.1.14)式，可得：

$$2\sigma_1^2\sigma_2^2\ln\left[\frac{p(\omega_1)\sigma_2}{p(\omega_2)\sigma_1}\right]=\sigma_2^2(T-\mu_1)^2-\sigma_1^2(T-\mu_2)^2 \tag{10.1.17}$$

于是，当 $p(\omega_1),p(\omega_2),\mu_1,\mu_2,\sigma_1,\sigma_2$ 已知，且 $p_1(x)$ 和 $p_2(x)$ 都具有正态分布时，便可从上式解出最佳阈值。

作为特例，若以 $p(\omega_1)=p(\omega_2)=\frac{1}{2}$ 和 $\sigma_1=\sigma_2$ 代入(10.1.17)式，则上式可简写成：

$$T=\frac{\mu_1+\mu_2}{2} \tag{10.1.18}$$

这说明当两类对象像元点各占图像一半而且具有相同的分布时，最佳阈值就是两类对象灰度分布中心的平均值。

对前述最佳阈值的获得需首先获取一些参数，但其较为复杂。下面介绍一些较简单的方法。

1. 方法一——直方图分析法

首先计算图像的直方图 $p(g)$，在直方图中找出两个局部极大值以及它们之间的极小值。在确定局部极大值时，要避免把靠近主峰的局部不规则变化误认为是不同的另一主峰，方法是限制两主峰间的距离超过某一最小值。设极大点分别为 g_l 和 g_h，而在它们之间的直方图的最小值点为 g_T。

可以用参数 K_T 进一步测定直方图双极性的强弱，从而判断所选阈值 g_T 的有效性：

$$K_T=\frac{p(g_T)}{\min[p(g_l),p(g_h)]} \tag{10.1.19}$$

当 K_T 值很小时，说明直方图谷底高和较低的峰高在数值上相差悬殊，这表明直方图有较强的双极性，因此，g_T 是一个有效的阈值。

2.方法二——曲线拟合法

在用方法一确定极大、极小值时，往往会遇到困难，原因是直方图往往很粗糙和参差不齐。此时，可以用一个二次曲线来拟合直方图的谷底部分，设该曲线方程为：

$$y=ax^2+bx+c \tag{10.1.20}$$

式中 a,b,c 为拟合系数。于是直方图的谷底极小值点可取为：

$$x=-\frac{b}{2a} \tag{10.1.21}$$

其所对应的灰度值即可作为阈值。

3.方法三——边缘增强法

由于景物边界两侧的灰度值有着明显的差异，因此可以选取景物边界两侧点的灰度直方图的谷底作为阈值，具体实现方法如下：

第一步，对每个像元点进行边缘增强（以梯度为例），即：

$$\begin{aligned}g(i,j)=\frac{1}{4}[&|f(i,j)-f(i,j-1)|+|f(i,j)-f(i,j+1)|+\\&|f(i,j)-f(i-1,j)|+|f(i,j)-f(i+1,j)|]\end{aligned} \tag{10.1.22}$$

注意：边界两侧的景物和背景点均有较高的梯度值。

第二步，将所得到的梯度图转化为二值图，即取一阈值 H，令：

$$h(i,j)=\begin{cases}1 & 若\ g(i,j)\geqslant H \\ 0 & 其他\end{cases} \tag{10.1.23}$$

第三步,用二值图像 $h(i,j)$ 乘以原图,从而组成新图 $h(i,j)f(i,j)$。事实上,这一新图是仅包含景物边界两侧点的图像,所以新图直方图双峰中间的谷底所对应的灰度,即为所求之阈值。

上述两个对象以一个阈值来划分的方法可以很容易地推广到多个对象和多个阈值的情况。在有些情况下,有时整幅图像以一个或一组阈值划分得不到理想的结果,这时可以采用把整幅图像划分为若干小块(例如,一幅 512×512 的图像可划分为 64 幅 64×64 的子图),然后各自再取阈值处理的方法。

(二)边缘检测法

这是一种基于幅度不连续性进行的分割方法。

边缘检测是采用某种算法提取灰度图像中景物与背景间的边界线的方法,对于一个独立景物来说,这一边界线是一闭合曲线,它所包围的空间即为图像平面中该景物所占据的空间(如图 10.1.3 所示)。

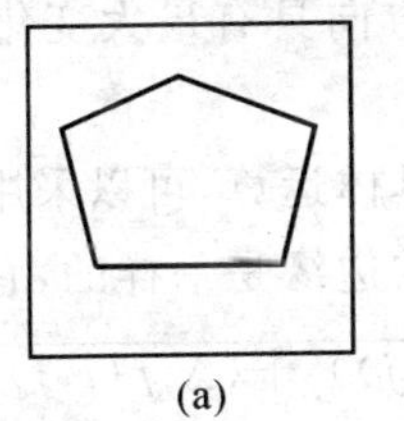

(a)

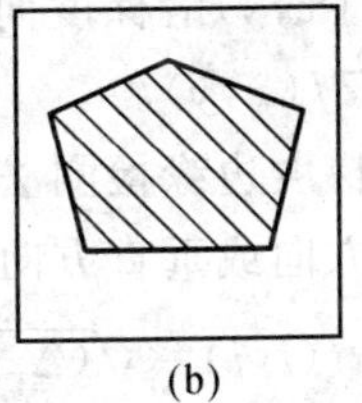

(b)

图 10.1.3　边缘检测分割

对于数字图像来说,景物边缘的几何坐标表示了景物在图像中所占据的几何位置,因此为得到无异议的坐标位置,最后提取出来的边缘应该是一条宽度为一个像元的封闭曲线,因此边缘检测常带有细化的要求。这里将介绍一些最常用和最有代表性的方法。

1. 差分边缘检测

数字图像 $f(i,j)$ 沿 x,y 和任意方向 θ(与 x 轴之夹角)的一阶差分分别为：

$$\Delta_x f(i,j)=f(i,j)-f(i-1,j) \quad (10.1.24)$$

$$\Delta_y f(i,j)=f(i,j)-f(i,j-1) \quad (10.1.25)$$

$$\Delta_\theta f(i,j)=\Delta_x f(i,j)\cos\theta+\Delta_y f(i,j)\sin\theta \quad (10.1.26)$$

处于景物边缘两侧的像元点，图像灰度将发生急剧的变化，因此有较大的差分值。而且差分是有方向性的，和边界方向垂直的差分将有最大的差分值。

2.梯度边缘检测

差分法边缘检测的缺点是具有方向性，使用起来不太方便。为此，人们想找到一种与方向无关的算子，由此，引进了与方向无关的梯度运算和拉普拉斯运算。

根据第六章所述，连续图像 $f(x,y)$ 的梯度幅度和方向分别为：

$$\nabla f(x,y)=\sqrt{(\frac{\partial f}{\partial x})^2+(\frac{\partial f}{\partial y})^2} \quad (10.1.27)$$

$$\theta=\mathrm{arctg}[(\frac{\partial f}{\partial x})/(\frac{\partial f}{\partial y})] \quad (10.1.28)$$

因此，图像函数 $f(x,y)$ 沿梯度向量方向具有最大变化率，且变化率的大小为梯度幅度 $\nabla f(x,y)$。

数字图像的梯度边缘检测法的具体运算，可以采用下列三种公式，它们对检测水平方向或垂直方向上的边缘是一样的，它们是：

$$\nabla_1 f(i,j)=\sqrt{(\Delta_x f(i,j))^2+(\Delta_y f(i,j))^2} \quad (10.1.28)$$

$$\nabla_2 f(i,j)=|\Delta_x f(i,j)|+|\Delta_y f(i,j)| \quad (10.1.29)$$

$$\nabla_3 f(i,j)=\max(|\Delta_x f(i,j)|,|\Delta_y f(i,j)|) \quad (10.1.30)$$

其中，绝对相加法((10.1.29)式)和取水平或垂直最大差分值法((10.1.30)式)的计算简单一些。注意，上面三式在当边缘为任意方向时，计算结果是不一样的。

如当 $\Delta_x f(i,j)=\Delta_y f(i,j)$，且边缘方向为 45°时，有：

$$\nabla_1 f(i,j)=\sqrt{2}\Delta_x f(i,j) \quad (10.1.31)$$

$$\nabla_2 f(i,j)=2\Delta_x f(i,j) \quad (10.1.32)$$

$$\nabla_3 f(i,j)=\Delta_x f(i,j) \tag{10.1.33}$$

可以看出，上面三种情况中，第二种情况比实际梯度大，而第三种情况比实际梯度小。

3. 拉普拉斯边缘检测

拉普拉斯法与梯度法一样也是一种各向同性的运算，对于图像的灰度变化易于检测。数字图像 $f(i,j)$ 的拉普拉斯运算为：

$$\nabla^2 f(i,j)=f(i+1,j)+f(i-1,j)+f(i,j+1)+f(i,j-1)-4f(i,j) \tag{10.1.34}$$

为避免出现负值，在用于边缘检测时常取其绝对值。

4. 统计模板边缘检测

该法是对每一像元分别使用相邻行和相邻列像元之马尔可夫相关系数组成的模板来进行检测，设 R_L 和 R_S 分别为相邻行和列像元的马尔可夫相关系数，则由其组成的检测模板矩阵 H 如下：

$$H=\begin{bmatrix} R_L R_S & -R_S(1+R_L^2) & R_L R_S \\ -R_L(1+R_S^2) & (1+R_S^2)(1+R_L^2) & -R_L(1+R_S^2) \\ R_L R_S & -R_S(1+R_L^2) & R_L R_S \end{bmatrix} \tag{10.1.35}$$

如果相邻像元完全不相关，则 $R_L=R_S=0$，统计模板无效；若相邻像元完全相关，则 $R_L=R_S=1$，此时统计模板化为下列拉普拉斯模板形式，即：

$$H=\begin{bmatrix} 1 & -2 & 1 \\ -2 & 4 & -2 \\ 1 & -2 & 1 \end{bmatrix}$$

5. 斜率差分(二阶差分)边缘检测

由于图像景物轮廓边缘处，其灰度存在激烈的变化(如图 10.1.4 中虚线所示)，所以可以根据这一特性，采用图像灰度值沿某确定方向(x，y 或其他方向)取二次差分，然后再考虑某些性质来进行边缘检测。

假如我们对图像 $f(x,y)$ 沿 x 方向取二阶差分，即：

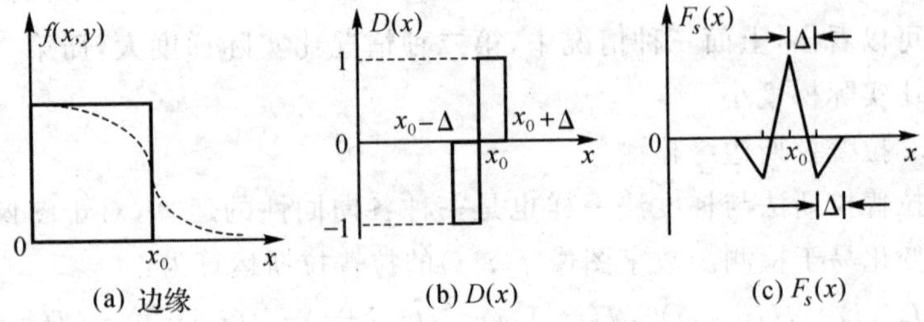

(a) 边缘　(b) $D(x)$　(c) $F_s(x)$

图 10.1.4　斜率差分边缘检测示意图

$$\nabla_x^2 f(x,y)=[f(x+\Delta,y)-f(x,y)]-[f(x,y)-f(x-\Delta,y)] \tag{10.1.36}$$

式中 Δ 为 x 变量的差分增量。为简单起见，在下面的书写中省去参变量 y，并记：

$$\begin{aligned} D(x) &= \nabla_x^2 f(x,y) \\ &= [f(x+\Delta)-f(x)]-[f(x)-f(x-\Delta)] \\ &= -2f(x)+f(x+\Delta)+f(x-\Delta) \end{aligned} \tag{10.1.37}$$

如果取

$$F_s(x)=\sum_{k=1}^{\Delta} S[D(x+k)]-\sum_{k=1}^{\Delta} S[D(x-k)] \tag{10.1.38}$$

其中，$S(z)$为符号函数，即：

$$S(z)=\begin{cases} 1 & z>0 \\ 0 & z=0 \\ -1 & z<0 \end{cases}$$

那么，对于表示边界灰度分布函数的 $f(x,y)$，在倾斜虚线斜坡的中点 x_0 处，将有 $F_s(x)$的最大值，即：

$$F_s(x_0)=\max(F_s(x)) \tag{10.1.39}$$

因此，只要求出 $F_s(x_0)$，就可以确定出边缘点了。但应注意，使用本方法时，差分增量不易取得过大，不然会减小对边缘的分辨能力（丢失相邻很近的较弱的边缘）。

6. 不等权平均梯度边缘检测

此法是在一个 3×3 的像元邻域矩阵中(见图 10.1.5),令:

$$A=(g+2f+e)-(a+2b+c) \quad (10.1.40)$$

$$B=(c+2d+e)-(a+2h+g) \quad (10.1.41)$$

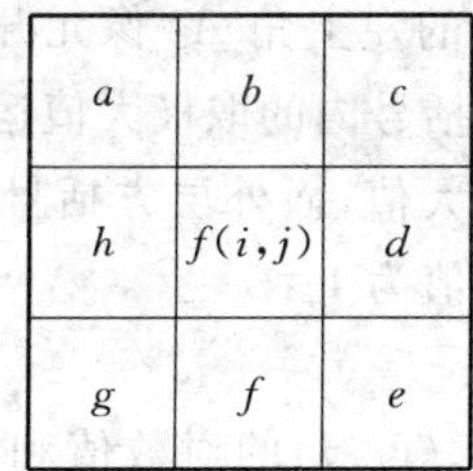

图 10.1.5　不等权平均梯度法邻域示意图

然后按下式计算数字图像 $f(i,j)$ 的梯度 $g(i,j)$,即:

$$\nabla_s f(i,j)=g(i,j)=\sqrt{A^2+B^2} \quad (10.1.42)$$

具体计算时,上式也可采用取绝对值或取 x 和 y 方向最大值的简单作法。

7. 循环平均梯度边缘检测

这种方法是对数字图像 $f(i,j)$ 的 8 个邻域像元,从左上角像元开始按顺时针方向依次循环平均求梯度。循环平均示意图见图 10.1.6,循环 8 次即可计算 8 个方向上的平均差分,从中选取最大值,这就是 $f(i,j)$ 的梯度幅度的近似值,从而达到了边缘检测的目的。但这一方法还要再对 1 和梯度幅度取极大值,处理的结果是图像背景灰度值为 1。

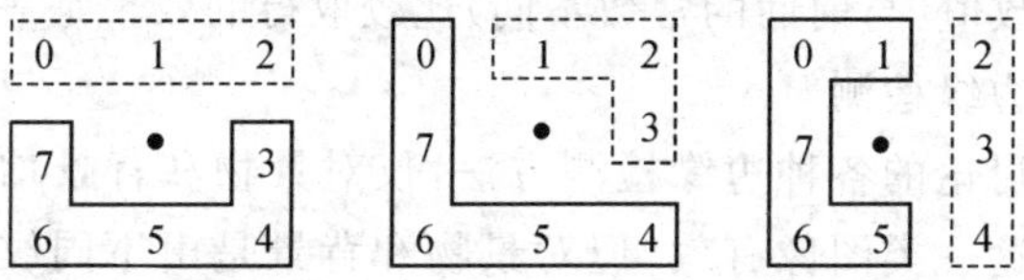

图 10.1.6　循环平均示意图

循环平均梯度边缘检测的具体做法如下。令:

$$S_k=A_k+A_{k+1}+A_{k+2} \quad (10.1.43)$$

$$T_k=A_{k+3}+A_{k+4}+A_{k+5}+A_{k+6}+A_{k+7} \quad (10.1.44)$$

式中 S_k 和 T_k 分别表示 $f(i,j)$ 的 8 个邻域像元按顺时针方向循环排列的相邻 3 个像元和 5 个像元的灰度值之和。

数字图像 $f(i,j)$ 的循环平均梯度公式如下：

$$\nabla f(i,j)=g(i,j)=\max(1,\max_{0\leqslant k\leqslant 7}(|5S_k-3T_k|)) \quad (10.1.45)$$

这一方式的计算从 $f(i,j)$ 的左上角 A_0 像元开始，并规定 A 的下标按模 8 计算。上式第二个圆括号内的取极大值运算就是计算 $f(i,j)$ 在 8 个方向上的平均差分的最大值，而外层方括号内的求极大值运算则说明图像增强后的背景灰度值为 1。

8. 对数梯度边缘检测

该方法是用数字图像 $f(i,j)$ 的对数值和其 4 个邻点灰度对数值的平均值之差来表示 $f(i,j)$ 的梯度，假如这一梯度超过某一预定的阈值，则可以认为 $f(i,j)$ 为边界点。这个公式为：

$$\nabla_G f(i,j)=g(i,j)=\lg f(i,j)-\frac{1}{4}(\lg b+\lg d+\lg f+\lg h) \quad (10.1.46)$$

式中：b,d,f,h 分别为 $f(i,j)$ 的 4 个邻域像元值，其位置见图 10.1.5。此式等价于下面的公式：

$$\nabla_D f(i,j)=g(i,j)=\frac{[f(i,j)]^4}{bdfh} \quad (10.1.47)$$

$\nabla_D f(i,j)$ 消除了对数运算，将它和某一常数值进行比较，与用 $\nabla_G f(i,j)$ 和某一常数值（与前面的常数不同）比较取得的效果是一样的。

9. 纹理边缘检测

前面所讨论的各种边缘检测方法，仅对景物和背景均具有比较均匀的灰度级这一类图像有效，但对景物和背景是由不同纹理所组成的那类图像，却不能成功地进行边缘检测。这是因为，上述所有的方法都是依据图像像元灰度突变来检测边缘的。

检测纹理边缘的基本依据是纹理之间的平均灰度级不同。一个简单的方法是，以像元 $f(i,j)$ 为中心，取一个方形域，设该方形域的宽度为 $2k+1$ 个像元，则该域内的平均灰度

$$f^{(k)}(i,j)=\frac{\sum_{l=i-k}^{i+k}\sum_{m=j-k}^{j+k}f(l,m)}{(2k+1)^2} \tag{10.1.48}$$

其水平和垂直方向的差分绝对值

$$e_h^{(k)}(i,j)=|f^{(k)}(i+k,j)-f^{(k)}(i-k-1,j)| \tag{10.1.49}$$

$$e_v^{(k)}(i,j)=|f^{(k)}(i,j+k)-f^{(k)}(i,j-k-1)| \tag{10.1.50}$$

则对应于(i,j)点的平均灰度梯度为：

$$\nabla_1^k f(i,j)=\sqrt{[e_h^{(k)}(i,j)]^2+[e_v^{(k)}(i,j)]^2} \tag{10.1.51}$$

(三)边缘(界线)跟踪

与前面讨论的分割方法不同，跟踪法并不对图像的每一像元点都独立地进行计算。在决定每一像元点是否为目标像元点(包括边缘像元点)时，将依赖于以前处理过的像元点的信息。因此，它的计算是串行的而不是并行的。它的计算通常分为两部分——先对图像像元点进行检测运算，然后再作跟踪运算。所以，它不需要对每个像元点进行相同的、复杂的运算，而只需对某些像元点重复些简单的检测运算。

跟踪方法有很多，如轮廓跟踪、光栅跟踪、全向跟踪等等，本书只介绍轮廓跟踪。

设图像是仅由黑色景物和白色背景组成的二值图像，如图 10.1.7 所示。现在我们要设法找出黑色景物的边缘轮廓。

轮廓跟踪方法如下，靠近边缘任取一个起始点，然后按如下规律进行跟踪：

(1)每次只前进一个像元；

(2)当由白区跨进黑区时，以后各步向左转，直到穿出黑区为止；

(3)当由黑区跨进白区时，以后各步向右转，直到穿出白区为止；

(4)重复(1)～(3)各步，直到环行景物一周后，回到起始点，则跟踪过的轨迹就是景物的轮廓。

由于跟踪边界的过程如同一个爬虫在爬行，因此这种方法又称为爬虫法。

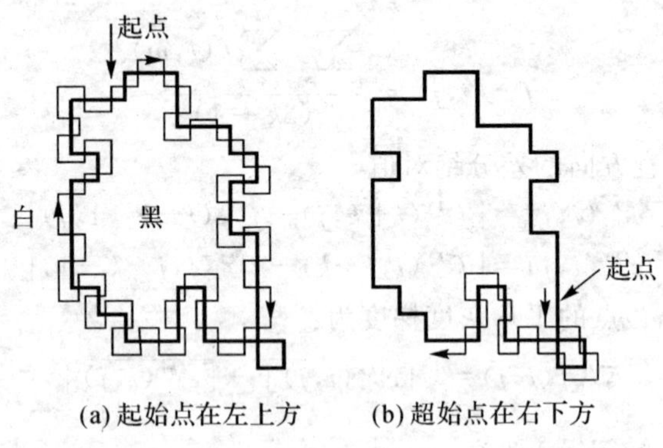

图 10.1.7　轮廓跟踪法确定目标边界

使用本方法时，有如下两点需要注意：

(1)景物的某些小凸部可能被迂回过去，如图 10.1.7(a)所示。为避免出现这种情况，应多选些起始点并取不同方向重复进行实验，然后选取相同的轨迹作为景物的轮廓。

(2)要防止“爬虫”掉入陷阱，即围绕某一区域重复跟踪爬行，回不到起点。为避免这种情况发生，可以使“爬虫”具有某种记忆能力，当发现其在重复走过的路径时，中断跟踪并重新选择起始点和跟踪方向。

二、区域相关分割技术

前面的分割是以点特性为基础的分割方法，下面将介绍一些以区域性为基础的分割方法。

(一)模板匹配

在图像增强和边缘检测中，我们已多次应用了模板匹配技术。由于它简单而又有效，因而具有广泛的应用。下面从另一个角度介绍模板匹配技术。

一个模板可看作是由各种权值所构成的。当模板中 $n \times n$ 个权值具有不同数值时，模板就具有不同的几何性质。如果把权模板中的各行按首尾相连的规则连接起来，则可得权向量为：

$$\boldsymbol{W}=[w_1,\cdots,w_n,w_{n+1},\cdots,w_{2n},\cdots,w_{nn}]^T \tag{10.1.52}$$

被权模板所覆盖的图像空间，若按同样规则连贯起来则有图像灰度向量为：

$$\boldsymbol{X}=[x_1,\cdots,x_n,x_{n+1},\cdots,x_{2n},\cdots,x_{nn}]^T \tag{10.1.53}$$

权模板对图像的卷积结果即为这两个向量的内积，它是：

$$C=\boldsymbol{W}^T\boldsymbol{X}=w_1x_1+\cdots+w_nx_n+\cdots+w_{nn}x_{nn} \tag{10.1.54}$$

当 $\boldsymbol{X}$ 为同一个区域，选择具有不同几何特征的模板结构 $\boldsymbol{W}_1,\boldsymbol{W}_2,\cdots,\boldsymbol{W}_k$，则可得到不同的卷积结果 $C_1,\cdots,C_k$，对于这些卷积结果来说，只要是：

$$C_i>C_j \qquad (j=1,2,\cdots,k,\text{且 } j\neq i) \tag{10.1.55}$$

就可以认为 $\boldsymbol{X}$ 具有与 $\boldsymbol{W}_i$ 相类似的结构特征，这样可以通过模板匹配来判定 $\boldsymbol{X}$ 中是否有边缘存在。这种匹配原则也可以用一个阈值 $\boldsymbol{T}$ 来表达，即对边缘的判断决定于：

$$C>\boldsymbol{T} \tag{10.1.56}$$

至于模板的几何结构则可以是多种形式的，可根据检测的目的不同分为点结构、线结构、梯度结构、正交结构等，如图 10.1.8 所示。

-1	-1	-1
-1	8	-1
-1	-1	-1

(a) 点结构

-1	-1	-1
2	2	2
-1	-1	-1

(b) 水平线结构

-1	2	-1
-1	2	-1
-1	2	-1

(c) 垂直线结构

图 10.1.8　不同模板结构举例

若把模板设计得更合理一些，可使匹配能更方便地进行，模板向量的模为：

$$\|\boldsymbol{W}\|=\sqrt{\sum_{i=1}^{nn}w_i^2} \tag{10.1.57}$$

像元向量的模为：

$$\|\boldsymbol{X}\| = \sqrt{\sum_{i=1}^{m} x_i^2} \tag{10.1.58}$$

则两向量的内积为：

$$C = \|\boldsymbol{W}\| \cdot \|\boldsymbol{X}\| \cdot \cos\theta \tag{10.1.59}$$

式中：θ 为向量 $\boldsymbol{W}$ 和 $\boldsymbol{X}$ 之间的夹角，当一组向量 $\boldsymbol{W}$ 具有正交归一的特性时，匹配时所比较的就只是 $\cos\theta$ 或夹角 θ 的大小。

图 10.1.9 中示出了三个正交归一的权向量 $\boldsymbol{W}_1$，$\boldsymbol{W}_2$ 和 $\boldsymbol{W}_3$ 以及 $\boldsymbol{X}$ 向量，设 $\boldsymbol{W}_1$ 和 $\boldsymbol{W}_2$ 属于几何特征 A，而 $\boldsymbol{W}_3$ 属于几何特征 B，因为：

$$\|\boldsymbol{X}\| = \sqrt{(\boldsymbol{W}_1^T\boldsymbol{X})^2 + (\boldsymbol{W}_2^T\boldsymbol{X})^2 + (\boldsymbol{W}_3^T\boldsymbol{X})^2} \tag{10.1.60}$$

$$\theta = \arccos\left[\sqrt{\sum_{i=1}^{2} |\boldsymbol{W}_i^T\boldsymbol{X}|^2} / \|\boldsymbol{X}\|\right] \tag{10.1.61}$$

$$\varphi = \arccos\left(\frac{|\boldsymbol{W}_3^T\boldsymbol{X}|}{\|\boldsymbol{X}\|}\right) \tag{10.1.62}$$

则若

$$\theta < \varphi \tag{10.1.63}$$

可以认为 $\boldsymbol{X}$ 中含有 A 的几何特征。

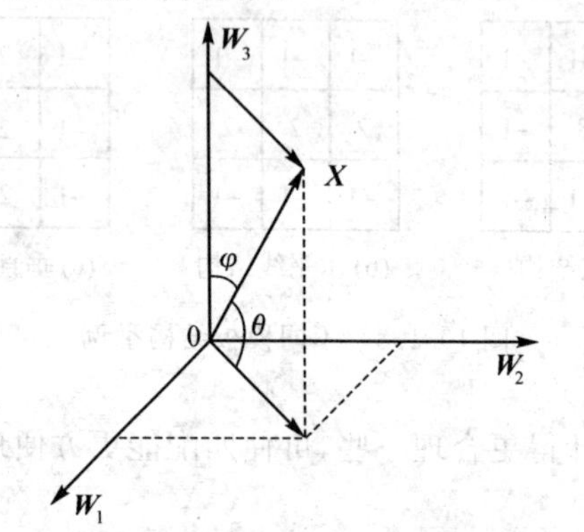

图 10.1.9 $\boldsymbol{W}$ 与 $\boldsymbol{X}$ 的向量组合

(二)区域生长(区域生成)

区域生长法是在图像中已知待分割的区域数目以及在每个区域中

某一个像元点(种子点)的位置已知的基础上的一种图像分割方法。其原理是从一个已知像元点开始,逐渐地加上与已知像元点相似的邻近像元点,从而形成一个区域。这个相似性准则可以是灰度级、彩色、结构、梯度或其他特性。相似性的测度可以由所确定的阈值来确定。区域生长的具体方法是从某一满足检测准则(种子点)的像元点开始,在各个方向上生长区域,如果其邻近像元点满足检测准则就并入小块区域中,当新的像元点被合并后再用新的区域重复这一过程,直到没有可接受的邻近点时,生长过程终止。

图 10.1.10 示出了一个简单的例子。这个例子的相似性准则是邻近像元点的灰度级与景物的平均灰度级的差小于或等于1。图像中起始像元点和被接受的像元点均用括号标出,其中,(a)是输入图像,像元点(9)作为起始像元点;(b)是第一步接受的邻近像元点;(c)是第二步接受的邻近像元点,即对第一次检测出的区域求平均值,再次进行生长;(d)是从(6)开始生成的结果。

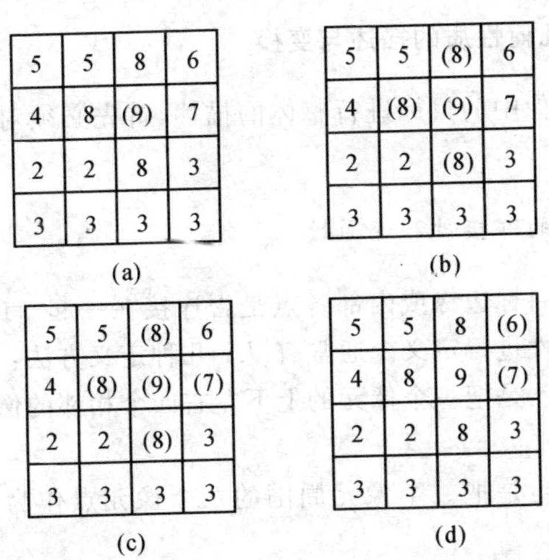

图 10.1.10　区域生长示例

当生成任意物体时,接受准则可以以结构为基础,而不是以灰度级或对比度为基础。为了把候选的小群点包含在景物中，可以检测这些小群点，而不是检测单个点，若它们的结构与景物的结构足够相似时就接受它们。

第二节　区域描述

上一节介绍了图像的分割方法，它只能把图像中具有不同平均灰度或结构特征的区域分离开，而本节区域描述是在图像分割的基础上，对图像各组成部分的性质和彼此间的关系再进行描述和说明。对图像的处理结果进行描述是非常重要的，这是对图像进行识别解译的重要环节，描述的数字化和描述的数学模式使得计算机识别有可能把描述内容和结果直接作为图像处理系统的输出。但是，目前这一领域的工作仍在继续发展着，可以相信，今后随着研究的不断深入，计算机识别的理论和方法将日趋完善。

一、简单几何性质的描述与变换

为了对图像中的目标进行整体的描述，首先必须对它的几何性质进行描述。

(一)图像的邻接性和连通性

为了判断目标边缘或内部各点是否连接在一起，首先要对像元的邻接性和连通性进行定义。通常有以下几种定义方法：

(1)四邻接：是把一个像元的上下左右四个相邻的像元点作为相连接的邻域点；

(2)八邻接：是把一个像元周围的八个像元点作为相连接的邻域点；

(3)六邻接：是在四邻接的四个像元点的基础上，再加上两个相邻的像元点构成的，六邻接一般用于六角形网格采样。设 $f(i,j)$ 为一幅数字图像，对于点 (i,j) 的六邻接的另外两点的具体加法如下：

当 i 为奇数(行)时,加 $f(i-1,j-1)$,$f(i+1,j+1)$两点;

当 i 为偶数(行)时,加 $f(i-1,j+1)$,$f(i+1,j-1)$两点。

(二)距离量度

在对像元相互关系进行描述时,常常用到它们之间的距离。假设图像中两个像元点的位置分别为(x_1,y_1)和(x_2,y_2),则它们之间的距离有以下几种定义方法:

(1)欧几里德距离:

$$d=\sqrt{(x_1-x_2)^2+(y_1-y_2)^2} \tag{10.2.1}$$

(2)绝对距离:

$$d=|x_1-x_2|+|y_1-y_2| \tag{10.2.2}$$

(3)最大距离:

$$d=\max(|x_1-x_2|,|y_1-y_2|) \tag{10.2.3}$$

(三)曲线的描述

在数字图像处理中,用链码来描述曲线是一种最容易和直观的方法。因为数字图像多是一个矩形的阵列,由每一个像元连到其邻近像元最多有八个不同的路径,当给每一路径以一个代号(如图 10.2.1 所示),于是就出现了链码,用它可以对曲线或目标轮廓进行描述。链码表示的具体做法如下:开始时选择曲线的一个端点为起始点(描述轮廓时可以从任意点开始),然后对曲线上各坐标点顺次找出其所对应的路径代号,并按顺序标注出来,最后就可以得出以数字形式表示的曲线。

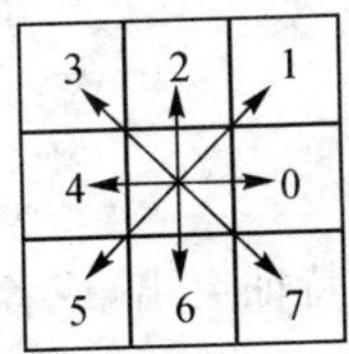

图 10.2.1　一个像元的八个可能的斜率

用链码对目标轮廓进行描述时,链码应成为一个封闭多边形,检查其封闭性的条件为:

$$n_1+n_2+n_3=n_5+n_6+n_7 \tag{10.2.4}$$

$$n_3+n_4+n_5=n_7+n_0+n_1 \tag{10.2.5}$$

式中:n_i 为 i 出现的次数,$0\leqslant i\leqslant 7$。上述两式的物理意义是很清楚的,这是指链码向上移动的步数应该等于向下移动的步数,向左移动的步数应该等于向右移动的步数。

封闭链码还可以直接用来计算其包围的面积。根据几何学的定理,设有封闭折线形成的多边形,其各顶点 $A_1,A_2,\cdots,A_n$ 的相应坐标为:

$$(x_1,y_1),(x_2,y_2),\cdots,(x_n,y_n)$$

则该多边形的面积为:

$$S_n=\frac{1}{2}\left(\begin{vmatrix}x_1 & x_2\\ y_1 & y_2\end{vmatrix}+\begin{vmatrix}x_2 & x_3\\ y_2 & y_3\end{vmatrix}+\cdots+\begin{vmatrix}x_{n-1} & x_n\\ y_{n-1} & y_n\end{vmatrix}+\begin{vmatrix}x_n & x_1\\ y_n & y_1\end{vmatrix}\right) \tag{10.2.6}$$

而且 S_n 是一个有向的面积。

由于链码与坐标之间可以建立相互转换关系,所以可通过起始点的坐标顺序地计算出其他各点的坐标,进而利用(10.2.6)式计算面积。

另外还可以对上述方法进行改造,使描述曲线的数据量更少。具体做法是用一个数字表示两个信息,一个是坐标点的斜率信息,另一个是该斜率延续了几个坐标长度。

在遥感图像处理分析中,可以用链码来跟踪检测山脉河流的走向等。

(四)扩展、收缩

为了使目标景物的形态特征突出,或者为了压缩处理数据,常常用到扩展和收缩等变换技术。

设 S 为图像中目标景物像元点的集合,且$\overline{S}$为 S 的补集(即图像中所有非目标景物点的集合)。若把和 S 相邻的$\overline{S}$中的像元点都归入 S,

则称 S 扩展了一次，记为 $S^{(1)}$；经 k 次扩展后，目标区域便记为 $S^{(k)}$。反之，若把和 $\bar{S}$ 相邻的 S 中的邻点都归入 $\bar{S}$，则称把 S 收缩了一次，记为 $S^{(-1)}$；经 k 次收缩后，目标区域记为 $S^{(-k)}$。显然，扩展和收缩后的区域都和邻接点的定义有关。

图 10.2.2 表示了一个孤点经一次和两次扩展以及由扩展后的图像再经一次两次收缩而形成孤点的情况。然而，并不是在所有的情况下，扩展和收缩都是可逆的，一般来说：

$$(S^{(-k)})^k \neq S \tag{10.2.7}$$

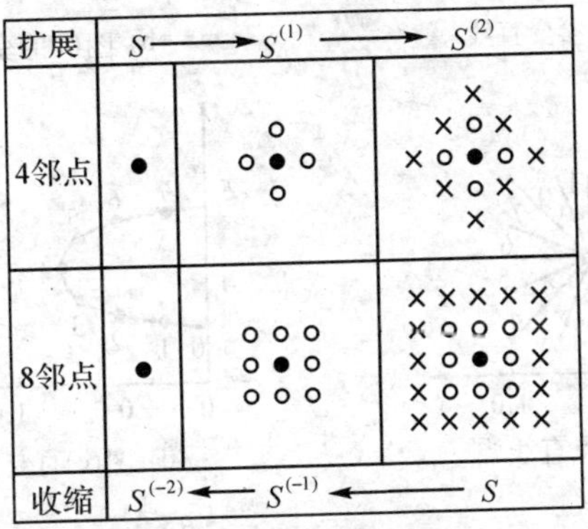

扩展	$S \longrightarrow$	$S^{(1)} \longrightarrow$	$S^{(2)}$
4邻点			
8邻点			
收缩	$S^{(-2)} \longleftarrow$	$S^{(-1)} \longleftarrow$	S

图 10.2.2　扩展和收缩示例

(五)Hough 变换

Hough 变换是对二维图像空间进行坐标变换的一种方法。由于它是将笛卡尔坐标空间的线变换为极坐标空间中的点，故又称线到点的变换(点线变换)。

对于笛卡尔坐标空间的一条直线 L，设 (x_i, y_i) 为该直线上的任意点，ρ 为原点到该直线 L 的垂直距离(其值有正有负)，θ 为直线 L 的法线与 x 轴的夹角，其变化范围是 $0\sim\pi$，则对于图 10.2.3(a)中的直线，ρ 与 θ 的关系为：

$$\rho = x_i\cos\theta + y_i\sin\theta \tag{10.2.8}$$

由(10.2.8)式可知，这种由笛卡尔平面 x-y 到极坐标平面 ρ-θ 的变换有下列性质(如图 10.2.3 所示)：

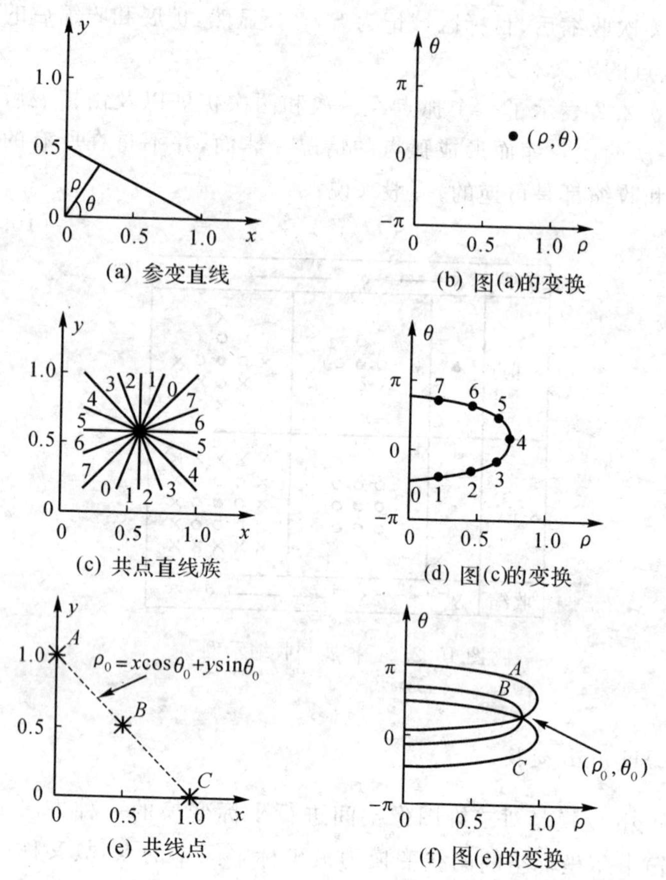

图 10.2.3 Hough 变换

(1) ρ-θ 平面上的一个点相当于 x-y 平面上的一条直线；

(2) x-y 平面上的一个点对应于 ρ-θ 平面上的一条正弦曲线；

(3)在 x-y 平面上的同一条直线上所有的点，在 ρ-θ 平面上相当于通过一个共同点的若干曲线；

(4)在 ρ-θ 平面上同一条曲线上的各个点,相当于在 x-y 平面上交于一点的若干直线。

这种点线变换可以用来描述由曲线段组成的景物的边界,从而大大减少数据量。此外,它也可用在图像中检测直线或曲线,具体方法(对图像进行 Hough 变换时,输入的图像是已经过阈值化的二值图像)是:首先将 ρ-θ 平面量化为许多小格,对于每一个点 (x_i, y_i) 代入 θ 的所有量化值,算出各个 ρ 的值,所得值(经数字化)落在某个小格内,便使该小格的计数累加器加 1。当全部 (x,y) 点变换后,对各小格进行检测,具有大计数值的小格对应于共线点,其 (ρ,θ) 可用作直线拟合参数;具有小计数值的各小格一般反映非共线点,丢弃不用。可以看出,若 ρ 和 θ 量化得过粗,则参数空间的凝聚效果差,找不出直线的准确 ρ,θ 值;反过来,若 ρ 和 θ 量化地过细,则计算量将增大。因此需要兼顾这两个方面,取合适的量化值。

一种修正的 Hough 变换还可以用于边缘点的连接。在这一修正方案中,θ 取边缘点 (x,y) 的梯度方向,ρ 是边缘点 (x,y) 由(10.2.8)式计算的值,但对 (ρ,θ) 小格的增量计数不是 1,而是增加边缘梯度幅值。于是在 (ρ,θ) 平面各小格的数值,将表示边缘的梯度幅度的增量,从而使边缘信息得到加强。

二、目标大小的描述

在图像处理过程中,经常涉及到对目标的大小进行描述,下面将介绍一些通用的描述方法。

(一)面积和积分光学密度

图像中目标景物面积的大小定义为目标景物边界所包围的像元总数,其单位是采样间隔的平方。例如对于遥感图像 TM 来说,每一像元面积经几何校正后为 30m×30m,但在不同情况下的面积量算,都要考虑经验性的订正。

积分光学密度是目标所包围的像元灰度值之和。它反映了目标的

“质量”或者“重量”，实际上是关于目标明暗程度的一种量度。

(二)长度与宽度的描述

图像中目标的长度和宽度可用它的水平方向和垂直方向的像元数来度量。然而当目标具有随机方位时，水平和垂直方向就未必是感兴趣的方向了。这就需要求出目标的主轴方向(具有最大长度和最小宽度的方向)，然后相对于目标的主轴来测量目标的长度和宽度。

当目标边缘已知时，有很多方法来确定目标的主轴。其中一种方法是通过使目标在坐标系中逐步旋转 90°来实现的(例如每次只转 3°，总计可以旋转 30 次)，每将目标旋转一次时，便沿 x，y 轴方向拟合目标的一个外切矩形，设法找出在旋转过程中的具有最小面积的拟合矩形。此时矩形的长和宽，就是目标的长度和宽度，而方向就是目标的主轴方向，参见图 10.2.4。

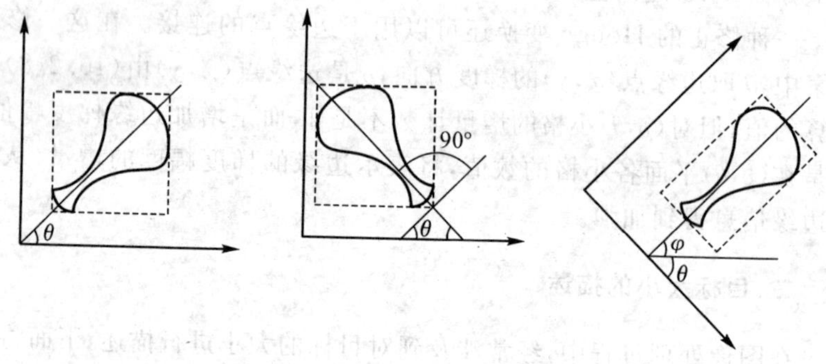

图 10.2.4　旋转法求目标长度和宽度

(三)周长(或边界长)

一般，取边缘点的数目作为其周长，这和线的长度定义是一样的。

三、形状描述

由于可以根据目标形状的不同来检测目标或对其进行分类，因此形状描述是图像分析中重要的内容之一。

(一)矩形度、圆度和投影比

可以用目标面积 A_0 和包围它的最小矩形面积 A_R 之比：

$$R=\frac{A_0}{A_R} \tag{10.2.9}$$

作为目标矩形度的一种度量参数。它的大小能够反映目标和矩形的接近程度，而且 R 值的取值范围永远在 0～1 之间。

目标周长的平方 P^2 与其面积 A 之比定义为目标之圆度 C，即：

$$C=\frac{P^2}{A} \tag{10.2.10}$$

这个参量可以描述目标形状和圆接近的程度。对于圆形目标，$C=4\pi$ 为最小值。目标形状越复杂、越粗糙，C 值越大，所以可用这个参量来描述目标的复杂程度和粗糙情况。

(二)曲线拟合

二维图像中的任何一个我们感兴趣的目标边界都是平面中的一条曲线。如果能对该曲线拟合一个函数，那么就可以用这一函数来描述该目标的边界(形状)。

设(x_i,y_i)为目标边界上的一组点$(i=0,1,\cdots,M)$，如图 10.2.5 所示。现在我们把 y 看成是 x 的函数，并找到某个拟合函数 $y=g(x)$，使得由它所确定的一组数据点$[x_i,g(x_i)]$和已知的数据点(x_i,y_i)之间有最小的误差，这样，该拟合函数 y 就可以用于描述该目标边界。显然这是一个典型的拟合问题。

由于图像目标边界多为封闭曲线，使得 x 和 y 不是单值函数关系。为了使问题简化，可以把封闭曲线分解为两条或多条具有单值关系的曲线，这时只需研究这些具有因果关系的点所组成的函数曲线如何逼近就可以了。

凡相邻点满足 $x_{i+1}\geqslant x_i$ 关系的，我们称之为因果关系，如图 10.2.5(b)所示。对于这种曲线，拟合误差将用 y 轴坐标值进行度量，

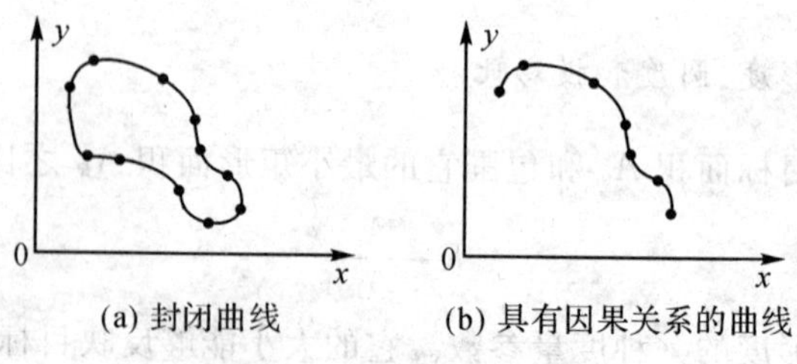

(a) 封闭曲线　(b) 具有因果关系的曲线

图 10.2.5　目标边界上的点

常用的误差量度有：

幅度误差

$$\varepsilon=\sum_{i=0}^{M}|y_i-g(x_i)| \tag{10.2.11}$$

最小二乘误差

$$\varepsilon=\sum_{i=0}^{M}[y_i-g(x_i)]^2 \tag{10.2.12}$$

峰值误差

$$\varepsilon=\max|y_i-g(x_i)| \tag{10.2.13}$$

常用的曲线拟合数学模型是分段多项式，即：

$$\hat{y}=a_0+a_1x+\cdots+a_nx^n \tag{10.2.14}$$

其中：$a_0,a_1,\cdots,a_n$ 为待定加权系数。

求待定系数一般采用使最小二乘误差最小的方法。

实际上，在最常用的线性拟合情况下，需计算的系数只有 a_0 和 a_1 两个，这样计算可大大简化。

Duda 和 Hart 提出了一种简单的分段线性曲线拟合方法——重复端点拟合法。其具体过程为：先将被拟合数据中的两个端点用直线连接起来，见图 10.2.6(a)中之 A,B 两点。然后再从其余的数据点中，找出和 A,B 垂直距离最远的点 C。如果这一距离太大，超过拟合误差，则再把 C 点作为新的分点，连接 AC,CB 两线段。以后在 AC 和 CB 中间再找出垂直距离最大的点，重复以上拟合步骤，直到所有数据点到拟合折线的最远距离均小于允许的误差为止。

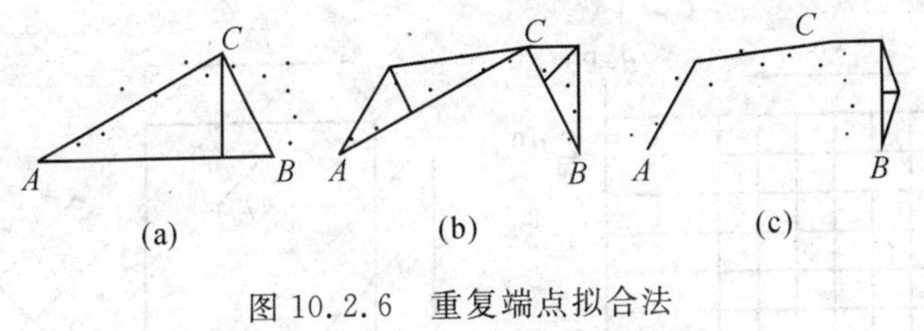

图 10.2.6　重复端点拟合法

此法的主要优点是计算简单，但噪声数据会引起拟合误差。

（三）投影与截痕

正如空间物体可以用三面投影图加以描述一样，图像目标也可以用其在某个方向上的投影来描述。

图像 $f(x,y)$ 在任意 θ 方向上的投影可以定义为该图像诸像元在该方向上对应的投影之和。根据这一定义，数字图像 $f(i,j)(i=1,2,\cdots,M-1;j=1,2,\cdots,N-1)$ 在水平和垂直方向上的投影分别为：

$$\left(\sum_{i=0}^{M-1} f(i,0),\sum_{i=0}^{M-1} f(i,1),\cdots,\sum_{i=0}^{M-1} f(i,N-1)\right)$$

和

$$\left(\sum_{j=0}^{N-1} f(0,j),\sum_{j=0}^{N-1} f(1,j),\cdots,\sum_{j=0}^{N-1} f(M-1,j)\right)$$

如图 10.2.7(a)所示，而 $f(i,j)$ 在任意方向 θ 上的投影如图 10.2.7(b)所示。

图像投影有以下用途：

(1)找目标特征。例如，若某个方向有直线存在，则在与其垂直的方向上将具有较大的投影值。在图 10.2.8 中存在两条垂直方向的线段以及在 45°和 135°方向上的两条线段，它们分别在水平、垂直以及 45°和 135°方向上都有较大的投影值。又如，当目标较为密集或者较明亮时，其在任何方向上的投影都有一段相连接的较大值或其他特征表现。

(2)目标识别。如果已经知道被寻找的目标的投影特征，就可以在未知图像中运用这一目标投影特征规律判断是否含有该种目标。

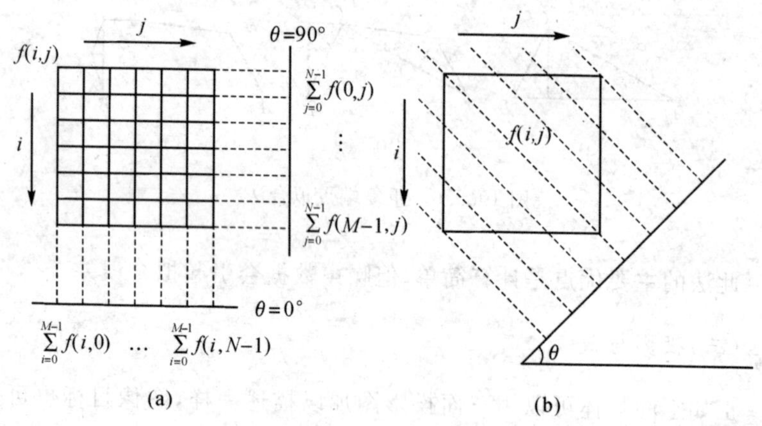

图 10.2.7 图像投影

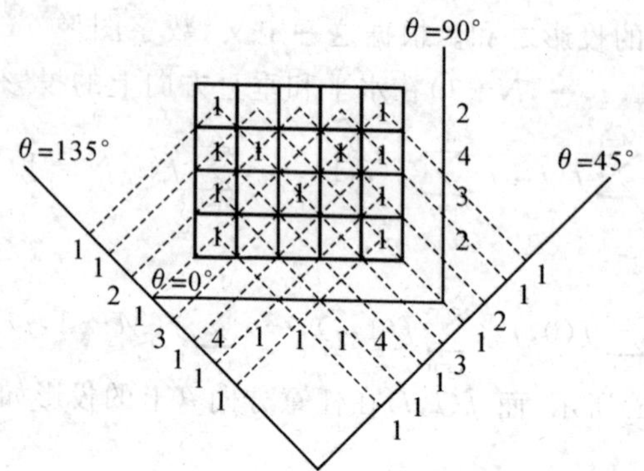

图 10.2.8 具体图像投影

与投影类似的另一种描述图像中目标方向特性的参数是截痕。当具有方向 θ 的直线穿过图像 $f(i,j)$ 时，我们定义和这一直线顺序相遇的像元灰度值所组成的序列为该直线和图像的截痕。如图 10.2.9 所示，图像和 45°及 135°线相交的截痕分别为(0;1,1;1,1,3;2,2,2;2,3,2;2,2;3)及(2;2,2;3,3,3;1,2,2;0,1,2;1,2;1)。不难看出，如果把一条直线上的截痕序列的灰度值叠加起来，就会得到目标图像在与截痕直线相垂直的方向上的投影。

截痕和投影有着相似的用途。例如图 10.2.9 中,在 45°和 135°方向上各有一个直线段。

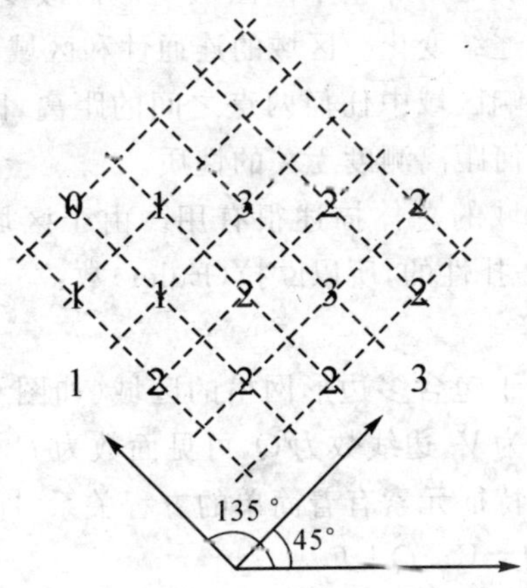

图 10.2.9 截痕示意图

又如图 10.2.10(a)所示,目标的水平截痕为(11111000;11111000;00011111;00011111),可以分析出目标是水平错位的,所以可以把它分割成为两个部分。图 10.2.10(b)中的目标的水平截痕为(11111111;11111111;00011000;00011000),其明显也由两部分组成,因此也可以分割成两部分。

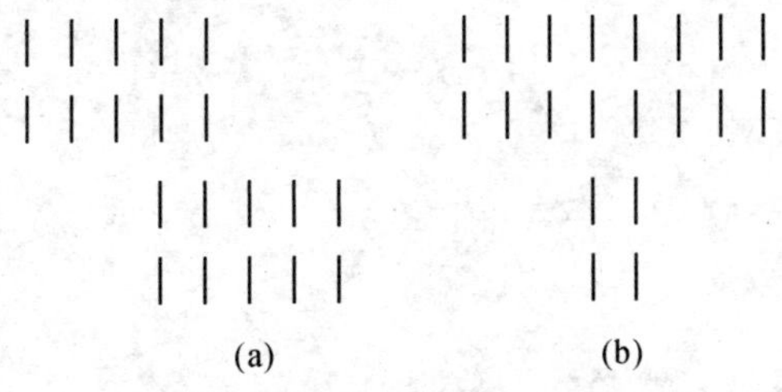

图 10.2.10 图像截痕两例

四、拓扑描述

图形的拓扑性质是指那些不因图形变形而改变的性质，也就是变形而不发生撕裂或连结变化。区域的连通性和区域中的孔洞数就是拓扑性的。变形会影响区域中任何两点之间的距离，因此拓扑性质是那些直接或间接与任何距离测度无关的性质。

拓扑性质对区域的总体描述很有用。由于区域中的连通分量 C 和孔洞数 H 都是拓扑性的，所以欧拉(Euler)数：

$$E=C-H \tag{10.2.15}$$

也是拓扑性的。对于包含多边形网格的区域(如图 10.2.11 所示)，令可见面上的顶点数为 V，边线数为 Q，可见面数为 F，则 Euler 数和组成多边形网格的上述特征元素有着简单的方程关系，即 Euler 公式：

$$E=C-H=V-Q+F \tag{10.2.16}$$

图 10.2.11 中 $V=15$，$Q=17$，$F=3$，$C=3$，$H=2$，所以 Euler 数 $E=1$。

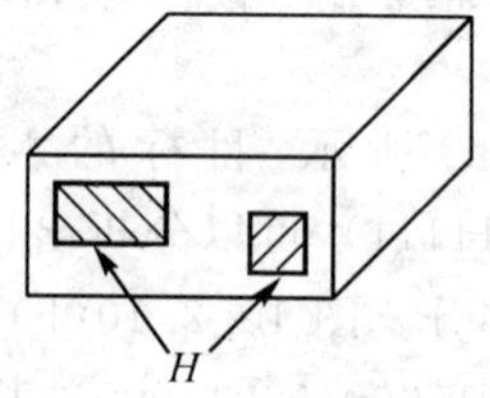

图 10.2.11　多边形网格

第十一章　纹理分析

纹理分析在计算机视觉、模式识别以及数字图像处理中起着重要的作用。纹理可以用来探测和辨别不同的物体和区域、推断物体的表面方向、研究物体的形状、辨别各种物体所具有的不同的纹理类型。因此，对图像纹理的描述、分割以及分类等，不仅是图像处理的重要理论研究课题，而且也有着广泛的应用前景。

第一节　纹理特征

一、纹理

遥感图像的分析和解译，最基本的依据就是灰度（波谱信息）及纹理（空间信息）两个方面的信息。目前用得最多的是图像的波谱信息。随着遥感图像处理的深入，仅仅使用波谱信息已经不能满足遥感应用的需要，而作为遥感图像重要信息之一的空间信息的提取和分析，在遥感图像分类识别中呈现出了举足轻重的作用。例如，在地质上，岩石由于受其他因素（如含水性等）的影响，使得其波谱信息非常复杂，规律性较差，而纹理主要反映岩石的影纹结构以及岩石表面的粗糙度，与岩石的类型密切相关，因而用纹理信息辅助岩石识别有重要的意义。

纹理（又称结构）反映的是亮度（灰度）的空间变化情况，有三个主要标志：

（1）某种局部的序列性在比该序列更大的区域内不断重复；

（2）序列是由基本部分非随机排列组成的；

（3）各部分大致都是均匀的统一体，在纹理区域内的任何地方都有大致相同的结构尺寸。

这个序列的基本部分通常被称为纹理基元。因此,也可以认为纹理是由纹理基元按某种确定性的规律或者某种统计规律排列组成的,前者称为确定性纹理(如人工纹理),后者则称为随机性纹理(如自然纹理)。

事实上,对于确定性纹理,它的基元及重复性也只能是相似的,而并不要求完全相同,因此,Goold 等人给纹理以更为模糊的定义,即纹理是由大量或多或少有序的相似基元或模式组成的一种结构,这些基元或模式中没有一个特别引人注目。

纹理在图像中表现为平滑性、均一性、粗糙性和不同的复杂程度,以及纹理基元或灰度空间组合在一个区域内重复出现的特征(如频率、方向性、强弱程度等)。显然,粗糙度是与局部灰度变化的空间重复周期长短有关的,长周期和低频率相当于粗纹理,而短周期的起伏变化相当于细纹理。

二、纹理信息提取

目视解释虽然可以人工识别各种不同的纹理特征,但一般没有定量的标准,很难形成统一的尺度。为了能够用计算机进行纹理分析和形成统一的尺度,需将纹理进行量化,定量的纹理信息不能由遥感图像数据直接得到,必须经过图像处理方法进行抽取。从原图像中相邻像元的空间变化特征及组合情况通过各种运算得出反映纹理信息的定量数据,形成纹理变量或纹理图像,以便于分析和解译,是纹理分析或纹理信息提取的主要目的。很多情况下,纹理变量可以用于图像的分类,把波谱信息和纹理信息结合起来进行图像分类可以取得更好的效果。

归纳起来,对纹理分析的方法有两种:一是统计纹理分析法;一是结构纹理分类法。由于地物的组成、空间分布的复杂性和多样化,使得遥感图像的纹理不具有象布匹花纹那样规则不变的局部模式和简单的周期重复,其纹理信息及重复往往只有统计学上的意义,这使得结构分析方法在遥感图像中的应用效果不佳,所以遥感图像纹理分析方法常采用的是统计纹理分析方法。

描述纹理的参量有很多，如纹理的强度、纹理的密度、纹理的方向以及纹理的粗糙程度等。另外，计算纹理要选择窗口，仅一个点是无纹理可言的，所以纹理是二维的。下面将分别介绍常用的统计纹理分析方法。

第二节　空间自相关函数法

纹理常用地物表面结构的粗糙程度来描述，粗糙性是纹理的一个重要特征。下面介绍用空间自相关函数来描述纹理的粗糙程度。

一、图像自相关函数纹理测度

不难想象，纹理和纹理基元的空间尺寸有关，大尺寸的纹理基元对应较粗的纹理，而小尺寸的纹理基元将对应较细的纹理。由于纹理是由纹理基元在空间的重复排列组成的，因此，自相关函数将能指示纹理基元的尺寸特征。如果纹理基元较大，则自相关函数随相关距离增大而缓慢下降；如果纹理基元较小，则自相关函数随相关距离的增大而迅速下降。

用空间自相关函数作为纹理测度的方法如下：设图像为 $f(x_i, y_i)$，i 和 j 取值分别为 $0\sim M-1$ 和 $0\sim N-1$，则自相关函数定义如下：

$$r(\varepsilon,\eta)=\left[\sum_{i=0}^{M-1}\sum_{j=0}^{N-1}f(x_i,y_j)f(x_i+\varepsilon,y_j+\eta)\right]\Big/\sum_{i=0}^{M-1}\sum_{j=0}^{N-1}[f(x_i,y_j)]^2 \tag{11.2.1}$$

式中：ε 为常数，表示纵坐标方向的移动步长；

η 为常数，表示横坐标方向的移动步长；

$r(\varepsilon,\eta)$为自相关系数。

另外，在(11.2.1)式的计算过程中，当图像横纵坐标的取值范围超过原图像范围时均取为零值。

由(11.2.1)式易知，当 $\varepsilon=0$ 和 $\eta=0$ 时，$r(\varepsilon,\eta)=1$ 为最大值；对于

ε 和 η 的其他取值，$0 \leqslant r(\varepsilon,\eta) \leqslant 1$。

当 ε,η 变化时，可以画出图像的自相关函数随 $d=\sqrt{\varepsilon^2+\eta^2}$ 变化的曲线，并可以通过它来描述一幅图像的粗糙度特征。通常，粗纹理的自相关函数随 d 变化的曲线的下降速度缓慢，而细纹理下降速度较快。

当 ε,η 不变（即 d 固定）时，图像中的粗纹理的自相关系数比细纹理的自相关系数大。

以上分析说明，自相关函数能够表示纹理的粗糙程度。

纹理的粗糙度特征可用于图像的识别。具体步骤如下：

第一步，训练样本自相关函数的确定。首先确定待分类图像的分类类别数及对应于各类别的训练场地，然后利用训练场地的训练样本计算各类别的自相关函数。

第二步，对图像未知区进行识别。首先计算图像各个未知类别区域的自相关函数，然后将它与各类别训练样本的自相关函数进行逐一比较，并将未知区域归并到最相近的类中去。

二、局部自相关函数分析

如果 d 固定，并且(11.2.1)式的计算是对图像的某一个局部区域（窗口）进行的，那么这种自相关函数分析即称为局部自相关函数分析。

在局部自相关函数分析时，如果图像的纹理粗糙度发生变化，那么随着窗口的移动，所构成的自相关图像的像元值必然要发生变化，因而局部自相关图像可以表征纹理的粗糙程度。

在进行遥感图像局部自相关函数分析时，关键的问题是 d 值与窗口大小的确定。确定 d 值可以先选择一系列从小到大的 d，计算各个 d 值所对应的自相关图像，然后选择比较清晰的自相关图像所对应的 d 值。窗口一般选用正方形区域，其大小也可用确定 d 的方法。

另外，局部自相关函数分析根据窗口移动方式的不同可分为：非重叠窗口法和重叠窗口法。非重叠窗口法是窗口在图像中滑动时，后一个正方形窗口与前一个正方形窗口互不重叠；重叠窗口法是窗口在图像中滑动时，后一个正方形窗口与前一个正方形窗口有部分重叠。由于前者计算出来的自相关图像往往降低了原始图像的空间分辨率，使自相关图像与其他变量图像在空间上不匹配，因而遥感图像自相关函数分析一般采用重叠窗口法。

第三节　傅立叶功率谱法

该方法是把傅立叶变换的功率谱作为图像纹理的测度。由傅立叶变换可知，遥感图像中变化较快的细小特征（即细纹理）对应于频率域的高频成分；而变化较慢的粗大特征（粗纹理）对应于频率域的低频成分。因此图像频率域的频率成分及频率方向能够反映图像纹理的粗糙程度以及纹理密度与方向的变化，即频率也是图像纹理的一种测度。由于傅立叶变换的频率图像可由其功率谱来反映，所以功率谱可以作为描述纹理的一种测度，并且可以通过对功率谱进行方向滤波提取反映纹理信息的功率谱的二次特征信息。

设图像为 $f(x,y)$，其傅立叶变换为 $F(u,v)$，功率谱为 $|F(u,v)|^2$，且傅立叶变换和功率谱的极坐标形式分别为 $F(r,\theta)$ 和 $|F(r,\theta)|^2$，则通过对频率域进行滤波处理可以有如下作用：

1. 反映粗糙程度

如图 11.3.1(a)所示，考虑距原点为 r 的圆上的能量为：

$$\varphi_r = \int_0^{2\pi} [F(r,\theta)]^2 \mathrm{d}\theta \qquad (11.3.1)$$

由式(11.3.1)可以得到能量随半径 r 的变化曲线如图 11.3.1(b)所示。对实际纹理图像的研究表明，在纹理较粗的情况下，能量多集中在离原点近的范围内，如图中曲线 A 那样；而在纹理较细的情况下，能量分散在离原点较远的范围内，如图中曲线 B 所示。由此可总结出如下分析规律：如果 r 较小，φ_r 必然很大；而 r 很大时，φ_r 反而较小，说明纹理是粗糙的；反之，如果 r 变化对 φ 的影响不是很大，则纹理是比较细的。

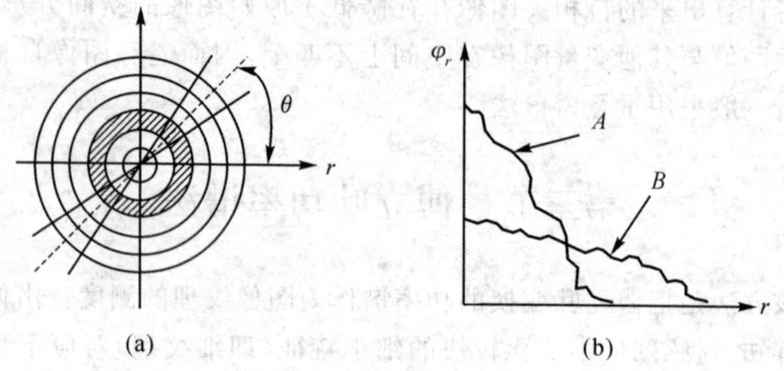

图 11.3.1　图像纹理的功率谱分析

2. 反映纹理方向

如图 11.3.1(a)所示，研究某个 θ 方向上的能量，这个能量随角度变化的规律可由下式求出：

$$\varphi_\theta = \int_0^\infty [F(r,\theta)]^2 \mathrm{d}r \qquad (11.3.2)$$

当某一图像多沿 θ 方向的线、边缘等存在时，则在频率域内沿 $\theta + \pi/2$，即与 θ 角方向成直角的方向上，能量集中出现。如果纹理不表现出方向性，则功率谱也不呈现方向性。因此，$|F|^2$ 值可以反映纹理的方向性。

应指出，除傅立叶变换外，其他正交变换如 K-L 变换、沃尔什变换以及哈达玛变换等也可以用于纹理特征描述，其道理和功率谱类似。

第四节　灰度联合概率矩阵法

灰度联合概率矩阵法(灰度共生概率矩阵法)是对图像所有像元进行统计调查，以便描述其灰度分布的一种方法。

在图像中任意取一点 (x,y) 及偏离它的另一点 $(x+a,y+b)$，设该点对的灰度值为 (f_1,f_2)。再令点 (x,y) 在整幅图像上移动，则会得到各种 (f_1,f_2) 值，设灰度值的级数为 k，则 f_1 与 f_2 的组合共有 k^2 种。

对于整幅图像，统计出每一种(f_1,f_2)值出现的频数，然后排列成一个方阵，再用(f_1,f_2)出现的总次数将它们归一化为出现的概率$P(f_1,f_2)$，则称这样的方阵为灰度联合概率矩阵。

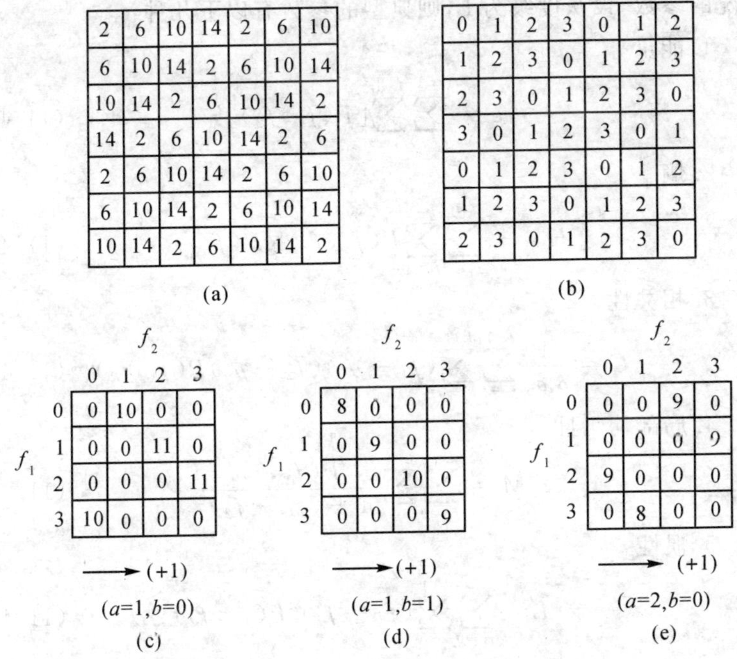

(a)

2	6	10	14	2	6	10
6	10	14	2	6	10	14
10	14	2	6	10	14	2
14	2	6	10	14	2	6
2	6	10	14	2	6	10
6	10	14	2	6	10	14
10	14	2	6	10	14	2

(b)

0	1	2	3	0	1	2
1	2	3	0	1	2	3
2	3	0	1	2	3	0
3	0	1	2	3	0	1
0	1	2	3	0	1	2
1	2	3	0	1	2	3
2	3	0	1	2	3	0

(c) $(a=1,b=0)$，→ (+1)

f_1 \ f_2	0	1	2	3
0	0	10	0	0
1	0	0	11	0
2	0	0	0	11
3	10	0	0	0

(d) $(a=1,b=1)$，→ (+1)

f_1 \ f_2	0	1	2	3
0	8	0	0	0
1	0	9	0	0
2	0	0	10	0
3	0	0	0	9

(e) $(a=2,b=0)$，→ (+1)

f_1 \ f_2	0	1	2	3
0	0	0	9	0
1	0	0	0	9
2	9	0	0	0
3	0	8	0	0

图 11.4.1 灰度联合矩阵计算示例

图 11.4.1 为一个示意的简单例子。图(a)为原图像，灰度级为 16 级，为使灰度联合概率矩阵简单些，首先将灰度级数减为 4 级。这样图(a)变为图(b)的形式。(f_1,f_2)取值范围为[0,3]。由此，将(f_1,f_2)各种组合出现的次数排列起来，就可得到(c)～(e)图所示的灰度联合概率矩阵。由此可见，距离差分值(a,b)取不同的数值组合，可以得到不同情况下的灰度联合概率矩阵。a 和 b 的取值要根据纹理周期分布的特性来选择，对于较细的纹理，选取(1,0)，(1,1)，(2,0)等这样小的差分值是有必要的。当 a,b 取值较小时，对应于变化缓慢的纹理图像，其

灰度联合概率矩阵对角线上的数值较大，而纹理的变化越快，则对角线上的数值越小，而对角线两侧上的元素值增大。

为了能描述纹理特征，有必要选取能综合表现灰度联合概率矩阵状况的参数，设灰度级为 L，则典型的参数有以下几种：

1. 能量

$$\varepsilon = \sum_{f_1=0}^{L-1}\sum_{f_2=0}^{L-1}[P(f_1,f_2)]^2 \tag{11.4.1}$$

2. 熵

$$H = -\sum_{f_1=0}^{L-1}\sum_{f_2=0}^{L-1}P(f_1,f_2)\lg P(f_1,f_2) \tag{11.4.2}$$

3. 相关性

$$C = \frac{1}{\sigma_x\sigma_y}\sum_{f_1=0}^{L-1}\sum_{f_2=0}^{L-1}(f_1-\mu_x)(f_2-\mu_y)P(f_1,f_2) \tag{11.4.3}$$

4. 局部均匀性

$$M = \sum_{f_1=0}^{L-1}\sum_{f_2=0}^{L-1}\frac{P(f_1,f_2)}{1+(f_1-f_2)^2} \tag{11.4.4}$$

5. 惯性

$$I = \sum_{f_1=0}^{L-1}\sum_{f_2=0}^{L-1}(f_1-f_2)^2P(f_1,f_2) \tag{11.4.5}$$

其中：$\mu_x = \sum_{f_1=0}^{L-1}f_1\sum_{f_2=0}^{L-1}P(f_1,f_2)$；

$\mu_y = \sum_{f_2=0}^{L-1}f_2\sum_{f_1=0}^{L-1}P(f_1,f_2)$；

$\sigma_x^2 = \sum_{f_1=0}^{L-1}(f_1-\mu_x)^2\sum_{f_2=0}^{L-1}P(f_1,f_2)$；

$\sigma_y^2 = \sum_{f_2=0}^{L-1}(f_2-\mu_y)^2\sum_{f_1=0}^{L-1}P(f_1,f_2)$。

Haralick 等人用上述方法对 170 张图像抽取了纹理特征，准确分类率达 82.3%。例如，对两幅大小为 64×64、灰度级数为 16 的草地和水体图像，当 $\sqrt{a^2+b^2}=1$ 且使各点对 (x,y) 和 $(x+a,y+b)$ 满足水平、45°、垂直、135°时，计算的结果见表 11.4.1。

表 11.4.1

	草地			水体		
水平	0.0128	0.8075	3.048	0.1016	0.7254	2.153
45°	0.0080	0.6366	4.011	0.0771	0.4768	3.057
垂直	0.0070	0.5987	4.014	0.0762	0.4646	3.113
135°	0.0064	0.4610	4.709	0.0741	0.4650	3.129
平均	0.0087	0.6259	3.945	0.0822	0.5327	2.863

表中对比度计算如下：

$$\sum_{n=0}^{L-1} n\Big[\sum_{\substack{f_1=0 \\ |f_1-f_2|=n}}^{L-1} \sum_{f_2=0}^{L-1} P(f_1,f_2)\Big]$$

由上表可见，用这些纹理特征就能区分出不同的地物。

灰度联合概率矩阵实际上就是二像元点的联合直方图。若图像为细而不规则的纹理，则成对像元点的二维直方图倾向于均匀分布；若是粗而规则的纹理，则倾向于作对角分布。

由于遥感图像的灰度级一般较大(一般为 256 级)，为了提高计算速度应适当压缩，一般取 $L=8$ 或 $L=16$。

第五节 灰度差分统计法

灰度是电磁波辐射能量大小的反映，灰度的差分反映了电磁波辐射能量变化的速率。因此，图像的纹理特征除了可用灰度本身来描述外，还可以用灰度的变化速率来描述。

设 (x,y) 为图像中的一点，该点与和它只有微小距离的点 $(x+\Delta x,y+\Delta y)$ 的灰度差值为：

$$f_{\Delta}(x,y)=f(x,y)-f(x+\Delta,y+\Delta) \tag{11.5.1}$$

称 f_Δ 为灰度差分。设灰度差分值的所有可能取值共有 m 级，令点 (x,y) 在整幅图像上移动，统计出 $f_\Delta(x,y)$ 取各个数值的频数，由此可以做出 $f_\Delta(x,y)$ 的直方图。由直方图可以知道 $f_\Delta(x,y)$ 取值的概率 $P_\Delta(i)$。

当取较小 i 值的概率 P_Δ 较大时，说明纹理较粗糙；概率较平坦时，说明纹理较细。一般采用下列参量来描述图像的纹理特征：

1. 对比度

$$CON = \sum_{i=0}^{m-1} i^2 P_\Delta(i) \tag{11.5.2}$$

2. 角度方向二阶矩

$$ASM = \sum_{i=0}^{m-1} [P_\Delta(i)]^2 \tag{11.5.3}$$

3. 熵

$$H = -\sum_{i=0}^{m-1} P_\Delta(i) \lg P_\Delta(i) \tag{11.5.4}$$

4. 平均值

$$MEAN = \frac{1}{m}\sum_{i=0}^{m-1} i P_\Delta(i) \tag{11.5.5}$$

在上述各式中，$P_\Delta(i)$ 较平坦时，ASM 较小，H 较大，$P_\Delta(i)$ 越分布在原点附近，则 $MEAN$ 值越小。

第六节　灰度行程长度统计法

设图像中像元点 (x,y) 的灰度值为 f，与其相邻的像元点的灰度值可能也为 f。统计从任意像元点出发，沿 θ 方向上，连续 n 个像元点都具有灰度值 f 这种情况发生的概率，记为 $P(f,n)$。在某一方向上具有相同灰度值的像元个数称为行程长度(run length)。由 $P(f,n)$ 可以引出一些能够较好地描述图像纹理特征的参数。设 N_f 为灰度级数，N_r 是行程数。则：

1. 强调短行程的逆矩

$$\left[\sum_{i=0}^{N_f-1}\sum_{j=0}^{N_r-1}\frac{P(i,j)}{j^2}\right]\Big/\sum_{i=0}^{N_f-1}\sum_{j=0}^{N_r-1}P(i,j) \tag{11.6.1}$$

2. 强调长行程的矩

$$\left[\sum_{i=0}^{N_f-1}\sum_{j=0}^{N_r-1}j^2P(i,j)\right]\Big/\sum_{i=0}^{N_f-1}\sum_{j=0}^{N_r-1}P(i,j) \tag{11.6.2}$$

3. 灰度级非均匀性

$$\left[\sum_{i=0}^{N_f-1}\left[\sum_{j=0}^{N_r-1}P(i,j)\right]^2\right]\Big/\sum_{i=0}^{N_f-1}\sum_{j=0}^{N_r-1}P(i,j) \tag{11.6.3}$$

4. 行程长度非均匀性

$$\left[\sum_{j=0}^{N_r-1}\left[\sum_{i=0}^{N_f-1}P(i,j)\right]^2\right]\Big/\sum_{i=0}^{N_f-1}\sum_{j=0}^{N_r-1}P(i,j) \tag{11.6.4}$$

5. 以行程表示的图像分数

$$\left[\sum_{i=0}^{N_f-1}\sum_{j=0}^{N_r-1}P(i,j)\right]\Big/\sum_{i=0}^{N_f-1}\sum_{j=0}^{N_r-1}\left[jP(i,j)\right] \tag{11.6.5}$$

第七节　基于边缘信息的纹理特征提取算法

基于灰度共生矩阵的纹理特征都是基于窗口图像而得到的，而窗口的大小很难根据图像上的内容来自动确定。窗口太大，区分细纹理的能力变弱，窗口太小，纹理特征的随机性增大，并且所提取特征在纹理区域交界处的局部化程度随窗口的大小而变化，窗口越大，纹理特征的边界局部化能力越弱。由于纹理特征主要表现在边缘等高频信息上，因此边缘信息对描述纹理是十分重要的。为了克服基于窗口的纹理特征的不足，应采用基于边缘信息的纹理特征提取算法。下面将介绍 Envelop 算法，其边缘信息是采用小波包变换的方法得到的。一维 Envelop 算法描述如下。

对于一维信号，寻找其上任意相邻两个边缘点(对应于小波变换模值为局部极大值的点)之间的小波变换模值的最大值，并把它作为这两个边缘点之间的所有点的纹理特征值。图 11.7.1 为一维信号及其小波变换和相应的纹理特征。

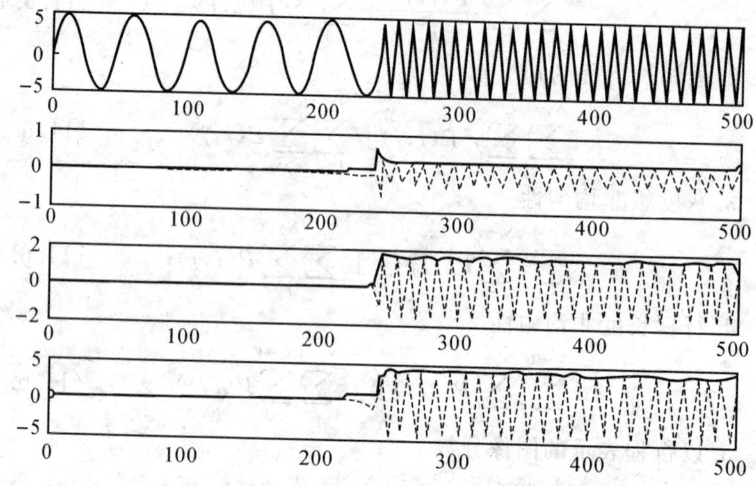

图 11.7.1　一维信号及其小波变换和相应的纹理特征

(第 1 行为原始信号,第 2～4 行为不同分辨率上的小波变换和相应的 Envelop 特征,虚线为小波变换系数,实线为 Envelop 特征值)

对于二维图像经小波包分解后所得到的高频子图像,其上的高频信息具有明显的方向性,因此可以直接将一维 Envelop 算法应用于二维图像,算法如下。

Envelop_2D(wh,wv,wd)

wh:用高通滤波器对列、低通滤波器对行作用所得到的水平边缘图像。

wv:用高通滤波器对行、低通滤波器对列作用所得到的垂直边缘图像。

wd:用高通滤波器对行、高通滤波器对列作用所得到的斜方向的边缘图像。

Begin

对 wh 的每一列实施一维 Envelop 算法。

对 wv 的每一行实施一维 Envelop 算法。

对 wd 的每一列实施一维 Envelop 算法。

End

这样通过对原始影像实施小波包分解,然后在每个高频通道上用 Envelop 2D 算法提取纹理特征,再将其量化为 8bit 的图像,就可以得到纹理图像的多分辨率、多方向性的纹理特征表示。基于 Envelop 算法的纹理特征,在纹理区域内部具有较好的一致性,在各类纹理区域交界处的局部化程度较高,这种基于边缘的纹理特征对纹理图像上的内容有较好的适应性。该算法另一优点是纹理特征的计算量也较小。

利用小波包算法进行边缘检测,可以得到多尺度、多方向性的高频边缘图像,在此基础上利用 Envelop 算法可以得到多尺度、多方向性的纹理特征图像,这是采用小波包算法进行图像边缘检测的主要原因。

第八节　其他几种方法

除前几述的几种纹理统计分析方法外,还有一些其他方法。

一、最大最小值法

设(x,y)为数字图像中的任意像元点,最大最小值法是计算以像元(i,j)为中心的窗口$(2k+1)\times(2k+1)$内的灰度最大值与最小值的差值,并把它作为窗口中心的纹理统计值。即:

$$D(x,y)=\max_{\substack{x-k\leqslant i,\\ j\leqslant x+k}}[f(i,j)]-\min_{\substack{x-k\leqslant i,\\ j\leqslant x+k}}[f(i,j)] \qquad (11.8.1)$$

该方法统计的是纹理的强度,窗口大小决定了被检测的纹理尺度,而且该方法也可以按方向进行。

二、方差法

方差法的实质是把$(2k+1)\times(2k+1)$窗口内的灰度方差作为窗口中心的纹理特征统计值。即:

$$D(x,y)=\sum_{i=x-k}^{x+k}\sum_{j=y-k}^{y+k}[f(i,j)-\mu]^2 \qquad (11.8.2)$$

式中：μ 为窗口内灰度平均值。

该方法主要反映的也是纹理强度信息。

三、绝对差法

绝对差法是把$(2k+1)\times(2k+1)$窗口内的每个像元灰度值与窗口内的灰度平均值的绝对差值的和，定义为窗口中心的纹理特征统计值。即：

$$D(x,y)=\sum_{i=x-k}^{x+k}\sum_{j=y-k}^{y+k}|f(i,j)-\mu| \qquad (11.8.3)$$

式中：μ 为窗口内的灰度平均值。

该方法主要反映的也是纹理强度信息。

四、信息熵法

信息熵法是把$(2k+1)\times(2k+1)$窗口内每个像元的灰度值百分比熵的和作为窗口中心的纹理特征统计值。即：

$$H(x,y)=-\sum_{i=x-k}^{x+k}\sum_{j=y-k}^{y+k}P_{ij}\lg P_{ij} \qquad (11.8.4)$$

式中：$P_{ij}=f(i,j)/\sum_{w=x-k}^{x+k}\sum_{l=y-k}^{y+k}f(w,l)$，这里 $f(i,j)$ 为原始图像的灰度值。

该方法主要反映的是灰度变化速度。

五、高斯滤波差值法

该方法的实质是一种模板运算，模板元素值的计算公式为：

$$W(i,j)=\frac{1}{\sigma}\exp\left[-\frac{(i-i_0)^2+(j-j_0)^2}{2\sigma^2}\right] \qquad (11.8.5)$$

式中：$W(i,j)$为模板(i,j)处的元素值；

(i_0,j_0)为模板中心坐标；

σ 为标准偏差，用于控制模板的作用宽度。

具体实现时，是用两个不同的 σ 模板对原始图像进行处理，把二者的差值图像作为纹理统计值。

在该法中，σ 往往控制着被检测出的纹理尺度，两个 σ 相差越大，检测出的纹理也就越大。该法的最大优点是能检测出尺度较小的纹理。

六、纹理长度法及相对梯度法

纹理长度法是对于给定的阈值 T，统计局部窗口内像元灰度值大于阈值 T 的像元数，以此作为窗口中心点的纹理统计值。若对图像按水平和垂直方向统计，就可以分别得到水平和垂直方向的纹理特征。阈值的大小取原图像相邻像元的绝对差平均值的 1～3 倍。

相对梯度法是把像元 (i,j) 的某一方向（水平、垂直、45°和 135°等）上前后两像元灰度值的差值除以像元 (i,j) 的灰度值所得到的值作为像元 (i,j) 的纹理统计值。

纹理长度法统计的是图像的纹理密度，一般只有分类意义。相对梯度法实质上与遥感数字图像处理中常用的和差比值法相类似，这在很大程度上是增强了图像的边缘信息。

七、线性预测系数法

该方法是将某像元点 (i,j) 的灰度 f_{ij} 由相邻接的 8 个像元点的灰度值来预测，令 f_{ij} 的预测值为 $\hat{f}_{ij}$。即：

$$\begin{aligned}\hat{f}_{ij} = {} & a_1 f_{i-1,j-1} + a_2 f_{i-1,j} + a_3 f_{i-1,j+1} + a_4 f_{i,j-1} + \\ & a_5 f_{i,j+1} + a_6 f_{i+1,j-1} + a_7 f_{i+1,j} + a_8 f_{i+1,j+1}\end{aligned} \tag{11.8.6}$$

可以选择系数 $a_1, a_2, \cdots, a_8$ 使 f_{ij} 值与预测值 $\hat{f}_{ij}$ 的差为最小。对于不同的纹理可得到不同的系数矢量 $A=[a_1, a_2, \cdots, a_8]^T$，因此可用不同矢量间的距离来区别不同的纹理。

第十二章 遥感技术在水土流失普查中的应用

第一节 概 述

水土流失是土地退化的根本原因，也是导致生态环境恶化的重要因素。如何进行水土流失动态监测，进而进行预防、治理水土流失是全球范围内，尤其是发展中国家面临的一个难题。

以往水土流失现状调查方法有野外填图调查、航片判读及卫片目视解释等方法。这些方法存在着参与人数多、费用高、速度慢、调查标准和精度不统一等问题，难以实现动态监测，而且不适宜用于大面积（如省域）的水土流失调查工作。

遥感技术具有的宏观性、综合性、动态性、快速性等特点，地理信息系统具有的强大空间分析管理功能，为水土流失快速动态监测提供了最有效的综合手段。

本章结合浙江省应用遥感技术普查水土流失，介绍遥感数字图像处理的具体应用。

第二节 水土流失遥感监测方法

一、水土流失信息获取方法

水土流失是自然因素与人为因素综合作用的结果，影响水土流失的因素很多，如降雨、植被盖度、地形因子（坡度、坡长）、成土母岩、土地利用类型以及人类活动等。水土流失的形成机制是非常复杂的，前人在该领域进行了大量的研究工作，建立了多种水土流失模型。由于水土流失模型问题非本书重点，在此将不进行深入的探讨。

在众多的水土流失模型中，有些模型极其复杂，且模型中的因子难以获得，故这些模型难以实用化。在浙江省应用遥感技术普查水土流失工作中，结合水利专家长期工作实践和水利部相关行业标准——中华人民共和国行业标准《土壤侵蚀分类分级标准》(SL190-96)，确定了表 12.2.1 的水土流失信息提取模型。该模型考虑了综合自然因素与人为因素的三个重要因子：植被盖度；土地利用类型；坡度。

在植被盖度、土地利用类型、坡度三因子中，受人类活动影响较大的是植被盖度和土地利用类型，而坡度因子是比较稳定的，因此作为水土流失监测而言，最主要的是如何快速动态地获取植被盖度因子和土地利用类型因子。这恰恰是遥感技术能解决的问题，是遥感技术的优势。

表 12.2.1 土壤侵蚀强度分级模型

<table>
<tr><th colspan="3" rowspan="2">判别指标</th><th colspan="7">坡度(度)</th></tr>
<tr><th><3</th><th>3～5</th><th>5～8</th><th>8～15</th><th>15～25</th><th>25～35</th><th>>35</th></tr>
<tr><td rowspan="5">果园、桑园、茶园、其他园地、林地、灌木林、疏林地、未成林造林地、迹地、苗圃、天然草地、改良草地、人工草地、独立工矿用地、农村道路、特殊用地、荒草地、盐碱地、沙地、裸土地、裸岩、石砾地、其他未利用土地</td><td rowspan="5">植被覆盖度%</td><td>>75</td><td>无明显</td><td>无明显</td><td>无明显</td><td>无明显</td><td>无明显</td><td>无明显</td><td>无明显</td></tr>
<tr><td>60～75</td><td>无明显</td><td>无明显</td><td>轻度</td><td>轻度</td><td>轻度</td><td>中度</td><td>中度</td></tr>
<tr><td>45～60</td><td>无明显</td><td>无明显</td><td>轻度</td><td>轻度</td><td>中度</td><td>中度</td><td>强度</td></tr>
<tr><td>30～45</td><td>无明显</td><td>无明显</td><td>轻度</td><td>中度</td><td>中度</td><td>强度</td><td>极强度</td></tr>
<tr><td><30</td><td>无明显</td><td>无明显</td><td>中度</td><td>中度</td><td>强度</td><td>极强度</td><td>剧烈</td></tr>
<tr><td colspan="3">旱地、菜地</td><td>无明显</td><td>无明显</td><td>轻度</td><td>中度</td><td>强度</td><td>极强度</td><td>剧烈</td></tr>
<tr><td colspan="9">灌溉水田、望天田、水浇地、城镇、农村居民点、盐田、民用机场、港口、码头、河流水面、湖泊水面、水库水面、坑塘水面、苇地、滩涂、沟渠、沼泽地、田埂(坎)、铁路、公路、水工建筑物</td><td>无明显</td></tr>
</table>

二、遥感信息源

目的、范围、精度、费用、工作量、方便性等是确定遥感信息源所必须考虑的。理论上遥感影像的分辨率越高越好，但浙江省面积有十余万平方公里，高分辨率的遥感影像（如快鸟）购置费用太高，同时过高的精度对省一级的应用也没有必要，而且高分辨率的遥感影像由于数据量巨大，处理费用和处理时间也必然会大幅增加。由于一景 Landsat TM/ETM 覆盖地表面积约 3 万 4 千平方公里（185 公里×185 公里），卫星轨道重复周期较短（16 天），获取大区域范围遥感数据同步性较好，分辨率适中（30 米），波谱信息丰富，性能价格比高，故在浙江省应用遥感技术普查水土流失工作中，选用 Landsat TM/ETM 数据作为遥感信息源。

覆盖浙江省的 Landsat TM/ETM 图像共有九景，各景图像的具体轨道如图 12.2.1 所示：

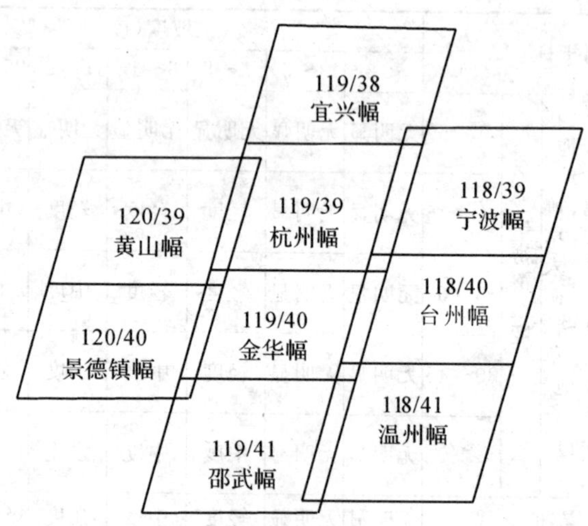

图 12.2.1 浙江省 Landsat TM/ETM 图像分布图

三、技术方法

浙江省应用遥感技术普查水土流失工作以TM/ETM遥感图像为主要信息源，以地理信息系统(GIS)和遥感数字图像处理技术为支撑，综合植被覆盖、地面坡度、土地利用提取水土流失信息，具体技术方法见图12.2.2。

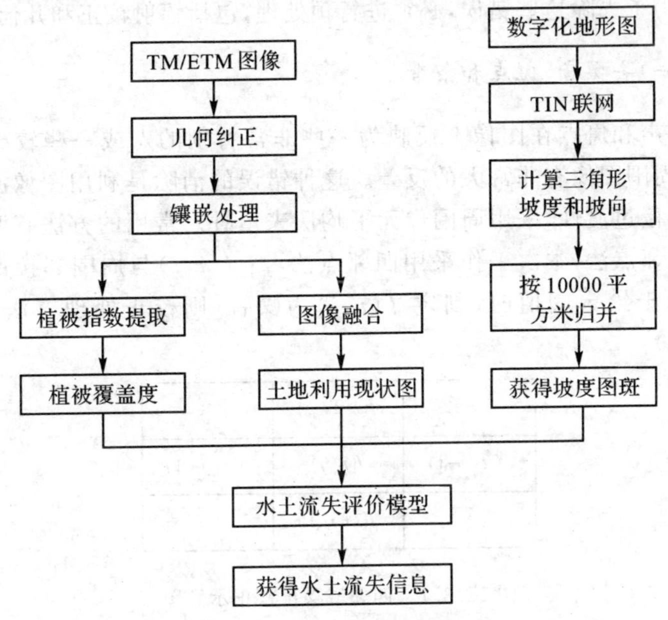

图12.2.2　技术路线图

在浙江省应用遥感技术普查水土流失工作技术方法中，植被覆盖、土地利用类型两个因子是通过遥感技术获取的，地面坡度是利用GIS对数字化等高线、高程点进行处理获取的。

第三节 遥感图像处理

一、遥感图像预处理

遥感数据获取时，由于各种因素的影响，使得所获得的数据有各种瑕疵，为了去除这些错误，必须进行预处理，包括辐射校正和几何校正。

（一）去噪音、斑点和条带

噪声和斑点在图像上反映为一些非常特别的点或一些较少的点群，与周围图像有非常大的反差。这种错误的消除是利用图像波谱信息的邻接过渡性，采用周围像元平均法来填补。常用的方法有四邻点法和八邻点法，本次工作采用四邻点法，当 $f(i,j)$ 与周围邻接像元均值差大于给定阈值时，判定 $f(i,j)$ 为噪音，则校正处理方法为（图 12.3.1）：

	$f(i-1, j)$	
$f(i, j-1)$	$f(i, j)$	$f(i, j+1)$
	$f(i+1, j)$	

图 12.3.1 四邻域噪声校正示意图

校正公式：

$$f(i,j)=(f(i-1,j)+f(i+1,j)+f(i,j-1)+f(i,j+1))/4 \tag{12.3.1}$$

条带是卫星在成像过程中，由于传感器的扫描错误而造成的条带状缺失。这种错误的消除采用条带上下（左右）相邻行（列）的图像数据进行填补，但是这种缺失不能太多，缺失太多的修补将不能反映真实的图像波谱信息。其校正方法类似于噪声斑点的校正。

(二)几何精校正

Landsat 在成像过程中,由于其运行轨道与地球经线之间保持一定的夹角,因此所获取的图像相对于地理空间来说总是斜的;同时由于卫星在运行过程中本身各种姿态的变化(俯仰、偏航、滚翻等姿态变化)和地形影响,造成所获得的图像发生各种几何变形,所以在使用这些图像前必须对其进行几何精校正,否则无法保证地理上的准确。

几何精校正就是要把畸变图像纠正到标准的地理空间中,由于浙江省位于东经 118°～123°之间,为了使浙江省能够投影在一张图中,且使投影综合变形最小,本次工作采用的标准的地理空间为高斯—克吕格投影,北京 54 坐标系,中央子午线选择为东经 120°(大致位于浙江省中央位置)。对于本次工作使用的其他原始数据图件,应用前要将这些图件统一投影变换到东经 120°作为中央子午线的北京 54 坐标系。

考虑到 TM/ETM 图像的分辨率和 Landsat 的轨道高度,结合浙江省所处的纬度特点,在进行几何校正时,未考虑基于 DEM 的正射校正,仅利用了同名地物控制点的多项式校正。几何精校正又分为直接成图法和重采样成图法,从方便性和灵活性的角度,后者更能够胜任图像的校正工作,本次工作采用重采样成图法作为几何精校正的方法。

几何精校正是逐幅遥感图像进行的,每幅图像首先选择同名地物控制点(表 12.3.1),无法确定的控制点需到实地进行测量和验证,再通过建立二次多项式校正函数(式 12.3.2 和 12.3.3),最后对畸变图像进行几何校正。

表 12.3.1　校正的控制点对坐标

序号	原始图像坐标		校正后地理坐标	
	行数	列数	Y 坐标	X 坐标
1	i_1	j_1	y_1	x_1
2	i_2	j_2	y_2	x_2
3	i_3	j_3	y_3	x_3
⋮	⋮	⋮	⋮	⋮

$$i=g(x,y)=a_0+a_1x+a_2y+a_3x^2+a_4xy+a_5y^2 \quad (12.3.2)$$

$$j=h(x,y)=b_0+b_1x+b_2y+b_3x^2+b_4xy+b_5y^2 \quad (12.3.3)$$

其中 a_0、a_1、a_2、a_3、a_4、a_5 和 b_0、b_1、b_2、b_3、b_4、b_5 为多项式的系数。

(12.3.2)和(12.3.3)式建立的是校正后的地理坐标与校正前的图像坐标的关系，也就是说对于校正后的图像的任何一个像素点，在原始图像中都可以找到其对应点。重采样成图法就是利用这一特性而进行的。

二、遥感图像镶嵌

经过几何纠正的各幅遥感图像之间在几何上已经对准了，这样在几何上就可以镶嵌了，但在这样大的范围内，所有图像时相相同几乎是不可能的，必然存在色调上的差异，因此需要进行色调处理，其目的是获得浙江省全省的 TM/ETM 遥感图像，并为土地利用信息的获取提供解译底图。

覆盖浙江省全域共需九幅 TM/ETM 图像(图 12.2.1)，考察各幅图像之间的分布关系，制定了以中心图幅为基准的镶嵌次序。见图 12.3.2，细箭头符号→为第一次的镶嵌顺序，也就是首先进行三个纵向条带的镶嵌。在最左侧条带镶嵌时以景德镇幅为基准，中间条带的镶嵌是以金华幅为基准，右侧条带的镶嵌以台州幅为基准。粗箭头符号➞为第二次的镶嵌顺序，也就是将三个已镶嵌好的纵向条带横向镶嵌。

浙江省应用遥感技术普查水土流失工作中的色调调整采用的是直方图法，即利用相邻图像重叠部分的直方图获取匹配关系，进而利用这种匹配关系修正全图的亮度值。为了直观方便，我们专门开发了可视化直方图色调匹配系统(图 12.3.3)，色调匹配次序如图 12.3.4 所示。

镶嵌的具体处理过程如下：勾绘出相邻图像(不包括云、阴影)的重叠区范围；进行基于直方图几何特征和统计特征综合匹配；根据匹配参数变换非基准图像；进行镶嵌操作。

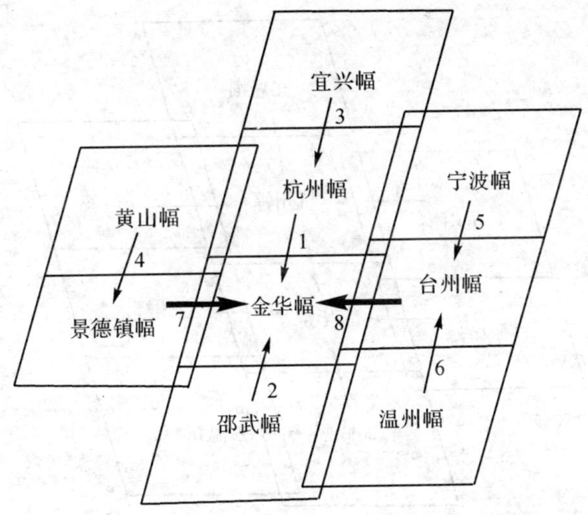

图 12.3.2　浙江省全省 TM/ETM 图像镶嵌顺序

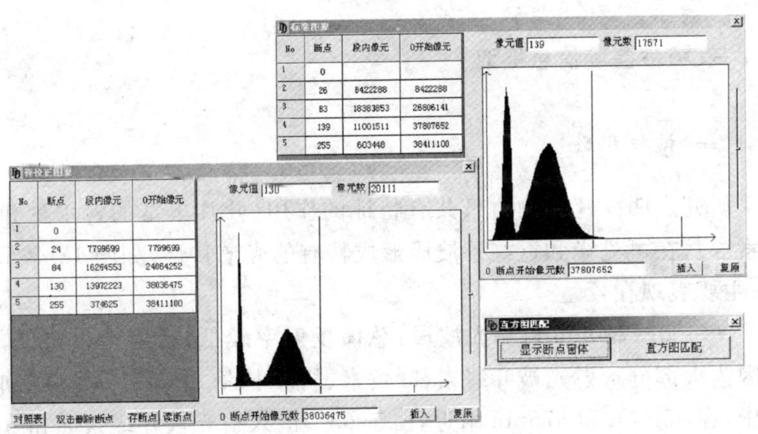

图 12.3.3　可视化直方图色调匹配

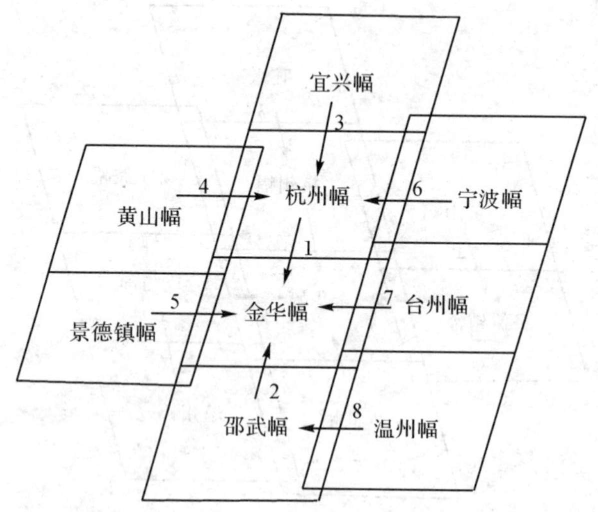

图 12.3.4 色调匹配顺序

三、植被盖度信息提取

(一)植被指数

研究表明绿色植物由于共有特征的作用(叶片丰富的含水量和叶绿素等),在可见光和近红外波段形成特有的光谱特性,如图 12.3.5 所示,主要表现在:

• 400～700nm 可见光波段:总体反射率较低,透射率也很低,这是因为大部分入射光被叶绿素、叶黄素、胡萝卜素、花青素等色素吸收。其中,在 450nm 和 675nm 附近,由于 65%的入射光被叶绿素 a 和 b 强吸收,导致反射率最小,形成 675nm 附近的“红谷”;在 550nm 附近的绿光区有小的反射峰;在 680nm 附近,反射率和透射率开始急剧增加。

• 700～780nm 波段:这是叶绿素在红波段的强吸收到近红外波段多次散射形成的高反射平台的过渡波段,又称为植被反射率“红边”。

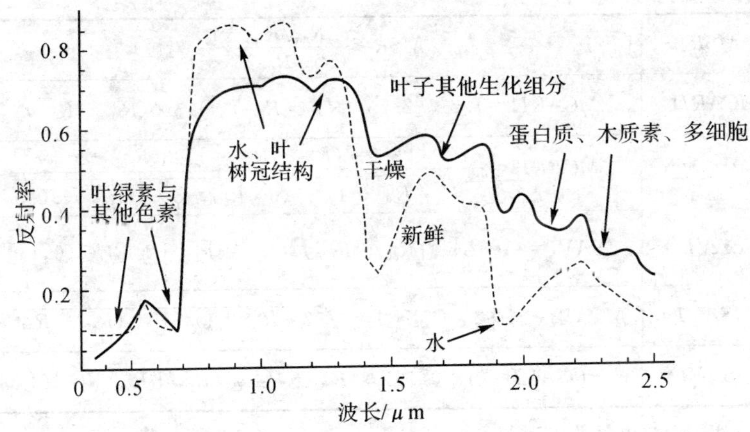

图 12.3.5　橡树叶新鲜和干燥状态光谱曲线

红边是植被营养、长势、水分、叶面积等的指示性特征，得到了广泛的应用。当植被生物量、色素含量高、生长力旺盛时，红边会向长波方向移动，而当植被发生病虫害、被污染、叶片老化时，红边会向短波方向移动。

• 780～1350nm 波段：是植被最高反射率波段，其中，在 900～1100nm 区间，反射、透射、吸收稳定。

基于上述植被光谱特征，前人提出了各种反演植被特征的植被指数模型，见表 12.3.2。植被指数模型主要可分为两大类：一类是相关波段的比值；另一类是不同波段的线性组合。目前使用比较普遍的植被指数有：

表 12.3.2　常用植被指数计算公式

NDVI	$NDVI=(R_{nir}-R_{red})/(R_{nir}+R_{red})$
RDVI	$RDVI=(R_{800}-R_{670})/\sqrt{(R_{800}+R_{670})}$
SR	$SR=R_{nir}/R_{red}$

续表

MSR	$MSR=\frac{R_{\text{nir}}/R_{\text{red}}-1}{(R_{\text{nir}}/R_{\text{red}})^{0.5}+1}$
*MCARI*1	$MCARI1=1.2*[2.5*(R_{800}-R_{670})-1.3*(R_{800}-R_{550})]$
*MCARI*2	$MCARI2=\frac{1.5*[2.5*(R_{800}-R_{670})-1.3(R_{800}-R_{550})]}{\sqrt{(2*R_{800}+1)^2-(6*R_{800}-5*\sqrt{R_{670}})-0.5}}$
SAVI	$SAVI=(1+L)*(R_{800}-R_{670})/(R_{800}+R_{670}+L)[L\in(0,1)]$
MSAVI	$MSAVI=\frac{1}{2}[2*R_{800}+1-\sqrt{(2*R_{800}+1)^2-8*(R_{800}-R_{670})}]$
OSAVI	$OSAVI=(1+0.16)*(R_{800}-R_{670})/(R_{800}+R_{670}+0.16)$

（注:nir-近红外,red-红光）

不同的遥感传感器,由于其波段设置不同,应用于植被指数模型的波段也不同,常用遥感传感器的波段号选择见表 12.3.3。

表 12.3.3　不同遥感传感器比值植被指数模型波段选择

传感器	(反射)红外波段	红光波段
TM	4,5,7	3
MSS	6,7	5
AVHRR	2	1
SPOT	3	2

（二）植被盖度

植被指数和植被盖度之间具有较高的线性正相关特性,通常植被盖度信息由植被指数按一定的方法来获取,像元二分模型是近年来发展起来的常用于由植被指数来确定植被盖度的一种有效的方法。

1. 像元二分模型

假设一个像元由土壤和植被两部分构成,则遥感传感器对该像元观测到的信息 S 是由植被所贡献的信息 S_v 和土壤所贡献的信息 S_s 这两部分组成，研究表明它们之间具有近似线性关系，即：

$$S = S_v + S_s \tag{12.3.4}$$

对于一个由土壤与植被两部分组成的混合像元，像元中有植被覆盖的面积比例即为该像元的植被覆盖度 f_c，此时土壤覆盖的面积比例为 $1-f_c$。设全由植被所覆盖的纯像元的遥感信息为 S_{veg}，则混合像元的植被所贡献的信息 S_v 可以表示为 S_{veg} 与 f_c 的乘积，既：

$$S_v = f_c \times S_{veg} \tag{12.3.5}$$

同理，设全由土壤所覆盖的纯像元的遥感信息为 S_{soil}，则混合像元的土壤所贡献的信息 S_s 可以表示为 S_{soil} 与 $1-f_c$ 的乘积：

$$S_s = (1-f_c) \times S_{soil} \tag{12.3.6}$$

将(12.3.5)式与(12.3.6)式代入(12.3.4)式，可得：

$$S = f_c \times S_{veg} + (1-f_c) \times S_{soil} \tag{12.3.7}$$

(12.3.7)式可以理解为可将 S 线性分解为 S_{veg} 与 S_{soil} 两部分，这两部分的权重分别为它们在像元中所占的面积比例，即 f_c 与 $1-f_c$。对(12.3.7)式进行变换，可得如下植被覆盖度计算公式(模型)：

$$f_c = (S - S_{soil}) / (S_{veg} - S_{soil}) \tag{12.3.8}$$

所以只要获得了 S_{soil} 和 S_{veg} 的值，就可以根据(12.3.8)式利用遥感信息来估算植被覆盖度。(12.3.8)式实际上表达了遥感信息与植被覆盖度的线性关系。

由于像元二分模型中的参数 S_{soil} 与 S_{veg} 具有明确的实际含义，即土壤和植被的纯像元的遥感信息，因此该模型不受地域的限制，易于推广。此外，像元二分模型还有一大优点——削弱了大气、土壤背景及植被类型等的影响，由于遥感信息普遍都受到这些因素的影响，如何消除这些影响一直是学者们急于解决的问题。因 S_{soil} 反映的是土壤的信息，包含土壤类型、颜色、亮度、湿度等因素对遥感信息的贡献；而 S_{veg} 反映的是植被的信息，包含植被类型、植被结构等因素对遥感信息的贡献，两者又同时受到大气的影响，均包含大气对遥感信息一定的贡献。像元二分模型实际上是基于 S_{soil} 和 S_{veg} 这两个调节因子所做的线性拉伸，从而使得大气、土壤背景及植被类型等对遥感信息的影响降至最低。

2. *NDVI* 植被指数二分模型

像元二分模型提出了一种利用遥感信息估算植被覆盖度的思路，并没有对使用什么样的遥感信息做出限制，但所用的遥感信息应该与植被覆盖度具有比较好的线性关系。

Bradley 为测量高原草原的植被覆盖度，研究了归一化植被指数(*NDVI*)与植被覆盖度的关系，结果表明 *NDVI* 与植被覆盖度有良好的线性相关性。同时由于 *NDVI* 具有如下特点：(1)植被检测灵敏度高；(2)植被覆盖度的检测范围较宽；(3)能消除地形和群落结构的阴影和辐射干扰；(4)削弱太阳高度角和大气所带来的噪音。因此往往将 *NDVI* 作为遥感信息引入到(12.3.7)式的像元二分模型来获取植被盖度。

根据像元二分模型，一个像元的 *NDVI* 值可以表达为由植被贡献的 $NDVI_{veg}$ 信息和无植被覆盖(裸土)贡献的 $NDVI_{soil}$ 信息组成，因此将归一化植被指数(*NDVI*)作为一种遥感信息引入到(12.3.7)式可得：

$$NDVI = f_c \times NDVI_{veg} + (1 - f_c) \times NDVI_{soil} \tag{12.3.9}$$

即图像中每个像元的 *NDVI* 值可以看成是有植被覆盖部分的 *NDVI* 与无植被覆盖部分的 *NDVI* 的加权平均，其中有植被覆盖部分的 *NDVI* 的权重即为此像元的植被覆盖度 f_c，而无植被覆盖部分的 *NDVI* 的权重即为 $1-f_c$。由(12.3.9)式变换可得如下的利用 *NDVI* 计算植被覆盖度的公式：

$$f_c = (NDVI - NDVI_{soil}) / (NDVI_{veg} - NDVI_{soil}) \tag{12.3.10}$$

3. 确定参数 $NDVI_{soil}$ 和 $NDVI_{veg}$

从(12.3.10)式可知，只要知道了 $NDVI_{soil}$ 和 $NDVI_{veg}$ 的值就可以获得植被盖度信息，下面将介绍 $NDVI_{soil}$ 和 $NDVI_{veg}$ 的确定方法。

裸地的 $NDVI_{soil}$ 理论上是不随时间改变的，且应该接近零。然而由于大气影响、地表湿度条件的改变，$NDVI_{soil}$ 会随着时间而变化，同时地表粗糙度、土壤类型、土壤颜色等条件的不同，也会导致 $NDVI_{soil}$ 随着空间而变化，也就是说同一幅图像的 $NDVI_{soil}$ 值也会有所变化。$NDVI_{soil}$ 的变化范围一般在 -0.1 至 0.2 之间。因此采用一个确定的 $NDVI_{soil}$ 值是不可取的。

传感器的观测角度也会造成裸地的空间变化，导致 $NDVI_{soil}$ 值的不同，进而造成对植被覆盖度 f_c 估计的不确定性。为了减小双向反射的影响，最好避免使用观测角度太大的遥感数据。

$NDVI_{veg}$ 代表纯植被覆盖像元的 $NDVI$ 值，由于植被类型、季节变化、叶冠背景污染、地面湿度、枯叶等因素的影响，$NDVI_{veg}$ 也存在着与 $NDVI_{soil}$ 类似的情况，即 $NDVI_{veg}$ 值也会随着时间和空间而改变。因此采用一个确定的 $NDVI_{veg}$ 值也是不可取的。

我们可以从已知个别像元的植被覆盖度来获得 $NDVI_{soil}$ 和 $NDVI_{veg}$ 这两个值。首先假设图像中存在一个像元的集合 A，集合 A 中像元的 $NDVI_{soil}$ 和 $NDVI_{veg}$ 是相同或者相近的，也就是说对于集合 A 中的像元，可以使用相同的 $NDVI_{soil}$ 和 $NDVI_{veg}$ 参数进行植被覆盖度的估算。

遥感图像通常会受到飞行姿态、飞行轨道、传感器精度、环境条件变化、太阳高度角、时相与大气条件等因素的影响，这些影响对于同一幅图像的所有像元来说可以看成是相同的，但是图像与图像之间却可能差异较大。要想消除这些因素的影响，应该对不同幅的图像取不同的 $NDVI_{soil}$ 和 $NDVI_{veg}$ 值，即集合 A 取整幅图像。对于同一幅图像，还会受到土壤类型、颜色、亮度、湿度、粗糙度与植被类型、植被结构、叶面积指数等因素的影响，要想消除这部分影响，就应该对具有相同土壤条件及土地类型的地区取相同的 $NDVI_{soil}$ 与 $NDVI_{veg}$ 值，即集合 A 取具有相同的土壤条件与植被类型的地区。

假设集合 A 中有两个像元 a_1 与 a_2，其 $NDVI$ 分别为 $NDVI_1$ 和 $NDVI_2$，且植被覆盖度已知分别为 f_{c1} 和 f_{c2}，分别对这两个像元使用公式(12.3.10)得：

$$f_{c1}=(NDVI_1-NDVI_{soil})/(NDVI_{veg}-NDVI_{soil}) \tag{12.3.11}$$

$$f_{c2}=(NDVI_2-NDVI_{soil})/(NDVI_{veg}-NDVI_{soil}) \tag{12.3.12}$$

对(12.3.11)和(12.3.12)式中的 $NDVI_{soil}$ 和 $NDVI_{veg}$ 进行求解

得：

$$NDVI_{soil}=(f_{c2}\times NDVI_1-f_{c1}\times NDVI_2)/(f_{c2}-f_{c1}) \tag{12.3.13}$$

$$NDVI_{veg}=[(1-f_{c1})\times NDVI_2-(1-f_{c2})\times NDVI_1]/(f_{c2}-f_{c1}) \tag{12.3.14}$$

原则上像元 a_1 和 a_2 可以取集合中的任意像元（只要盖度不同），但从（12.3.13）式和（12.3.14）式可以看出，如果 $|f_{c2}-f_{c1}|$ 的值越大，则 $NDVI_{soil}$ 和 $NDVI_{veg}$ 的误差越小。当 $f_{c1}=0$ 且 $f_{c2}=1$ 时，有 $NDVI_{soil}=NDVI_1$，$NDVI_{veg}=NDVI_2$，正好符合 $NDVI_{soil}$ 与 $NDVI_{veg}$ 的定义，此时像元 a_1 为无植被像元，像元 a_2 为完全植被覆盖像元。

如果对每一个类似 A 的像元集合都能找到无植被像元与完全植被覆盖像元，那么问题就解决了，但实际上，我们很难找到这样的像元。

其实我们可以不必去寻找这样的像元，例如在对像元集合 A 进行植被覆盖度估算时，取 $NDVI_1$ 为集合中像元 $NDVI$ 的最小值，$NDVI_2$ 为集合中像元 $NDVI$ 的最大值。由于 $NDVI$ 与 f_c 具有如（12.3.10）式的线性关系，此时，它们所对应的 f_{c1} 与 f_{c2} 也应当是集合中像元植被覆盖度的最小值与最大值。我们用 f_{cmin} 来表示 f_{c1}，f_{cmax} 来表示 f_{c2}，当然，此时 f_{cmin} 不一定是 0，f_{cmax} 也不一定是 1。也就是说，我们取 a_1 为集合 A 中具有 $NDVI$ 最小值的像元，a_2 为集合 A 中具有 $NDVI$ 最大值的像元。令 $NDVI_1$ 为 $NDVI_{min}$，$NDVI_2$ 为 $NDVI_{max}$，f_{c1} 为 f_{cmin}，f_{c2} 为 f_{cmax}，代入（12.3.13）式与（12.3.14）式，则有：

$$NDVI_{soil}=(f_{cmax}\times NDVI_{min}-f_{cmin}\times NDVI_{max})/(f_{cmax}-f_{cmin}) \tag{12.3.15}$$

$$NDVI_{veg}=[(1-f_{cmin})\times NDVI_{max}-(1-f_{cmax})\times NDVI_{min}]/(f_{cmax}-f_{cmin}) \tag{12.3.16}$$

此时，我们已将对 $NDVI_{soil}$ 和 $NDVI_{veg}$ 的确定，转化为 f_{cmax}、f_{cmin}、$NDVI_{max}$ 及 $NDVI_{min}$ 四个参数的确定。

f_{cmax} 和 f_{cmin} 是集合 A 中像元植被覆盖度可能的最大值和最小值。植被覆盖度的最大值和最小值与地区、时相、图像空间分辨率及植被类型等都有关系。不同的地区，植被覆盖度的最大值会有所不同，如干旱地区，植被覆盖度的最大值就可能达不到 100%，而对于温带、亚热带及热带地区，通常情况下都可以取 100%；不同的季节，植被覆盖度的最大值也会不同，如同一温带季风气候区，冬季和夏季的植被覆盖度相差很大，热带地区的干季和湿季的植被覆盖度相差也很大；对于同一个季节的同一地区，由于图像空间分辨率的不同，植被覆盖度的最大值和最小值也会随之变化，如在 30m 分辨率下，一个地区的植被覆盖度最大值可以达到 100%，但在 lkm 分辨率下，若这一地区缺少大片的森林或草地，就很可能达不到 100%。植被覆盖度的最小值一般都是零，但对于植被覆盖比较好的地区，在低分辨率下，也有可能不是零。

据此植被覆盖度的最大值和最小值的取值，分以下两种情况处理：

(1) 当 f_{cmax} 可以近似取 100%，且 f_{cmin} 可以近似取 0% 时：

将参数 f_{cmax} 与 f_{cmin} 代入式(12.3.15)和式(12.3.16)得：

$$NDVI_{soil} = NDVI_{min} \tag{12.3.17}$$

$$NDVI_{veg} = NDVI_{max} \tag{12.3.18}$$

此时，$NDVI_{soil}$ 就等于 $NDVI_{min}$，而 $NDVI_{veg}$ 就等于 $NDVI_{max}$。

由于图像中不可避免地存在着噪声的影响，它可能造成过低或过高的 $NDVI$ 值，如果用这些值来计算植被覆盖度会造成错误。为了避免这种错误的发生，在确定 $NDVI_{max}$ 和 $NDVI_{min}$ 时，我们并不是直接取集合中 $NDVI$ 的最大值和最小值，而是在给定置信度的置信区间内取最大值和最小值。置信度要依据图像大小、图像清晰度等实际情况来设定。设置置信度的目的只是为了排除异常值，所以为了保证取到集合中的 $NDVI$ 的最大值和最小值，置信度不应设得太大。因为为了使集合中 $NDVI$ 最大值的像元植被覆盖度近似达到 100%，$NDVI$ 最小值的像元植被覆盖度近似达到 0%，就必须保证集合中的像元个数足够多。如果集合中像元个数不够多，很有可能集合中具有 $NDVI$ 最大值的像元植被覆盖度达不到近似的 100%，而计算时，却按 100% 计算，导致结果准确性降低。因此，对于一些像元个数不够多的集合，就需要将它们并入其他集合。

(2)当 f_{cmax} 和 f_{cmin} 不能近似取100%和0%时：

一般应用遥感技术监测植被覆盖度，都需要进行实测数据的检验。如果有一定量的实测数据，那么只需取一组实测数据中的植被覆盖度的最大值和最小值作为 f_{cmax} 和 f_{cmin}，并在图像中找到这两个实测数据所对应像元的 $NDVI_{max}$ 和 $NDVI_{min}$，其余实测数据作为检验用。在没有实测数据的情况下，只能取 $NDVI_{max}$ 和 $NDVI_{min}$ 作为图像中 $NDVI$ 的最大值与最小值（给定置信度的置信区间内的最大值与最小值），而 f_{cmax} 和 f_{cmin} 根据经验估计，这种处理方法获得的结果准确度会降低。

(三)植被盖度信息后处理

一般所获取的植被覆盖度图中会有大量面积很小的图斑，从专题制图和实际应用出发，需对所获得的植被覆盖度图进行处理，即剔除过小的图斑，这种处理通称为图像后处理(Post Process)。常用的图像后处理方法有重编码(Recode)、聚类统计(Clump)、过滤分析(Sieve)及去除分析(Eliminate)等。

1.重编码

由遥感影像获取的植被盖度信息的数值范围是0%～100%，为了便于图斑处理(聚类统计、去除分析等)，并结合实际应用(土壤侵蚀强度分级模型)，需要对植被盖度信息进行分级编码处理(Recode)。

在浙江省应用遥感技术普查水土流失工作中，结合实际应用(表12.2.1)，针对植被盖度信息的重编码(Recode)处理如表12.3.4所示。

表12.3.4　植被盖度分级表

植被盖度范围	编码
0%～30%	1
30%～45%	2
45%～60%	3
60%～75%	4
75%～100%	5

2. 聚类统计

聚类统计(Clump)是通过计算专题图像每个图斑的面积并记录相邻最大面积图斑的分级值等,生成一个 Clump 类组输出图像,其中每个图斑都包含 Clump 类组属性。该图像是一个中间文件,用于进行下一步处理。

Clump 聚类统计分析需要较长的时间,特别是当以 8 邻域(8 连通)搜索图斑及相邻图斑时更为复杂费时,建议统计邻域选择 4(4 连通)。

在浙江省应用遥感技术普查水土流失工作中,针对植被盖度信息的聚类统计选用的是 4 邻域的处理。

3. 过滤分析

过滤分析(Sieve)是对经 Clump 处理后的 Clump 类组图像进行处理,按照给定的图斑像元个数阈值,剔除 Clump 图像中面积较小的类组图斑,并给所有小图斑的像元赋予新的属性值 0(该值不被任何有效分级使用)。

4. 去除分析

去除分析(Eliminate)用于剔除原始专题图像中的小图斑或 Clump 聚类图像中的小 Clump 类组,与 Sieve 不同,Eliminate 将剔除的小图斑合并到相邻的最大的图斑中。如果输入图像是 Clump 聚类图像,经过去除分析(Eliminate)后,会将图斑的属性值自动恢复为 Clump 前的原始专题编码体系。显然,去除分析(Eliminate)后的输出图像是简化了的专题图像。

过滤分析和去除分析都可以对 Clump 结果图进行处理,主要区别在于:

(1)过滤分析处理的只是 Clump 类组图像,具体是把满足剔除条件的较小类组图斑中的所有像元属性赋为 0 值。若要考虑小图斑的归属问题,可通过与原图对比确定其属性或者通过其他空间处理方法进行判定。

(2)去除分析既可以处理 Clump 类组图像,又可以剔除原始专题图像中的小图斑,其处理原理是把被剔除的小图斑归并到相邻的面积最大的图斑中。

另外，最小图斑的大小也不是任意设置的，必须要结合实际应用、图像包含的信息量和专题图像的可分性等因素来确定。

在浙江省应用遥感技术普查水土流失工作中，结合工作区范围、TM 图像的分辨率以及应用对象，确定最小图斑的像元个数为 9 个（$900\times 9m^2$）。

5. 矢量化

为了便于分析和管理，一般针对专题信息均采用矢量化存储，故在图像后处理基础上按植被盖度等级（表 12.3.4）进行了矢量化处理。

（四）浙江省植被盖度信息提取

在浙江省应用遥感技术普查水土流失工作中，植被指数采用的是归一化植被指数（*NDVI*），植被盖度提取采用的是基于 *NDVI* 指数的像元二分模型。全省九幅遥感图像的植被覆盖度是分别提取的，在确定各幅图像的 $NDVI_{soil}$ 和 $NDVI_{veg}$ 时，采取上述两种方法（见确定参数 $NDVI_{soil}$ 和 $NDVI_{veg}$ 小节）相结合的处理模式，就是充分采纳浙江省水土保持专家的经验和知识，把一些图幅中的 f_{cmax} 和 f_{cmin} 近似认为 100% 和 0%，对其他图幅中的 f_{cmax} 和 f_{cmin} 进行近似估计，难以进行估计的采取实地测量的方法。

考虑到数据量因素和九幅遥感影像的时相因素，在浙江省应用遥感技术普查水土流失具体工作中，是以县为单位进行的，这样既克服了数据量过大造成的处理速度慢的缺点，也避免了数据量过大软件系统无法支持的问题，同时，由于一个县域涉及的遥感图幅不多，使得植被盖度镶嵌相对比较简单。

四、土地利用信息提取

从遥感图像获取土地利用信息可以自动提取（自动分类法），也可以采用人机交互判读解译，但是前者分类精度不高，后者工作量较大且效率不高。为了从遥感图像高效获取土地利用信息，可以采用以下方法:自动提取+人机交互目视解译。即,首先进行自动提取,快速获取初步的土地利用信息,该处理可以利用监督分类,也可以利用非监督分类;然后在自动分类结果的基础上人机交互判读解译。

在浙江省应用遥感技术普查水土流失工作中,土地利用信息提取是针对九幅遥感图像逐幅进行的,自动提取采用的是非监督分类——动态聚类法,分类使用的 TM 波段是 TM2、3、5,结合土壤侵蚀强度分级模型(表 12.2.1),非监督分类初始土地利用类型数选择为 18 类。

对于动态聚类的分类结果,需进行以下处理:首先进行图像后处理(参见植被信息提取后处理);然后进行矢量化处理。

通过自动分类初步获得土地利用信息后,再进一步进行人机交互目视解译,具体做法是:首先利用 TM345 进行假彩色合成(对于 ETM 图像进行 IHS 融合增强);然后利用 GIS 将彩色合成(融合)图像与自动分类初步获取的矢量化土地利用信息进行叠置;再由人工目视解译并修正自动分类初步获取的矢量化土地利用信息。

人机交互解译的一项重要的工作就是要建立解译标志,即确定各类不同地物在 TM 彩色合成(融合)影像上所表现出的形状、大小、阴影、色调、颜色、纹理、图案、位置和布局等。

土地利用信息提取流程如图 12.3.6 所示。

第四节　坡度信息获取

获取坡度信息的方法有很多。由于 TIN(不规则三角网)是通过由不规则分布的数据点生成的连续三角面来逼近地形表面的,从表达地形信息的角度而言,TIN 模型的优点是它能以不同层次的分辨率来描述地形表面,即由于 TIN 的三角形随点集密度变化而变化,当点集密集时生成的三角形小而密,稀疏时生成的三角形大而疏,这与实际的地形特征恰好一致,因此由于其能够较好地反映实际地形信息而被广泛使用。与 Grid 模型相比,TIN 模型在某一特定分辨率下能用更少的空间和时间更精确地表示更加复杂的地形表面。特别当地形包含有大

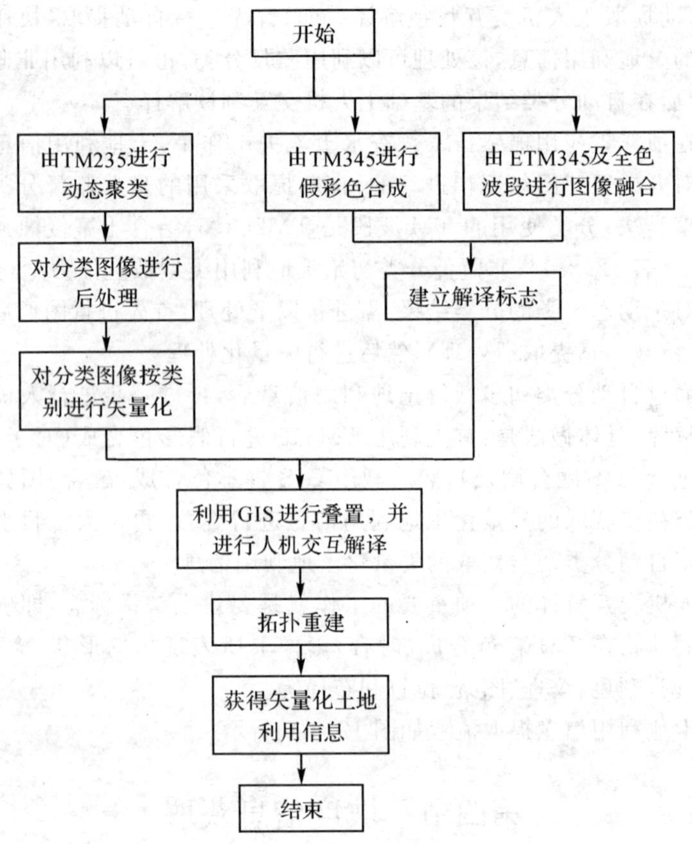

图 12.3.6　土地利用信息提取流程

量特征如断裂线、构造线时，TIN 模型能更好地顾及这些特征，从而能更精确合理地表达地表形态。目前常用的获取坡度信息的方法是由数字化地形等高线生成 TIN（见图 12.4.1 和图 12.4.2），然后再计算 TIN 中的各个三角面的坡度。

TIN 中的三角形坡度的数值范围是 0°～90°，为了便于图斑处理（聚类统计、去除分析等），并结合实际应用（土壤侵蚀强度分级模型），

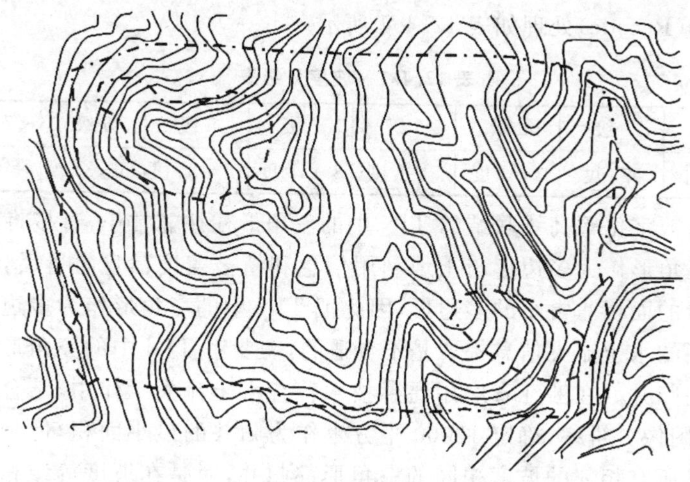

图 12.4.1　等高线和区域边界

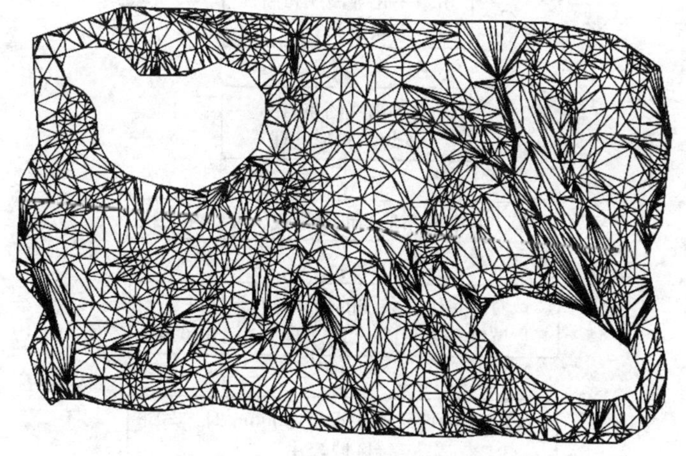

图 12.4.2　约束 TIN 示意图

需要对坡度信息进行分级编码处理(Recode)。在浙江省应用遥感技术普查水土流失工作中,结合实际应用(表 12.2.1),针对坡度信息的重编码(Recode)处理如表 12.4.1 所示。

表 12.4.1　坡度分级表

等级	1 级	2 级	3 级	4 级	5 级	6 级	7 级
坡度范围	<3 度	3～5 度	5～8 度	8～15 度	15～25 度	25～35 度	≥35 度

由数字化等高线联结的 TIN 中的三角形往往非常小,直接将 TIN 中的三角形作为多边形与土地利用信息和植被盖度信息叠置后,会产生大量的面积非常小的多边形,因此把 TIN 中的三角形作为多边形进行后面的水土流失信息提取是不合适的,需要对 TIN 中的三角形进行一定的归并。在浙江省应用遥感技术普查水土流失工作中,结合应用目的、图像分辨率,确定 10000 平方米作为归并的最小面积,但是归并并不是所有相邻的坡度相同的三角形都归并,而是在坡度等级相同的基础上还要考虑坡向。坡度处理流程如图 12.4.3 所示。

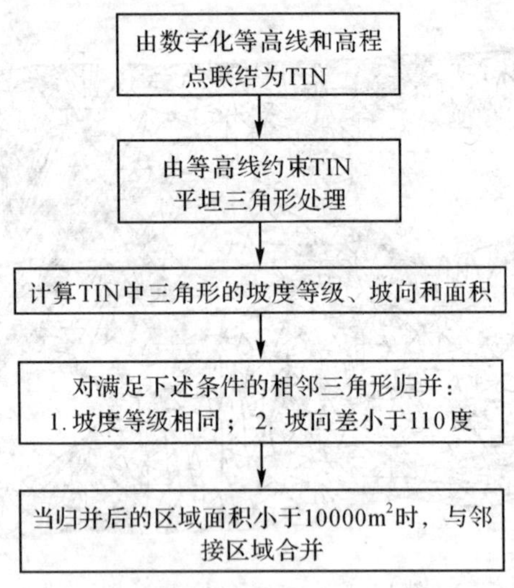

图 12.4.3　坡度获取流程图

第五节 水土流失信息获取及后处理

在获取了坡度信息、植被盖度信息和土地利用信息后，结合土壤侵蚀强度分级模型(表 12.2.1)，即可进行如图 12.5.1 的水土流失信息提取。

图层信息叠置后，必然会产生一些较小的图斑，由于实际应用中没有必要保留这些细小图斑，为此需对水上流失信息提取结果进行归并处理。在浙江省应用遥感技术普查水土流失工作中，根据实际情况将对 10000 平方米(不含 10000 平方米)以下的矢量图斑进行归并处理。

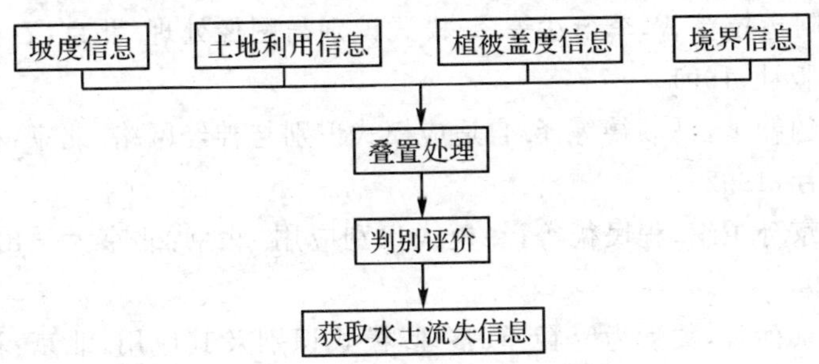

图 12.5.1 水土流失信息提取流程

相邻细小图斑归并原则如下：

1. 当需归并的图斑为无明显水土流失类型时，在周围按轻度流失、中度流失、强度流失、极强流失、剧烈流失的顺序寻找相邻图斑并进行归并。

2. 当需归并的图斑为无明显以外的水土流失类型时，在周围寻找轻度流失、中度流失、强度流失、极强流失、剧烈流失等五类水土流失类型图斑，并将其归并于水土流失类型差异最小的图斑中，若在周围没有上述五类水土流失类型的图斑，则归并到周围的无明显类别图斑中。

参考文献

[1] RC 冈萨雷斯等著，李叔梁等译. 数字图像处理. 北京：科学出版社，1981

[2] A 罗申菲尔特等著，余英林等译. 数字图像处理. 北京：人民邮电出版社，1982

[3] F 阿迈拉登著，李衍达等译. 模式识别与图像处理. 北京：石油工业出版社，1991

[4] 包约翰著，马颂德等译. 自适应模式识别与神经网络. 北京：科学出版社，1992

[5] 傅京孙主编，程民德等译. 模式识别应用. 北京：北京大学出版社，1990

[6] 傅京孙著，戴汝为等翻译、整理. 模式识别及其应用. 北京：科学出版社，1983

[7] 荆仁杰等编. 计算机图像处理. 杭州：浙江大学出版社，1990

[8] Zhen Kui Ma etc. A Measurement of Spectral overlap among Cover Types. PHOTOGRAMMETRIC ENGINEERING AND REMOTE SENSING Vol. 55, No. 10, Oct. 1989

[9] Fangju Wang etc. Improving remote sensing image analysis through fuzzy information representation. PHOTOGRAMMETRIC ENGINEERING AND REMOTE SENSING, Vol. 56, No. 3, 1990

[10] Fangju Wang etc. Fuzzy supervised classification of remote sensing images. IEEE Trans. on GIS, Vo1. 28, No. 2, 1990

[11] 华瑞林编著. 遥感制图. 南京：南京大学出版社，1990

[12] 丰茂森编. 遥感图像数字处理. 北京:地质出版社,1992

[13] 朱亮璞等编. 遥感地质学. 北京:地质出版社,1994

[14] 赵荣椿等编著. 数字图像处理导论. 西安:西北工业大学出版社,1995

[15] 余英林编著. 数字图像处理与模式识别. 武汉:华南理工大学出版社,1990

[16] 宁书年等编著. 遥感图像处理与应用. 北京;地震出版社,1995

[17] 李介谷等编著. 图像处理技术. 上海:上海交通大学出版社,1988

[18] 阮秋琦编. 数字图像处理基础. 北京:中国铁道出版社,1988

[19] 杨凯等编著. 遥感图像处理原理和方法. 武汉:测绘出版社,1988

[20] [美] W. K. 普拉特著,高荣坤等译. 数字图像处理学. 北京:科学出版社,1984

[21] 许殿元等编著. 遥感图像信息处理. 宇航出版社,1990

[22] 赵元洪等. 遥感图像专题信息提取新方法——定向变换和逻辑取与法研究. 环境遥感,Vol. 9,No. 4,1994

[23] 赵元洪等. 彩色变换及其在浙江括苍山地区的应用研究. 环境遥感,Vol. 5,No. 1,1990

[24] 徐建华. 图像处理与分析. 北京:科学出版社,1992

[25] 孙星和等. 遥感图像纹理分析方法. 国土资源遥感,No. 3,1992

[26] 藤尾. 画像质量と视觉の关系. 信学志,Vol. 59,No. 11,1976

[27] 郭德方编著. 遥感图像的计算机处理和模式识别. 北京:电子工业出版社,1987

[28] R A Schowengerdt 著,李德熊译. 遥感图像处理和分类技术. 北京:科学出版社,1991

[29] 李德熊. TM 合成图像波段组合的选择. 遥感信息,No. 4,1989

[30] E P Crist and R J Kauth. The Tasseled. Cap De—Mystified, PHOTOGRAMMETRIC ENGINEERING AND REMOTE SENSING. Vol. 52,No. 1,Jan. 1986

[31] R J Kauth and G S Thomas. The Tasseled Cap—A Graphic De-

scription of the Spectral－Temporal Development of Agricultural Crops as Seen by Landsat. Proc Symposium on Machine Processing of Remote Sensed Data. IEEE 76CH 1103—IMPRSD. 1976

[32] 陈述彭.遥感大字典.北京:科学出版社,1990

[33] 刘其真.用光学/人工神经网络混合方法进行图像分类,环境遥感,Vol. 6,No. 1,1991

[34] 刘永怀.混合像元分解的理论与方法.遥感技术与应用,Vol. 7,No. 4,1992

[35] 赵风治.线性规划计算方法.北京:科学出版社,1981

[36] 日本遥感学会,龚军译.遥感原理概要.北京:科学出版社,1981

[37] 赵元洪等.波段比值的主成分复合在热液蚀变信息提取中的应用.国土资源遥感,No. 3,1991

[38] A K Jain. Fundamentals of Digital Image Processing. Prentice Hall Inc,1989

[39] 孙仲康等.数字图像处理及其应用.北京:国防工业出版社,1985

[40] 韦玉春等编著.遥感数字图像处理教程.北京:科学出版社,2007

[41] 那彦等编.基于多分辨分析理论的图像融合方法.西安:西安电子科技大学出版社,2007

[42] 钱乐祥等编著.遥感数字摄像处理与地理特征提取.北京:科学出版社,2004

[43] 何东键等编.数字图像处理.西安:西安电子科技大学出版社,2003

[44] 戴昌达等著.遥感图像应用处理与分析.北京:清华大学出版社,2004

[45] 徐希孺编著.遥感物理.北京:北京大学出版社,2005

[46] 覃征等编著.数字图像融合.西安:西安交通大学出版社,2004

[47] 梅安新等.遥感导论.北京:高等教育出版社,2001

[48] 张永生编著.遥感图像信息系统.北京:科学出版社,2000

[49] 张永生等著.高分辨率遥感卫星应用——成像模型、处理算法及应用技术.北京:科学出版社,2004
[50] 贾永红编著.数字图像处理.武汉:武汉大学出版社,2003
[51] 汤国安等编著.遥感数字图像处理.北京:科学出版社,2004
[52] 朱述龙等编著.遥感图像处理与应用.北京:科学出版社,2006
[53] 章孝灿等编著.遥感数字图像处理(第一版).杭州:浙江大学出版社,1997
[54] 浙江省第四次应用遥感技术普查水土流失技术报告,2004

图书在版编目（CIP）数据

遥感数字图像处理／章孝灿等编著．—2版．—杭州：浙江大学出版社，2008.8

ISBN 978-7-308-01954-5

Ⅰ.遥… Ⅱ.章… Ⅲ.遥感图像—数字图像处理—高等学校—教材 Ⅳ.TP751.1

中国版本图书馆CIP数据核字（2008）第134546号

遥感数字图像处理（第二版）

章孝灿 黄智才 戴企成 赵元洪 编著

责任编辑 陈晓嘉
封面设计 陈 辉
出版发行 浙江大学出版社
（杭州天目山路148号 邮政编码310028）
（E-mail:zupress@mail.hz.zj.cn）
（网址:http://www.zjupress.com
http://www.press.zju.edu.cn）
电话:0571—88925591，88273066(传真)
排　　版 杭州中大图文设计有限公司
印　　刷 杭州浙大同力教育彩印有限公司
开　　本 880mm×1230mm 1/32
印　　张 11.625
字　　数 313千
版 印 次 2008年8月第2版 2008年8月第4次印刷
印　　数 4001—6000
书　　号 ISBN 978-7-308-01954-5
定　　价 23.00元